AF346881

LEÇONS

DE

BOTANIQUE ÉLÉMENTAIRE.

LEÇONS

DE

BOTANIQUE

ÉLÉMENTAIRE,

Par H.-J.-A. RODET,

Professeur à l'École royale vétérinaire de Toulouse, Membre de la Société
royale de Médecine de la même ville;
Membre correspondant de la Société centrale de Médecine
vétérinaire, etc.

Toulouse,
IMPRIMERIE DE J.-M. PINEL,
RUE SAINT-PANTALÉON, 5.
1847.

A M. Bernard,

EX-DIRECTEUR DE L'ÉCOLE ROYALE VÉTÉRINAIRE DE TOULOUSE,

MEMBRE CORRRESPONDANT

DE L'ACADÉMIE ROYALE DE MÉDECINE,

DE LA SOCIÉTÉ CENTRALE D'AGRICULTURE, ETC., ETC.

Témoignage de reconnaissance
& d'affection pour ses bons conseils,
& pour l'intérêt bienveillant dont il
m'a toujours honoré.

Son élève et son ami,

H. Rodet.

Chargé d'enseigner la botanique à des jeunes gens qui ont à suivre en peu d'années un grand nombre de cours, mon désir est d'abréger leur travail, de le rendre, autant qu'il est en moi, plus facile et plus fructueux ; je n'ai pas d'autre but en publiant ces *leçons*.

J'ai cru devoir leur offrir, dans un livre peu volumineux, une des sciences les plus difficiles qu'ils aient à étudier. J'ai voulu mettre cette science à leur portée, la réduire à ce qui leur est nécessaire, en la débarrassant de ses vues trop abstraites, et surtout d'une partie de ses nombreux détails.

L'ordre que j'ai suivi me paraît le plus naturel : après avoir examiné les élémens anatomiques des plantes, j'en décris les organes composés, puis je passe en revue les diverses fonctions qu'exécutent ces organes, et je termine par l'exposé des méthodes employées, soit pour arriver seulement aux noms des végétaux, soit pour montrer en même temps leurs affinités naturelles.

Il me reste à faire l'histoire particulière des espèces les plus utiles et les plus communes. Ce sera l'objet d'un autre volume, que je me propose de publier bientôt, sous le nom d'*Etude des familles*.

En rédigeant celui-ci, exacte reproduction de mes leçons orales, je me suis souvent abstenu, pour être plus court et plus simple, d'indiquer les sources où j'en ai puisé les matériaux, me réservant de les faire connaître une fois pour toutes dans cette préface.

Je citerai donc, comme ayant été mes principaux guides, Decandolle, Adrien de Jussieu, Richard, Auguste de Saint-Hilaire et Liebig, heureux de pouvoir leur offrir publiquement l'hommage bien sincère de ma reconnaissance.

LEÇONS
DE BOTANIQUE ÉLÉMENTAIRE.

PREMIÈRE LEÇON.

Introduction.

Les corps sans nombre et si divers dont se compose la nature peuvent être, par la pensée, réunis en deux groupes distincts : les uns, réduits aux propriétés de la matière, existent sous l'empire absolu des forces physiques, et reçoivent le nom de *corps bruts ;* les autres sont des *êtres vivans.*

Une puissance intrinsèque et mystérieuse domine les êtres vivans. C'est, Messieurs, la vie elle-même ; la vie qui lutte en eux contre le monde extérieur, faisant ainsi de ces êtres autant de petits systèmes plus ou moins indépendans au milieu du système universel.

Plus complexes que les corps bruts, les êtres vivans

sont toujours formés d'un certain nombre *d'organes*, espèces d'appareils chargés d'accomplir les phénomènes de la vie, comme l'estomac et le poumon dans les animaux, la racine et les feuilles dans les plantes.

On a donné le nom de *fonctions* aux actes qu'effectuent les organes ; et l'on appelle *fonctions de la vie organique* ou *végétative* deux grandes fonctions qui appartiennent à tous les êtres organisés, aux végétaux comme aux animaux.

La première est la *nutrition*, fonction de l'individu par laquelle il s'approprie les matériaux de son développement et de son entretien. La seconde, qu'on peut nommer fonction de l'espèce, est la *génération*. C'est par la génération que les individus, avant de mourir, donnent naissance à leurs descendans, condition sans laquelle bientôt leurs espèces disparaîtraient nécessairement avec eux.

Mais chez les animaux, la vie se complique de fonctions en quelque sorte plus nobles ayant pour but de les mettre en rapport avec le monde extérieur. Sensibles et doués de la propriété de se mouvoir spontanément, les animaux éprouvent, au contact des autres corps, des sensations plus ou moins vives de plaisir ou de douleur ; ils se déplacent, franchissent les distances pour se rapprocher de ces corps ou pour les fuir ; ils choisissent leurs alimens ; ils les déposent dans une cavité intérieure où la nutrition commence par une élaboration préparatoire appelée *digestion*.

Quant aux végétaux, privés de la faculté de sentir, ils vivent passifs, indifférens au milieu du monde qui les entoure ; incapables de se mouvoir, ils grandissent et meurent dans le lieu même où ils ont pris naissance ; ne pouvant aller à la recherche de leurs alimens, ils s'emparent sans choix de ceux qui viennent s'offrir à leur racine dans la terre, à leurs feuilles dans l'air ; et c'est par une simple absorption extérieure qu'ils se les approprient ; car ils sont toujours dépourvus de *cavité digestive*.

Cependant, il est des végétaux chez lesquels on observe des mouvemens particuliers que l'on serait tenté de prendre pour la manifestation d'une espèce de sensibilité comparable à celle des animaux ; telle est surtout, parmi les exemples que je pourrais citer, la *sensitive* dont les folioles se rapprochent d'une manière si remarquable dès qu'on les touche le moins du monde.

Et si l'on descend aux derniers degrés de l'échelle vivante, on y trouve des individus fort simples dans leur structure, sans cavité digestive comme les végétaux, mais susceptibles d'une véritable locomotion comme les animaux ; car ils se meuvent et se déplacent spontanément, quelquefois même avec une étonnante rapidité. Etres équivoques établissant le passage du règne animal au règne végétal et désignés, par les naturalistes, sous le nom de *zoophytes*, mot composé qui veut dire *animaux-plantes*.

Mais je n'ai point à vous faire connaître toute la série des êtres organisés ou vivans. Ma tâche, plus restreinte, doit se borner aux végétaux proprement dits ; aux végétaux que nous pouvons définir , d'après ce qui précède et en les envisageant d'une manière générale : *des êtres vivans privés de cavité digestive, de sensations et de mouvemens spontanés.*

On appelle *Botanique* ou *Phytologie* la science qui a pour but la connaissance des végétaux. Elle est une des trois branches de l'histoire naturelle ; celle dont l'étude offre le plus d'attraits.

Pour pressentir tout le charme qui s'attache à l'étude de la botanique, il suffit de jeter un coup-d'œil autour de soi. Quelle scène riche et variée ! Cette multitude de plantes si diverses qui s'y pressent partout pour l'animer, dans nos jardins, sur nos montagnes, dans nos champs, dans nos forêts , jusques au fond des eaux ; cette végétation toujours renaissante qu'une main invisible a jetée sur la surface du globe comme une magnifique parure.... Tel est, Messieurs, le gracieux objet de la science dont je viens vous entretenir.

La botanique se place aussi parmi les sciences les plus utiles. Elle fournit des renseignemens précieux sur la vie, sur les conditions d'existence des végétaux que l'homme cultive pour ses nombreux besoins ; elle nous apprend à distinguer les espèces alimentaires ou médicinales de celles qui sont inutiles ou malfaisantes ; elle seconde ainsi puissamment l'agriculture et la médecine ; et c'est à ce double titre qu'elle vous intéresse, vous , Messieurs, dont la carrière doit être à la fois agricole et médicale.

Quatre principales divisions composent le vaste champ de la botanique. Ce sont la *Phytotomie* qui, armée du scalpel et du microscope, étudie ce que l'organisation végétale a de plus intime ; l'*Organographie*, ou description de tous les organes réunis dans les végétaux, tels que la racine, les feuilles, les fleurs, etc. ; la *Physiologie*, ou connaissance du rôle, des fonctions exécutées par ces organes ; et enfin la *Taxonomie* qui groupe et coordonne les espèces d'après leurs affinités naturelles.

Nous avons à nous occuper successivement de ces quatre parties de la botanique en nous renfermant dans la mesure de notre spécialité, modeste quoique fort utile, comme tout ce qui se rattache à l'agriculture. Mais avant, disons quelques mots encore sur les plantes considérées d'un point de vue tout-à-fait général.

Les plantes produisent, avant de mourir, des individus rudimentaires n'ayant qu'à se développer pour leur ressembler sous tous les rapports. Ainsi, Messieurs, leurs générations se succèdent, ainsi se perpétuent leurs innombrables espèces.

C'est dans une graine, sorte d'œuf végétal, que la plupart des plantes sont contenues à l'état de rudiment. Elles y restent sans mouvement et sans vie jusqu'à l'époque de la germination, qui est pour elles ce que l'incubation est au germe des animaux ovipares.

La forme qu'elles affectent pendant cette période de leur existence est d'une étude fort difficile. Il suffira pour le moment que vous en ayez une idée.

Nous prenons une graine de haricot. Après l'avoir fait macérer quelque temps dans un peu d'eau ordinaire, enlevons la pellicule qui l'enveloppe ; écartons ensuite l'une de l'autre , sans les séparer entièrement , les deux moitiés symétriques mises à découvert ; et vous aurez sous les yeux une ébauche de plante à laquelle nous donnerons désormais le nom particulier d'*embryon.*

Vous remarquez dans cet embryon un corps tout petit, s'offrant en quelque sorte comme un végétal en miniature courbé sur lui-même et dont les extrémités constituent , l'une la *radicule* ; l'autre la *gemmule.*

Déjà visible aussitôt que la graine a été dépouillée de son enveloppe , la *radicule* était appelée à s'accroître , à s'enfoncer dans la terre pour y former la racine. La *gemmule* , qui au contraire était cachée , se distingue par deux petites feuilles et n'est autre chose qu'un bourgeon d'où seraient sortis , si la graine eût germé , tous les organes aériens de la plante; c'est-à-dire une tige pourvue de feuilles , ornée de fleurs , et devant produire , par un dernier effort , de nouvelles graines renfermant chacune un nouvel embryon.

Au dessous de la gemmule , est le point où s'attachent les deux parties que nous avons séparées pour la mettre en évidence. Ces deux parties , épaisses , volumineuses , sont composées d'une matière féculente destinée à nourrir le petit végétal pendant l'acte de la germination. Elles s'élèvent alors au dessus de la surface du sol , s'amincissent insensiblement . prennent bientôt la forme de deux feuilles qui se flétrissent et tombent au bout de quelques jours.

On les désigne sous le nom de *Cotylédons*, et l'on accorde l'épithète de *dicotylédonées* aux plantes fort nombreuses dont l'embryon présente une structure analogue.

Si maintenant, au lieu d'une graine de haricot, nous examinons celle d'une graminée quelconque, du maïs par exemple, nous aurons à noter d'importantes différences.

Ici l'embryon occupe une échancrure profonde creusée dans la substance d'une partie accessoire appelée *périsperme*. Plus petit et d'une forme difficile à déterminer, il est pourvu d'un cotylédon unique dans la cavité duquel la gemmule se trouve contenue.

Or, Messieurs, toutes les plantes chez lesquelles l'embryon ne présente ainsi qu'un seul cotylédon sont dites *monocotylédonées*.

Mais beaucoup de végétaux, il est temps de le dire, se propagent à l'aide de germes particuliers appelés *spores* et ne ressemblant aux graines que par leur destination.

Ces végétaux, presque tous très-petits, d'une organisation fort simple et d'une étude minutieuse, sont moins généralement connus ; je me contenterai de vous signaler comme exemples les champignons et les mousses.

Privés de graines, d'embryons véritables et conséquemment de cotylédons, ils ont reçu, vous le devinez sans doute, la qualification générale d'*acotylédonés*.

Il est donc trois grandes classes de plantes nommées *dicotylédones*, *monocotylédones* et *acotylédones*.

Cela posé, je pourrai, dans une prochaine leçon, vous entretenir de *Phytotomie* ou, si vous aimez mieux, d'*anatomie végétale*.

DEUXIÈME LEÇON.

TISSU UTRICULAIRE.

Si l'on coupe en tranches assez minces pour être diaphanes un végétal à l'état d'embryon ou sorti depuis peu de sa graine , il est facile de s'assurer , au moyen du microscope , qu'il est entièrement formé d'un tissu partout homogène ; et dans ce tissu , nommé *utriculaire* ou *cellulaire* , on remarque, Messieurs , une multitude de cavités si petites que l'œil nu serait impuissant à les apercevoir.

Les unes , circonscrites par des parois qui leur sont propres , se montrent comme autant de petits sacs fermés de toutes parts et reçoivent en conséquence la dénomination d'*utricules* ; on les appelle encore *cellules*. Les au tres , plus diverses dans leur forme et dans leurs dimensions , ne sont que les intervalles situés entre les précédentes ; on a dû les désigner sous le nom de *méats inter-utriculaires* ou *inter-cellulaires*.

Sous cette forme simple et primitive , le tissu utriculaire fait partie de tous les végétaux. Il compose même à lui seul presque toutes les plantes acotylédones. On n'en trouve pas d'autres non plus dans les cotylédonées au commencement de leur existence.

Mais les utricules, dont ce tissu n'est qu'un assemblage, sont susceptibles d'éprouver plus tard des modifications notables et dans leur forme et dans la texture de leurs parois. Elles renferment souvent en outre des substances qui peuvent à leur tour les faire différer les unes des autres. De là , Messieurs , beaucoup de complication dans leur histoire , qui a donné lieu à toutes sortes de contradictions, et sur laquelle on est encore loin de s'entendre parfaitement, malgré les progrès importans de la Phytotomie dans ces dernières années.

Et comment s'étonner de cette dissidence en un point où rien n'apparaît qu'à travers un instrument d'optique précieux sans doute , mais difficile à manier , capable de devenir, surtout pour un œil peu exercé, la source d'une foule d'illusions , soit en montrant des choses qui n'existent pas , soit en donnant à celles qui existent une apparence mensongère !

Nous devons cependant, au risque de commettre quelques inexactitudes, exposer en abrégé ce que l'on sait de plus positif sur les principales modifications des utricules. Occupons-nous donc successivement de leur forme, de leur structure et des matières qu'elles peuvent contenir.

A mesure qu'une plante nouvellement née s'accroît, les cellules dont elle se compose augmentent en nombre, en volume et par suite se rapprochent chaque jour davantage ; elles ne tardent point à se toucher.

D'abord arrondies à la manière d'une sphère ou d'un ellipsoïde, elles conservent cette forme partout où il leur est permis de se développer librement. Leur contiguité ne pouvant alors s'établir que par quelques points de leur surface, elles laissent entre elles des méats nombreux et considérables.

Le tissu qu'elles constituent sous cet état prend le nom de *tissu utriculaire arrondi*. Il existe seul dans les plantes encore très-jeunes, et fait la base, dans les autres, des parties les plus molles, comme la moelle, la chair des fruits succulens, etc.

Au contraire, les cellules se déforment lorsque, se développant dans un espace en quelque sorte trop étroit, elles se pressent mutuellement de tous côtés. Contiguës par des surfaces planes, elles ne peuvent, dans cette condition, laisser de vides entre elles, et leur forme étant celle d'un polyèdre, on a donné au tissu qu'elles composent le nom de *tissu utriculaire polyédrique*. Tel est, par exemple, celui que l'on rencontre dans la plupart des feuilles.

Ce tissu est un peu plus dense, on le conçoit, que le

tissu cellulaire arrondi. On les trouve souvent mêlés, confondus l'un avec l'autre dans un même organe ; ils forment, isolés ou réunis, ce qu'on appelle communément le *parenchyme* dans les parties peu consistantes des végétaux.

C'est le plus ordinairement un dodécaèdre que représentent les utricules polyédriques. Le nom de cellules leur convient particulièrement dans ce cas, leur coupe horizontale donnant un hexagone qui rappelle assez bien les cellules d'une ruche.

Ajoutons, pour être exacts, que généralement elles n'ont point à beaucoup près toute la régularité des solides géométriques auxquels ont les compare. Il est même des utricules qui se montrent courbes sur une partie de leur étendue et planes dans l'autre.

On en voit qui, s'étant allongées sur plusieurs points de leur surface, dans des directions différentes, sont rameuses et fort irrégulières. Réunies par le bout de leurs prolongemens, elles laissent entre elles des méats très-considérables désignés sous le nom de *lacunes*, expression que l'on applique du reste à tous les espaces vides remarquables par leur grande étendue et situés entre plusieurs cellules.

Souvent enfin, les utricules s'allongent d'une manière sensible dans une seule direction ; elles acquièrent même fréquemment une grande longueur. De leur réunion résulte alors le *tissu utriculaire allongé*.

Elles peuvent être allongées horizontalement ; presque

toutes le sont dans le sens vertical. Leur forme est attribuée, à tort ou avec raison, aux tractions qu'elles ont
éprouvées pendant leur développement : les parties qui
les contiennent les auraient comme entraînées dans leur
accroissement rapide.

Quoi qu'il en soit, on les rencontre en abondance dans
la plupart des végétaux. Elles forment en grande proportion le bois; c'est-à-dire la substance compacte et fibreuse
des plantes. On leur donne le nom de *fibres ligneuses* ou
simplement celui de *fibres*.

Les fibres les moins longues ont à peu près la forme
d'un fuseau. Les autres, dont les bouts sont très effilés,
se rapprochent par leur forme d'un cylindre ou plus ordinairement d'un prisme.

Toutes les fibres placées à la même hauteur se touchent
par leurs côtés, laissant entre leurs extrémités amincies
des espaces qui sont occupés par les extrémités des
fibres situées immédiatement au-dessus ou au-dessous.
Cet agencement concourt à donner au tissu fibreux la
densité qui le caractérise.

Il faut ajouter néanmoins que le degré de consistance
offert par un tissu végétal quelconque dépend en plus
grande partie de la structure des cellules que de leur
forme et de leur arrangement.

Rien n'est simple comme la structure d'une cellule au
commencement de son existence. D'autant plus petite
qu'elle est plus jeune, elle est alors formée d'une membrane mince. molle. diaphane, ayant même épaisseur,

même apparence dans toute son étendue. En vieillissant, cette membrane se dessèche, devient plus dure ; et ces changemens, abstraction faite de la forme et du volume, sont quelquefois les seuls que la cellule ait à subir.

En général cependant, elle cesse bientôt d'être aussi simple : il s'organise dans sa cavité, plus tôt ou plus tard, une nouvelle membrane qui, s'appliquant exactement sur ses parois, en augmente partout l'opacité en même temps que l'épaisseur.

Cette seconde membrane est sujette à des modifications bien remarquables : plus jeune, plus molle que la première et ne pouvant pas toujours la suivre assez vite dans son développement, il arrive pour ainsi dire qu'elle s'éraille, et cela de diverses manières.

Elle se déchire souvent en une multitude de points très-circonscrits. La cellule, dès-lors, n'étant plus doublée dans ces points, s'y montre plus transparente qu'ailleurs, et paraît au premier abord comme percée d'autant de petits trous.

Ou bien ces déchirures, un peu allongées, se traduisent au dehors en courtes lignes, en raies horizontales ou obliques. Souvent, elles s'effectuent de manière à transformer la membrane interne en petits rubans ou en fils diversement disposés.

Tantôt ces rubans ou ces fils constituent des anneaux séparés et placés à peu près horizontalement ; tantôt ils dessinent à la surface une espèce de réseau dont les mailles sont plus ou moins grandes. Dans beaucoup de cas, ils décrivent une spirale à tours plus ou moins rapprochés, s'étendant d'une extrémité à l'autre de la cellule; spirale qui a reçu le nom de *spiricule*.

Mais ce n'est pas tout : au dedans de la membrane en question, il peut s'en former une troisième ; au dedans de celle-ci, une quatrième, et ainsi de suite. D'où l'augmentation progressive qui survient dans l'épaisseur et dans la complexité des parois de l'utricule.

Les membranes dont il s'agit se superposent, s'appliquent sur la seconde, la suivent dans tous ses contours. Elles subissent aussi des solutions de continuité qui, pour l'ordinaire, correspondent parfaitement aux siennes.

Veut-on se faire une idée précise de cette organisation? Que l'on examine une utricule ainsi composée et préalablement coupée, soit en long, soit en travers.

On distingue alors nettement plusieurs cercles concentriques autour d'une cavité d'autant plus petite que le nombre des cercles est lui-même plus grand. On remarque en outre divers petits canaux ouverts d'un côté dans la cavité centrale, et fermés de l'autre par la membrane extérieure.

Évidemment les cercles représentent les membranes superposées. Quant aux canaux, ils résultent des solutions de continuité de ces membranes ; ils sont la preuve que les solutions de l'une coïncident d'une manière exacte avec celles de toutes les autres.

Les fibres sont les utricules qui ont le plus d'épaisseur dans leurs parois. Leur cavité intérieure, toujours très-allongée, se rétrécit quelquefois au point d'être à peine perceptible, ce qui fait qu'elles peuvent paraître entièrement solides. La section du tissu fibreux montre en général une masse compacte dans laquelle les vides occupent bien peu de place.

Inutile de dire que les fibres ont une cavité plus distincte, plus grande dans les bois tendres que dans les durs, plus grande, par exemple, dans le bois de sapin que dans celui de chêne, et qu'elles offrent d'ailleurs la même organisation que les autres cellules.

Ainsi, malgré la complexité de leurs parois, les cellules ne sont souvent closes, dans beaucoup de points, que par leur membrane extérieure.

Cette membrane, qu'on a long-temps considérée comme percée de pores et de fentes, est assez perméable, du moins on l'admet, pour expliquer la communication qui s'établit entre les cavités des cellules en contact; pour laisser passer les gaz et les liquides en circulation dans la masse tissulaire de la plante. On assure qu'elle se détruit quelquefois dans plusieurs de ces points où elle est mise à nu, et que la communication devient par là plus facile, plus complète.

Les canaux de deux cellules contiguës se correspondent ordinairement de telle sorte que deux d'entre eux pris dans les deux cellules, peuvent n'être séparés que par un double diaphragme dont la destruction suffit pour les confondre en un seul.

Dans certains végétaux, les deux lames formant ce

diaphragme s'écartent pour laisser entre elles une petite cavité lenticulaire comparable à celle qui existerait entre deux verres de montre appliqués par leur contour. Si l'on sépare les deux cellules l'une de l'autre, chaque lame offre à l'extérieur un léger enfoncement, une aréole débordant de beaucoup le canal qui vient y aboutir. Or, cette aréole, éclairée dans sa circonférence différemment que les autres parties de la surface de l'utricule, a fait croire pendant long-temps à l'existence d'un bourrelet épais et opaque autour de la ponctuation qui représente le canal, et que l'on prenait alors pour un trou véritable. C'est dans les fibres de plusieurs arbres verts, notamment du sapin, que cette disposition particulière a été surtout étudiée.

On s'est demandé, on se demande encore comment les cellules qui se touchent sont unies entre elles. Est-ce en effet d'une manière immédiate, ou bien à l'aide d'une matière interposée ?

D'après les uns, l'union serait immédiate. Les utricules, d'abord à parois demi-fluides, conserveraient assez de mollesse pour s'agglutiner les unes avec les autres au moment où leur accroissement en nombre et en volume les rapproche au point de les mettre en contact.

Pour d'autres, au contraire, la soudure des cellules n'est que médiate. Dans leur opinion, qui compte aujourd'hui beaucoup de partisans, il s'épanche entre elles une substance fluide, une sorte de colle dont la destination est de les unir.

Cette substance ou *matière inter-cellulaire*, abondante dans certains végétaux à structure très-simple, est rare dans le plus grand nombre des autres plantes. Elle ne paraît pas être de même nature que les parois cellulaires. On la dissout lorsqu'on traite le tissu utriculaire par l'acide azotique étendu d'eau et bouillant ; tandis que les cellules, résistant à l'action de ce réactif, se séparent les unes des autres.

Tel est même le moyen par lequel on a démontré qu'elles sont des organes distincts, et non de simples cavités creusées dans la masse d'une substance amorphe, ainsi que l'ont prétendu plusieurs botanistes.

Mais passons, pour achever l'histoire du tissu cellulaire, à l'examen des matières contenues dans ses cavités. Nous aurons plus tard l'occasion de revenir sur ce sujet en le considérant d'un autre point de vue. Aujourd'hui nous devons nous contenter d'en dire quelques mots.

Il est des cellules qui paraissent absolument vides. Elles laissent pourtant échapper, lorsqu'on les ouvre sous l'eau, une bulle gazeuse qui n'est pour l'ordinaire que de l'air plus ou moins altéré. On trouve fréquemment aussi des gaz dans les méats inter-cellulaires, surtout dans les lacunes.

La plupart des cavités du tissu utriculaire sont remplies d'un liquide très-variable sous tous les rapports.

Tantôt ce liquide est incolore. C'est le plus souvent la sève elle-même qui, se propageant partout de cellule en cellule, dépose dans la masse du végétal les matériaux de son développement. Tantôt il est, au contraire, diversement coloré, comme celui, par exemple, qui donne aux fleurs leurs nuances plus ou moins vives.

Mais en beaucoup de points, le liquide cellulaire, aqueux, incolore comme les cellules qui le renferment, est le véhicule d'une substance particulière à la présence de laquelle est due la couleur la plus répandue dans les plantes; je veux dire la couleur verte.

On ne trouve cette substance ou *matière verte* que dans les organes qui se développent au sein de la lumière. Elle a reçu le nom de *Chlorophylle* parce que c'est elle qui communique aux feuilles leur teinte habituelle.

Sa consistance est celle d'une gelée. Elle devient jaune ou brune par l'action de l'iode ; l'alcool la dissout. Aussi les parties végétales vertes se décolorent-elles quand elles restent plongées quelque temps dans ce liquide.

La chlorophylle nage en flocons nuageux dans le liquide cellulaire ; elle se dépose en couches plus ou moins épaisses sur les parois internes des cellules, et sur certains globules que ces cavités renferment ordinairement.

Ceux-ci, adhérens aux parois de la cellule ou flottans au milieu du liquide, sont très-petits, libres, quelquefois réunis en peloton. On les nomme *granules* ou *grains* de chlorophylle. Leur enveloppe verte cache un noyau qui est incolore et que l'iode teint en bleu , caractère distinctif de la fécule.

La *fécule* ou *amidon* existe aussi dépouillée de chlorophylle dans la plupart des parties de la plante. Beaucoup de graines et plusieurs tubercules souterrains, comme ceux de la pomme de terre, la contiennent surtout en grande quantité. Elle joue un rôle fort important dans l'acte de la nutrition.

Attachés à la face interne des parois cellulaires et toujours incolores, très-petits, ses granules diffèrent par leurs dimensions ainsi que par leurs formes; ils sont globuleux, ovoïdes, allongés ou irrégulièrement polyédriques.

Chaque grain de fécule naît sous la forme d'une vésicule percée d'une très-petite ouverture. La matière de son accroissement pénètre ensuite à l'état fluide par cette ouverture, se dépose et se solidifie en couc hes successives dans sa cavité, qu'elle dilate et que bientôt elle remplit. Sur un granule complètement développé, l'ouverture dont nous parlons est représentée par une petite cicatrice, espèce d'*ombilic* souvent entouré de plusieurs cercles concentriques.

On remarque en outre dans la cavité des cellules des granules transparens de même que ceux de fécule, mais plus petits, inégaux, de forme irrégulière, composés d'une matière plus ou moins azotée, d'*albumine* ou de *caséum végétal*. Ce qui les distingue surtout de la fécule, c'est la couleur jaune-brunâtre qu'ils prennent sous l'action de l'iode. Quelquefois épars dans le liquide cellulaire, ils sont généralement appliqués contre les parois de l'utricule.

Quant à la substance très-dure que l'on trouve dans les

fibres et qu'on nomme *ligneux* ou *lignine*, elle ne s'applique pas seulement sur leurs parois, mais les imprègne, pour me servir d'une comparaison de M. Adrien de Jussieu, comme le ferait un liquide qui, après avoir pénétré une éponge, se solidifierait dans ses innombrables cavités.

Le tissu utriculaire peut aussi renfermer des matières minérales, notamment des cristaux d'oxalate et de carbonate de chaux. On trouve quelquefois un seul, mais ordinairement plusieurs de ces cristaux dans une même cellule, dont les dimensions sont alors en général très-grandes.

Leur forme est polyétrique, régulière et variable. Tantôt ils sont réunis en une masse sphérique ou ovoïde hérissée de pointes; tantôt ils se montrent comme de nombreuses aiguilles extrêmement déliées, parallèles, groupées en un faisceau. Dans ce dernier cas, ils reçoivent le nom de *raphides*.

Il faut noter que la présence de cristaux dans une cellule en exclut généralement les divers granules organiques dont nous nous sommes occupés tout-à-l'heure.

Enfin, il existe dans presque toutes, certains disent dans toutes les cellules très-jeunes, un petit corps globuleux ou lenticulaire appliqué contre un point de leurs parois et formé de plusieurs granules irréguliers. On nomme ce corps *nucleus* ou *noyau*. La solution d'iode le colore en brun.

En général, le *nucleus* diminue de volume à mesure

que la végétation fait des progrès ; souvent même il finit
par disparaître. Aussi manque-t-il dans beaucoup d'utricules. M. Schleiden lui fait jouer un rôle fort important ;
il le considère comme une sorte de bourgeon d'où serait
sortie la cellule qui le porte. Il propose en conséquence
de lui donner le nom de *Cytoblaste.*

Les cytoblastes naissent au sein d'un liquide épais,
comparable à une solution de gomme. Sur l'une de leurs
faces, on voit s'élever une espèce d'ampoule qui les couvre d'abord à peu près comme un verre de montre, mais
qui se gonfle de plus en plus, devient bientôt une véritable utricule, en même temps que le cytoblaste diminue,
disparaît par résorption.

Cette théorie sur la génération des utricules n'est pas
la seule qui ait été émise et combattue. L'une des plus
remarquables appartient à M. Turpin.

Les granules de chlorophylle, qu'il désigne sous le nom
générique de *globuline*, seraient d'après lui des vésicules
à parois diaphanes, contenant chacune plusieurs vésicules secondaires ou *globulins*, lesquels, prenant peu à peu
de l'extension, déchireraient la vésicule mère pour former
autant de cellules distinctes. Celles-ci, renfermant de
même de la globuline, des globulins, deviendraient à leur
tour le siège de semblables phénomènes........ l'emboîte-
ment n'aurait pas de terme.

Mais pour certains micrographes, ce sont les granules
de fécule, et non ceux de chlorophylle, qui doivent être
regardés comme des cellules embryonaires. Tandis que

selon d'autres, les véritables embryons des cellules sont des globules charriés par le fluide nourricier dans les méats inter-utriculaires, ce qui permettrait de concevoir l'évolution des cellules nouvelles sans déchirure, sans destruction des anciennes.

Suivant M. Mirbel, il existe dans toutes les parties qui se développent un liquide mucilagineux, le *cambium*. qui s'épaissit insensiblement, puis se creuse d'un grand nombre de petites cavités ou cellules naissantes. Ces cellules grandissent; elles sont séparées les unes des autres par des cloisons communes qui tôt ou tard se dédoublent, soit en partie, soit en totalité.

D'autres, généralisant ce qui se passe dans certains végétaux très-simples, tels que les conferves et les charas, expliquent la multiplication du tissu utriculaire en admettant que les cellules, dans toutes les plantes, subissent des étranglemens où elles finissent par se partager chacune en deux qui éprouvent à leur tour le même sort, et ainsi de suite.

Tant il est vrai que l'on ne saurait s'entendre lorsque, voulant rendre compte des choses dont le secret nous échappe, on sort des limites de l'observation pour s'égarer dans les sentiers toujours faciles de l'imagination, dans le champ toujours trompeur des hypothèses !

Ce qu'il y a de certain, c'est que dans une plante ou dans une partie de plante qui se développe, les cellules s'accroissent en nombre en même temps qu'en volume. et cela avec une rapidité quelquefois prodigieuse. Fait incontestable, Messieurs, mais problème insoluble comme tout ce qui se rattache à l'origine des êtres organisés.

Pour avoir une idée de la promptitude avec laquelle peut s'effectuer la multiplication des cellules, il suffit de se rappeler l'exemple des champignons, végétaux composés seulement de tissu cellulaire, et dont une espèce, le *Lycoperdon giganteum*, est susceptible d'acquérir, en trois ou quatre jours, la forme d'une boule ayant près d'un pied de diamètre.

TROISIÈME LEÇON.

TISSU VASCULAIRE. — ÉPIDERME. — STOMATES. — POILS. GLANDES, ETC.

Grâce à la merveilleuse puissance du microscope, vous avez pu remarquer, Messieurs, dans la substance des végétaux, une infinité de petites cellules closes de toutes parts. Ces cellules, variables par leur forme, par leur structure, comme aussi par les matières qui en remplissent la cavité, vous les avez vues se grouper, se presser et s'unir pour former le tissu cellulaire, base de toute organisation végétale. On ne trouve pas autre chose, nous l'avons reconnu, dans la grande majorité des végétaux acotylédons; pas autre chose dans une plante quelconque au moment de sa naissance.

Mais bientôt il apparaît, au sein même du tissu utriculaire, dans tous les végétaux cotylédonés ainsi que dans quelques acotylédons, une foule de petits vaisseaux épars ou diversement groupés dont l'ensemble a reçu le nom de *tissu vasculaire.*

Ces végétaux sont dits eux-mêmes *vasculaires ;* tandis qu'on appelle *végétaux cellulaires* les autres, privés de vaisseaux et tous acotylédonés.

Etudions le tissu vasculaire. ce second élément de la plupart des plantes.

Les vaisseaux qui le constituent sont des tubes microscopiques dont la longueur, souvent considérable, égale quelquefois à peu de chose près celle du végétal entier. Ils offrent de distance en distance des étranglemens plus ou moins marqués, très-rapprochés et régulièrement espacés, ou bien séparés par de grands intervalles tantôt égaux, tantôt inégaux.

Traités par l'acide azotique en ébullition, ils se divisent dans tous les points qui correspondent à ces étranglemens. Les tronçons qui en résultent représentent chacun une cellule arrondie, polyédrique, le plus souvent une fibre ou cellule très-allongée; ils n'en diffèrent qu'en ce qu'ils sont ouverts aux deux extrémités par lesquelles s'était établie leur contiguité réciproque. Du reste, même structure et mêmes apparences.

Leurs parois. d'abord simples, ne tardent point à se compliquer de membranes intérieures diversement brodées à jour: et l'on voit aussi, à leur surface extérieure. se dessiner des points transparens. des raies. des anneaux.

des spirales.... tous ces détails sont même ici généralement plus distincts que dans les utricules ordinaires.

Les fragmens de vaisseau dont il s'agit commencent
par être clos de tous côtés ; un double diaphragme les
sépare alors les uns des autres. Mais ce diaphragme, au
lieu de s'épaissir à l'instar des parois extérieures par la
juxta-position de nouvelles membranes, s'amincit de jour
en jour ; fréquemment il se détruit de manière à ne laisser
qu'un repli circulaire, et plus fréquemment encore il
s'efface tout-à-fait.

C'est ainsi que de véritables utricules réunies en séries
finissent par composer de longs tubes creusés d'une cavité
qui règne sans interruption dans toute leur étendue ; c'est
ainsi que s'organisent les vaisseaux dans les plantes.

Sous le rapport de leur structure et de leur forme, ils
présentent entre eux des différences qui les ont fait distinguer en plusieurs espèces. Indiquons en quelques
mots les caractères de chaque espèce : c'est-à-dire des
vaisseaux trachées, *des vaisseaux annulaires*, *réticulés*.
rayés et *ponctués*.

Les *vaisseaux trachées*, ainsi nommés de leur comparaison avec les organes respiratoires des insectes, sont
des tubes cylindriques, caractérisés par la présence d'une
spiricule qui s'étend dans toute la longueur de leur cavité. Ils sont composés de longues fibres.

On peut se faire une idée assez exacte de la spiricule
des trachées en la comparant au fil de cuivre qui forme
l'élastique des bretelles. Ordinairement d'un blanc-nacré,

elle se présente tantôt sous la forme d'un fil arrondi ou comprimé, tantôt sous celle d'un petit ruban uniformément mince, ou bien un peu épaissi et comme ourlé sur ses bords.

Elle se contourne avec une admirable régularité, quelquefois de gauche à droite, plus souvent de droite à gauche.

Les tours qu'elle décrit sont fréquemment rapprochés au point de se toucher exactement ; à peu près horizontaux, ils doublent alors dans toute son étendue, en le rendant partout opaque, le tube qui les enveloppe et dont la présence est par cela même difficile à démontrer. D'autres fois au contraire, ces tours de spire, plus obliques, laissent entre eux des espaces plus ou moins considérables où la membrane extérieure devient évidente par le seul fait de sa transparence.

Il est des trachées que l'on dit *déroulables* parce que leur spiricule est en effet susceptible de se dérouler quand on tire ses deux extrémités en sens contraires. Ce ne sont en général ni les très-jeunes, ni les très-vieilles : dans les premières, le tissu est encore trop délicat pour résister à la traction ; dans les secondes, la spiricule adhère intimement au tube qui la contient.

Chaque trachée ne renferme pour l'ordinaire qu'une spiricule. Un même vaisseau peut cependant en présenter deux, trois... dix... on en compte plus de vingt dans les trachées du bananier. Parallèles entre elles et soudées les unes aux autres, elles forment dans ce cas un ruban roulé en hélice, comme chacune d'elles en particulier, et d'autant plus large qu'elles sont plus nombreuses.

Les trachées, presque toujours simples, sans ramifications, sont généralement éparses, non groupées en faisceaux. On les rencontre dans les parois du canal médullaire des dicotylédones, dans les faisceaux fibreux des tiges monocotylédones, comme aussi dans la queue et dans les nervures des feuilles de toutes les plantes vasculaires, etc.

Quand on casse avec précaution une jeune branche, sur un sureau par exemple, il arrive quelquefois que le fragment détaché reste suspendu au lieu de la fracture par des filamens extrêmement déliés. Or, il est facile de s'assurer, au moyen d'une loupe, que ces filamens ne sont autre chose que des trachées déroulées.

Les *Vaisseaux annulaires*, généralement plus gros que les trachées, doivent leur nom à des anneaux superposés dans leur tube cylindrique, comme pour en soutenir les parois.

Ces anneaux, formés d'un fil ou d'une bandelette plus ou moins étroite, sont quelquefois incomplets. Ils affectent pour la plupart une position horizontale; certains sont diversement inclinés. Il n'est pas rare d'en voir deux se rapprocher et s'unir d'un côté, pendant qu'ils se maintiennent écartés de l'autre. Souvent aussi l'on remarque entre deux anneaux un fragment de spirale qui les rattache l'un à l'autre ou reste indépendant.

C'est le passage des trachées aux vaisseaux annulaires.

On trouve des vaisseaux annulaires dans beaucoup de plantes, soit monocotylédones, soit dicotylédones; ils accompagnent ordinairement les trachées.

Les *Vaisseaux réticulés* offrent la plus grande irrégularité dans leur structure.

Doublée intérieurement d'une couche qui a subi toutes sortes de déchirures, la membrane dont leur tube est formé reste simple dans une foule de petits espaces très-variables sous le rapport de la forme, de l'étendue, et qui, distincts par leur transparence, se traduisent au dehors en un réseau sans aucune symétrie; d'où l'épithète de *réticulés*.

Ces vaisseaux existent dans un grand nombre de plantes; on les observe très-aisément dans la tige de la balsamine.

Les *Vaisseaux rayés*, cylindriques ou prismatiques, se distinguent, comme leur nom le dit, par des raies transparentes qui apparaissent à leur surface.

Ces raies sont horizontales, rarement obliques; égales ou inégales en longueur; tantôt très-étroites, tantôt plus larges; quelquefois arrondies en boutonnières à leurs extrémités.

Lorsque le tube est prismatique, les raies sont en général parfaitement horizontales, très-rapprochées, également distantes, et parcourent toute la largeur de la face qui les porte. Chaque côté du prisme offre alors sous le verre amplifiant du microscope l'apparence d'une petite échelle à échelons régulièrement disposés, ce qui a valu à ce genre de vaisseaux la qualification de *scalariformes*.

Les vaisseaux rayés sont abondamment répandus dans les parties denses de tous les végétaux vasculaires. A l'état de vaisseaux scalariformes, on les trouve en grand nombre dans les racines des monocotylédonées.

Quant aux *Vaisseaux ponctués*, les plus gros de tous, quelquefois même assez volumineux pour que leur canal soit visible à l'œil nu, ils présentent à leur surface un grand nombre de points transparens disposés en lignes horizontales, parfois obliques, et toujours très-rapprochées.

Leur forme est celle d'un cylindre sur lequel se dessinent, à des distances peu considérables et à peu près égales, des cercles étroits, dépourvus de ponctuations, et qui limitent entre elles les cellules composantes du vaisseau.

Il en est qui sont fortement rétrécis dans chacun des points où existent ces cercles. Leur coupe verticale permet alors de distinguer dans leur canal des cloisons incomplètes, espèces de replis circulaires qui correspondent aux étranglemens.

Leur forme les a fait comparer, soit à un chapelet, soit à un ver, dont le corps est composé d'une suite d'anneaux. On les caractérise en les appelant *vaisseaux moniliformes* ou *vermiformes*.

Simples ou rameux, ils n'ont pas généralement beaucoup de longueur. C'est principalement dans les endroits

où les organes naissent les uns des autres qu'on les rencontre : par exemple, dans les points de jonction de la
tige avec les branches, des branches avec les rameaux,
de ceux-ci avec les feuilles , etc.

Voilà, Messieurs, les principaux traits qui distinguent
entre eux les divers vaisseaux observés dans les plantes.
C'est d'une manière insensible, et non par de brusques
transitions, que l'on passe des uns aux autres, ce qui
sans doute ne vous à point échappé.

On pourrait supposer que la spiricule des trachées se
brise en fragmens et que la plupart de ceux-ci se transforment en anneaux pour constituer les vaisseaux annulaires ; que ces fragmens, que ces anneaux , par de
nombreuses modifications de forme , de position et en se
soudant sans ordre , sans symétrie , donnent aux vaisseaux réticulés leurs caractères particuliers ; tandis qu'en
restant à peu près uniformes et en s'unissant avec plus
de régularité, ils formeraient les vaisseaux rayés. Si les
soudures étaient beaucoup plus multipliées ; si les raies
étaient pour ainsi dire à chaque instant interrompues, il
en résulterait les vaisseaux ponctués.

Et il est bon de savoir que certains vaisseaux présentent plusieurs de ces caractères réunis : trachées dans
un point, ils sont annulaires dans un autre; réticulés ici
et rayés plus loin, ils peuvent se montrer ponctués ailleurs. Ces vaisseaux résument en quelque sorte toutes
les modifications du tissu vasculaire. Ils ont été décrits
sous le nom de *vaisseaux mixtes*.

Est-il bien démontré que les vaisseaux des plantes soient susceptibles d'éprouver de véritables métamorphoses, comme on l'a dit et comme nous venons de le supposer? En d'autres termes, un vaisseau qui commence par être trachée peut-il devenir tour-à-tour annulaire, réticulé, etc. ?

On s'entend assez généralement aujourd'hui pour répondre d'une manière négative. On croit qu'un vaisseau ayant acquis ses caractères particuliers les conserve sans en changer jamais, et que ses prétendues métamorphoses n'existent que dans l'esprit de ceux qui les ont présentées comme un fait d'observation.

Toutes les utricules dont la masse tissulaire d'une plante est composée paraissent identiques au moment de leur naissance, et déjà pourtant la destinée de chacune est arrêtée. Celles-ci feront nécessairement partie du tissu cellulaire arrondi; celles-là du tissu cellulaire polyédrique. Les unes formeront nécessairement des trachées; les autres des vaisseaux annulaires, etc. C'est là du moins l'opinion qui prévaut de nos jours.

Je n'en dirai pas davantage sur les nombreux vaisseaux dont je viens de vous entretenir, si ce n'est qu'ils sont préposés à la circulation, soit des gaz, soit des liquides, et qu'on leur accorde la dénomination générale de *vaisseaux spiraux* parce que les raies ou points transparens qui se dessinent à leur surface se montrent le plus ordinairement disposés en spirale. Les trachées sont les *vrais* vaisseaux spiraux; les autres sont les *faux*.

3

Mais il est, dans les plantes, des tubes qui n'ont rien de commun avec les vaisseaux spiraux; chargés de charrier le liquide nourricier ou *latex*, ils ont reçu le nom de *vaisseaux laticifères*.

Généralement rameux, ces vaisseaux communiquent les uns avec les autres par de nombreuses branches, ce qui fait de leur ensemble comme un vaste réseau. Leur membrane, transparente et homogène, est quelquefois plus épaisse dans certains points qu'ailleurs, mais jamais doublée de lames intérieures. Elle n'offre ni ponctuations ni raies.... aucun des dessins que nous avons signalés à la surface des vaisseaux spiraux.

D'abord très-déliés et cylindriques, les vaisseaux laticifères ne tardent pas à se dilater de loin en loin par l'effet sans doute de la stase du fluide contenu. Ils subissent aussi, entre ces dilatations, des rétrécissemens très-marqués, espèces d'articulations où ils finissent quelquefois par se disjoindre. M. Schultz, à qui l'on doit en grande partie ce que l'on sait sur ces vaisseaux, les croit doués de *contractilité*.

Les vaisseaux du latex existent dans la généralité des plantes monocotylédones et dicotylédones; on a même constaté leur présence dans plusieurs familles de végétaux acotylédonés.

Ils sont quelquefois gorgés de liquides spéciaux dont la couleur, très-variable, est par exemple blanche dans les euphorbes, jaune dans la chélidoine, etc. La plupart des auteurs les appellent alors *vaisseaux propres*, dénomination que certains appliquent aussi à de simples réservoirs, lacunes ou méats inter-cellulaires accidentellement agrandis par l'accumulation de sucs gommeux ou résineux.

Ces réservoirs, que l'on rencontre en abondance dans les pins et les sapins, sont souvent allongés, cylindracés. Le nom de vaisseaux est bien éloigné toutefois de leur convenir.

Ainsi se modifient de mille et mille manières les tissus qui constituent les plantes; ainsi se modifient les utricules, leur élément commun, fondamental. Un seul, nous l'avons dit, suffit à composer les végétaux les plus simples. Les deux se réunissent, en proportions très-diverses, pour former des organes plus compliqués, une organisation plus élevée dans l'échelle végétale.

Ajoutons maintenant que ces tissus, que ces organes sont, dans la plupart des cas, enveloppés sous une membrane jetée comme un vernis protecteur sur toute la surface de la plante. Examinons dans sa structure, dans ses détails, cette membrane désignée par le nom d'*Epiderme*, et nous aurons accompli la première partie de notre tâche; nous aurons terminé l'étude de la phytotomie générale.

L'*Epiderme* est représenté, dans les plantes à organisation très-simple, par les utricules qui, placées à la sur_ face, se sont durcies au contact de l'air. Dans les autres, il consiste en une membrane distincte, adhérant aux parties sous-jacentes par un tissu cellulaire assez lâche.

Cette membrane se détache avec facilité surtout à la suite d'une macération plus ou moins prolongée dans l'eau. Mince, translucide, percée de petites ouvertures, c'est-à-dire de *stomates*, et souvent chargée de poils, elle se fendille, s'altère et disparaît avec le temps. Ni les vieux troncs, ni même les branches adultes des arbres ne la présentent plus.

Deux lames superposées la composent dans la plus grande partie de son étendue. L'interne, qui en est la base, peut être considérée comme l'*épiderme proprement dit ;* on donne à l'externe le nom de *cuticule.*

L'*Épiderme proprement dit* n'existe qu'à la surface des organes en rapport avec l'atmosphère. Il manque dans les racines ainsi que dans toutes les parties submergées. On le trouve par exemple à la face supérieure d'une feuille étalée sur l'eau ; tandis que la face inférieure en est constamment dépourvue.

C'est une couche homogène formée d'utricules toujours différentes de celles qui appartiennent aux parties situées au-dessous. Généralement disposées sur un seul plan, grandes, de forme tabulaire et privées de chlorophylle, ces utricules s'unissent d'une manière très-intime par leurs parois latérales, sans laisser de méats entre elles, ce qui explique la solidité de l'épiderme, la résistance qu'il oppose lorsqu'on le déchire en lambeaux.

Le microscope montre sur les deux faces de la couche qui nous occupe une multitude de lignes droites ou flexueuses dont l'ensemble apparaît comme un réseau.

Quelques auteurs ont pris à tort ces lignes pour des vaisseaux particuliers ; elles ne sont que les limites séparant entre elles les cellules épidermiques.

Celles-ci ont en général leur plus grande épaisseur dans leur paroi externe qui est tantôt plane, tantôt bombée. Dans le premier cas, la surface de l'épiderme proprement dit est elle-même plane et régulière ; dans le second, elle est mamelonnée.

La *Cuticule* est une lame extrêmement mince, non celluleuse, qui revêt la couche précédente, s'étend au delà, sur les racines, sur les parties submergées. Son existence est donc plus générale. Peut-être devrait-on lui réserver la dénomination d'épiderme.

Sous l'action de l'iode, la couche celluleuse de l'épiderme reste incolore ; tandis que la cuticule prend une teinte d'un jaune plus ou moins foncé. L'acide sulfurique dissout la première en laissant la seconde intacte. Il suffit, au reste, d'une macération très-prolongée dans l'eau pour isoler la cuticule, plus lente à se détruire que les cellules épidermiques.

La cuticule s'applique exactement sur la surface de l'épiderme proprement dit ; elle la suit dans tous ses contours, se moule sur ses saillies comme sur ses dépressions, fournit une gaîne à chaque poil et se montre percée d'une foule de petites fentes qui correspondent aux stomates. Elle présente souvent à sa face interne des lignes en relief formant un réseau dont les mailles sont les compartimens occupés par les cellules sous-jacentes.

On n'est pas d'accord sur son origine. Pour certains auteurs, elle ne serait qu'un dépôt de matière coagulée fournie par les cellules épidermiques. M. Brongniart, qui l'a beaucoup étudiée, la regarde comme une pellicule indépendante de ces cellules, sans organisation appréciable ou formée de granulations diversement disposées.

Un mot sur les stomates et sur les poils.

Les *Stomates*, ou *Pores corticaux*, sont des ouvertures microscopiques dont l'épiderme est percé dans la plupart des parties en contact avec l'air atmosphérique.

Ces petites bouches, ovales, plus ou moins allongées, se montrent comme encadrées d'un bourrelet saillant composé de deux moitiés en forme de lèvres.

Deux utricules courbées l'une contre l'autre, soudées par leurs extrémités et renfermant quelquefois des grains de chlorophylle, font la base de cet appareil. Leur courbure augmente et l'ouverture s'agrandit sous l'influence de la sécheresse ; l'humidité produit l'effet contraire.

Les stomates correspondent par leur fond avec des méats inter-cellulaires placés sous l'épiderme, presque toujours en communication entre eux, et ouverts à la circulation des fluides aériformes.

Ils n'existent pas sur tous les organes en rapport avec l'atmosphère ; les parties essentielles des fleurs et les fruits charnus n'en présentent jamais. Ce sont les feuilles qui en offrent le plus, principalement à leur face inférieure. Celles du lilas, par exemple, en contiennent plusieurs milliers dans les limites d'un centimètre carré. Il est vrai que leur nombre est rarement aussi considérable. Plus les stomates sont rapprochés, plus ils sont petits. Ceux qui se font remarquer par leurs dimensions plus qu'ordinaires sont toujours très éloignés les uns des autres.

La disposition des stomates est aussi variable que leur nombre et leurs dimensions. Dispersés sans ordre ou rangés en séries rectilignes, ils se rapprochent quelquefois sur certains points pour y former des agglomérations plus ou moins volumineuses; tandis que les autres parties de la surface épidermique en restent totalement privées. Ce dernier cas est celui des divers saxifrages.

On ne sait rien de positif sur les usages des stomates. On pense qu'ils sont des issues servant au passage des gaz en circulation dans le végétal.

Les *Poils* sont des productions épidermiques filiformes très-communes à la surface des organes aériens, notamment sur les tiges, les rameaux et les feuilles.

On trouve aussi des espèces de poils sur un grand nombre de jeunes racines, à la surface de diverses graines, et jusque dans les lacunes de certaines plantes aquatiques. Les véritables sont ceux qui se développent au sein de l'atmosphère.

Ils varient à l'infini par leurs dimensions, leur forme, leur consistance, leur structure et leur degré de rapprochement. Tous sont enveloppés d'une gaîne fournie par la cuticule, ainsi que nous l'avons déjà annoncé.

Les plus répandus, composés d'une cellule unique, sont appelés *poils simples* ou *unicellulés*. Leur forme ordinaire est conique comme celle d'une aiguille ; leur direction perpendiculaire, oblique ou parallèle à la surface de l'épiderme.

Beaucoup de poils, formés de plusieurs utricules soudées bout à bout, présentent à l'intérieur autant de cavités séparées par de doubles cloisons ; on les dit *composés* ou *cloisonnés*. Ils sont en général **régulièrement** coniques, quelquefois cylindriques, en massue ou moniliformes.

Les poils se divisent souvent dès leur base ou bien à une certaine hauteur pour devenir *bifurqués, dichotomes* ou *rameux*. Il en est qui se ramifient en quelque sorte à la manière d'un petit arbre. Certains, attachés par le milieu et libres par leurs deux extrémités, ont à peu près la forme d'une navette.

Ceux qui existent, non à la surface, mais sur les bords des organes membraniformes, des feuilles par exemple, reçoivent le nom particulier de *cils ;* ils sont ordinairement un peu raides.

On pense que les poils ont pour usage de garantir les organes des impressions trop vives de l'atmosphère ; de les protéger contre les excès de la température.

Ils sont nombreux, très-rapprochés, et déjà leur croissance est complète sur les parties naissantes, délicates, comme les bourgeons, le sommet des tiges et les feuilles encore très-jeunes.

A mesure que ces parties se développent, se fortifient, ils tombent pour la plupart ; ou bien ils persistent, mais leur nombre restant le même, ils s'éloignent chaque jour davantage les uns des autres ; car la surface qui les porte acquiert une étendue de plus en plus considérable. Leur présence est devenue moins nécessaire.

Les poils sont fort nombreux sur les plantes qui ont poussé dans un lieu sec, bien exposé aux rayons du soleil. Ils sont rares au contraire sur celles qui végètent à l'ombre ou dans un sol humide, et ils disparaissent tout-à-fait de la surface des individus étiolés. Une même espèce peut en offrir beaucoup ou en manquer entièrement selon qu'elle est venue sur une colline découverte ou dans un bois frais et ombragé.

Rien n'est variable comme l'aspect que les poils donnent aux végétaux ou à leurs organes. On exprime cet aspect par des mots dont la signification doit être connue.

Une partie peut être *pubescente*, c'est-à-dire garnie de poils mous, assez courts, très-fins et un peu clair-semés.

Poilue, pourvue de poils longs, mous et peu nombreux ;

Velue, couverte de poils longs, mous et très-rapprochés ;

Tomenteuse, quand ses poils, courts et entremêlés, semblent tissés comme un drap ;

Laineuse, lorsqu'ils sont longs, un peu rudes et entre-croisés comme de la laine :

Cotonneuse, s'ils sont blancs, longs, entremêlés et doux au toucher comme du coton ;

Soyeuse, dans le cas où ses poils, longs et doux, sont luisans, couchés et non entremêlés ;

Hispide, ou hérissée de poils raides, non couchés;

Enfin elle est dite *glabre*, quand sa surface est dépourvue de poils.

Les poils dont nous avons signalé tout-à-l'heure les nombreuses variétés sont désignés sous le nom générique de *Poils lymphatiques*.

Il en est qui s'en distinguent nettement par leur structure assez analogue à celles des glandes, et qu'on appelle pour cette raison *Poils glanduleux*.

Leur extrémité se termine souvent par un renflement globuleux, ovoïde ou en massue, creusé d'une cavité intérieure que remplit un liquide particulier sécrété par ses parois.

Quand le poil est unicellulé, ce renflement n'est qu'une dilatation de l'utricule qui le forme. Il est composé d'une utricule entière ou même de plusieurs réunies lorsque le poil est pluricellulé. Dans tous les cas, il peut être considéré comme une glande pédicellée, et le poil reçoit l'épithète de *glandulifère*.

Certains poils unicellulés, dilatés en bulbe à leur base et terminés directement ou un peu de côté par un petit bouton, sont gorgés d'un liquide brûlant. Lorsqu'ils s'enfoncent dans la peau, ils déterminent une cuisson très-vive en y laissant leur extrémité retenue par le bouton terminal , et en y versant leur contenu. Ils perdent une grande partie de leur faculté irritante par la dessiccation. On les nomme *Poils bulbeux* ou *urticans ;* tels sont par exemple ceux des orties.

Les poils glanduleux sont pour les plantes un puissant moyen de protection contre les insectes et autres animaux destructeurs. Leur examen conduit naturellement à celui des glandes qui existent aussi à la surface de beaucoup de végétaux. On y trouve même des amas de cellules sécrétantes qui , attachés à la surface de l'épiderme par leur base rétrécie , semblent se présenter comme pour établir la transition des uns aux autres.

Les *glandes* sont toujours composées de plusieurs cellules réunies et ayant pour office la sécrétion de liquides très-divers. Pleines ou pourvues d'une cavité centrale qui reçoit leur produit , elles sont appliquées sur l'épiderme ou placées immédiatement au-dessous.

Dans ce dernier cas, il en est qui, remplies d'une huile volatile incolore ou à peine colorée , sont dites *vésiculaires.* Quand on regarde à contre-jour la feuille qui les porte , on les voit se dessiner comme autant de points transparens. C'est par exemple ce qu'il est facile de vérifier sur les feuilles de l'oranger , du millepertuis , etc.

Les réservoirs qui, dans certaines plantes, renferment des gommes , des résines , et que déjà nous avons indiqués à l'occasion des vaisseaux propres, ne diffèrent peut être des glandes vésiculaires que par leur situation plus profonde.

Ordinairement limpide , la matière sécrétée par les glandes est souvent versée à la surface où , soumise à l'action de l'air , elle s'épaissit bientôt en prenant telle ou telle couleur. La plante est alors généralement *visqueuse.*

On remarque en outre à la surface des arbres dicoty-lédonés , une multitude de petites taches en saillie que l'on prenait autrefois pour des glandes particulières, mais à tort puisqu'elles ne sont le siége d'aucune sécrétion , et que l'on nomme aujourd'hui *lenticelles.*

Les *Lenticelles* , d'abord allongées suivant l'axe de la tige , s'arrondissent et s'allongent tranversalement au bout de quelques années ; elles finissent par disparaître.

Examinées au microscope, elles se montrent sous la forme de petits amas d'utricules incolores , vertes ou brunes qui , venues du tissu cellulaire sous-jacent à l'épiderme , ont soulevé celui-ci , puis l'ont déchiré de manière à mettre en communication avec le dehors les couches corticales. Peut-être remplacent-elles ainsi les stomates que l'épiderme entraîne dans sa chute.

Decandolle les regardait comme des bourgeons pré-destinés à la production des racines adventives. Mais cette opinion n'a plus de partisans. Les lenticelles sont très-apparentes sur la plupart des arbres qui nous entou-rent et particulièrement sur le bouleau.

Enfin il arrive assez fréquemment que plusieurs cel-lules s'élèvent à la fois du même point de la surface épi-dermique, se soudent et se durcissent pour former un *aiguillon.*

Les *aiguillons*, ordinairement coniques, pointus, à base épaisse, sont quelquefois droits, le plus souvent recourbés en crochet et presque toujours aplatis dans un sens, ainsi qu'en offrent un exemple les rosiers, les ronces, etc.

Tels sont, Messieurs, les nombreux détails que je tenais à vous faire connaître avant de passer à l'examen de la racine, de la tige, des feuilles, etc. ; c'est-à-dire avant d'aborder l'étude de l'organographie végétale, qu'on pourrait aussi nommer *anatomie descriptive* des plantes.

QUATRIÈME LEÇON.

DE LA RACINE ET DE LA TIGE.

Il s'en faut , vous le savez , Messieurs , que toutes les plantes emploient le même temps à parcourir le cercle naturel de leur existence. Elles offrent , sous ce rapport , la plus grande diversité.

Celles-ci , nées au printemps , se développent, fleurissent et meurent dans la même année , avant le retour de la saison rigoureuse ; celles-là , franchissant un hiver , ne fructifient , ne périssent qu'après avoir vu deux printemps ; beaucoup enfin , plus lentes dans leur végétation , vivent au-delà de ces limites , depuis quelques années jusqu'à plusieurs siècles. Les premières sont *annuelles*. comme le blé ; les secondes *bisannuelles*. comme les choux ; les troisièmes *vivaces*, comme la luzerne, comme le chêne.

Parvenus à un certain degré d'accroisement, les végétaux vivaces produisent des fruits chaque année, ce qui leur a valu le nom de *polycarpiens*. Les annuels et les bisannuels, ne donnant des fruits qu'une seule fois, sont dits *monocarpiens*.

Ces distinctions, du reste, n'ont rien d'absolu, la même plante pouvant subsister plus ou moins longtemps suivant le climat qu'elle habite. Qui ne sait, par exemple, que le ricin, annuel chez nous, est vivace en Afrique, sa patrie, où il constitue un arbre aux grandes dimensions ?

Mais quelle que soit la durée de leur vie, la plupart des végétaux, soumis à une espèce de polarité, poussent constamment d'un côté vers le centre de la terre, en même temps qu'ils tendent de l'autre à s'élever vers le ciel.

On nomme *Collet* le point où se rencontrent les forces qui entraînent ainsi leurs parties en sens contraires ; il est ordinairement marqué au dehors par une dépression circulaire plus ou moins distincte. Ce n'est pas un organe, mais un plan horizontal placé à fleur de terre, quelquefois plus haut ou plus bas, toujours entre le *système descendant* et le *système ascendant* de la plante.

Le moment est venu, Messieurs, d'étudier chacun de ces deux systèmes. Commençons par le premier, généralement appelé la *Racine*.

Aux yeux des personnes étrangères à la botanique, la racine est tout simplement la partie qui , dans les plantes , reste cachée sous la terre. Il est pourtant beaucoup de racines qui flottent au sein de l'eau ; certaines même se développent dans l'atmosphère : tandis que des tiges en assez grand nombre effectuent leur accroissement en partie ou en totalité sous le sol.

Pour les botanistes, dont le langage est plus rigoureux, la racine est *cette portion du végétal qui tend sans cesse à s'accroître de haut en bas* , qu'elle soit située dans la terre, dans l'eau ou dans l'air. Elle fixe la plante , et absorbe une grande partie des substances nécessaires à son développement.

La tendance qu'ont les racines à se diriger vers le centre de la terre constitue leur caractère distinctif essentiel. Elle est surtout bien manifeste pendant l'acte de la germination , et se réalise même quand les conditions paraissent peu favorables.

Ainsi dans une graine de haricot germante ayant ses cotylédons placés en terre et sa radicule en l'air , celle-ci. au lieu de pousser de bas en haut , se courbe bientôt, en s'allongeant , pour aller s'enfoncer dans le sol. Il en est de même des divisions que la racine peut offrir : toutes s'accroissent de haut en bas, le plus souvent, à la vérité. en divergeant , en s'écartant plus ou moins de la ligne verticale. On a vainement cherché l'explication de cette singulière tendance : la cause en est restée tout-à-fait inconnue.

Que penser des végétaux parasites , et notamment du gui , présentés par quelques auteurs comme faisant exception à la loi commune ?

Le gui ne puise point sa nourriture dans la terre ; il se développe sur différens arbres , au dépend de leurs sucs. Que sa graine s'applique à la face supérieure ou à la face inférieure d'une branche, elle y germe également ; et dans le dernier cas , sa racine , il est vrai , s'accroît de bas en haut. Mais évidemment cette branche est pour lui ce que la terre est aux plantes en général , et ainsi l'exception est plutôt apparente que réelle.

Ce n'est pas par tous ses points que la racine s'allonge. comme le font la tige , les branches , etc. , mais seulement par son extrémité, ou bien , si elle se compose de plusieurs divisions , par ses extrémités libres. D'où il résulte qu'il suffit d'amputer celles-ci pour arrêter à jamais ce genre d'accroissement. caractéristique des racines.

La racine se distingue en outre de la plupart des autres parties de la plante par la faculté qu'elle a de ne point devenir verte même sous l'influence de la lumière, à l'exception pourtant de ses extrémités libres qui prennent quelquefois cette couleur. On aurait tort d'attribuer la blancheur habituelle des racines à leur position souterraine; car celles des végétaux qui vivent au sein d'une eau transparente se montrent blanches aussi à côté des tiges et des feuilles ordinairement vertes. Les racines que quelques plantes poussent dans l'air sont elles-mêmes blanches , tout au plus grisâtres ou brunes . mais jamais vertes.

Enfin la racine est constamment privée de stomates . de glandes , de lenticelles , d'aiguillons ; et les poils unicellulés dont elle est parfois munie à sa naissance ne tardent point à se détacher.

Tels sont , Messieurs , les caractères extérieurs positifs ou négatifs qui font de la racine un organe distinct. Examinons maintenant cet organe sous un autre point de vue.

Au moment où elle commence à se développer , la racine apparaît comme un pivot qui est tantôt permanent. tantôt caduc. Dans le premier cas , ce pivot continue de s'accroître , reste simple ou se ramifie ; dans le second . il tombe de bonne heure , pendant que des productions nouvelles poussent en grand nombre autour de lui pour le remplacer. De là deux espèces de racines adultes : les unes *à base unique ;* les autres *à base multiple.*

Les *racines à base unique* , plus communes que les autres , n'appartiennent qu'aux dicotylédonées. Elles offrent , la plupart , sur un axe médian qui en est la partie principale , le *tronc* ou le *corps ,* des ramifications ou *branches radicales* dont les plus petites sont aussi nommées *radicelles.*

Ces divisions , coniques comme le corps lui-même . portent à leur surface et surtout à leur extrémité libre . amincie , une infinité de fibrilles capillaires à l'ensemble desquelles on accorde le nom de *chevelu.*

Quelques auteurs ont considéré ces petites fibres comme des branches radicales naissantes, susceptibles d'acquérir, à la longue, un développement considérable ; mais de nos jours leur opinion est abandonnée. Le chevelu tombe et se renouvelle tous les ans ; il est un organe particulier qui représente en quelque sorte, dans la racine, les feuilles dont la tige est pourvue.

Chaque fibrille de chevelu s'allonge, ainsi que la racine elle-même, par son extrémité libre seulement. Cette extrémité, formée d'un tissu toujours nouveau, éminemment hygroscopique, s'imbibe des sucs contenus dans la terre comme le ferait une petite éponge, et reçoit en conséquence la dénomination de *spongiole*. L'extrémité libre de la racine ou de chaque radicelle est en tout semblable et porte le même nom.

Par ses innombrables spongioles, le chevelu, dans la plupart des plantes, est l'agent essentiel de l'absorption confiée aux racines. Son abondance varie suivant le degré d'activité que cette fonction doit avoir ; suivant les conditions où il se trouve : il est bien plus abondant, toutes choses égales d'ailleurs, dans un terrain meuble et humide, que dans un sol à la fois compacte et aride. Dans les racines qui, en s'allongeant, ont rencontré un courant d'eau, le chevelu, plongé au sein du liquide, devient quelquefois si touffu, si volumineux, que les jardiniers le désignent sous le nom de *queue de renard*. Les saules placés sur le bord des rivières présentent souvent l'exemple de ce développement insolite du chevelu.

On donne l'épithète de *rameuses* aux racines à base unique pourvues, comme nous l'avons supposé, d'un certain nombre de branches radicales. Ces branches, dirigées de haut en bas, forment entre elles des angles, soit aigus, soit plus ou moins ouverts ; elles s'étendent quelquefois à peu près parallèlement à l'horizon, et dans ce cas, on les dit *horizontales*, *rampantes* ou *traçantes*.

Les *racines rampantes*, placées tout près de la surface de la terre, sont fréquemment mises à découvert dans quelques-uns de leurs points. Il n'est pas rare de voir alors s'élever de ces points, souvent à une grande distance du corps de la racine, des tiges connues sous le nom de *surgeons*, et susceptibles de végéter à part quand on les sépare de la plante mère, en coupant la branche radicale qui les a accidentellement produites.

Tout le monde a pu observer des faits de cette nature sur les racines rampantes de l'acacia, de l'ormeau, du vernis du Japon, etc. Lorsque ces arbres sont plantés dans le voisinage des lieux cultivés, ils poussent partout et sans cesse, quelquefois à plus de cent mètres, des surgeons qui font le désespoir des jardiniers.

Mais parmi les racines à base unique, il en est aussi qui, pourvues seulement de quelques radicelles ou réduites à leur axe médian, sont appelées *racines simples* : on les nomme encore *racines pivotantes* pour indiquer qu'elles s'enfoncent verticalement dans le sol, en quelque sorte à la manière d'un pivot.

Beaucoup moins communes que les rameuses, elles

sont généralement épaisses , charnues , à écorce dilatée.
Leur chevelu , peu abondant , est réuni en faisceau à leur
extrémité libre; il manque quelquefois tout-à-fait. Les
unes sont *fusiformes* , comme celle de la carotte ; d'autres, très-renflées à leur base, s'amincissent brusquement
en une pointe plus ou moins allongée , comme dans la
rave : on les dit *rapiformes*. Ces deux formes diffèrent
peu et l'on passe insensiblement de l'une à l'autre , ainsi
que le prouvent les diverses variétés de radis.

Quant aux *racines multiples* ou à *base multiple* , elles
existent dans toutes les plantes monocotylédonées , et
font aussi partie de quelques dicotylédones . notamment
des renoncules.

Ce n'est pas . à vrai dire , une seule racine que l'on
observe dans chacune de ces plantes , mais plutôt une
réunion de racines nombreuses , nées ensemble du même
collet. Ces racines ne possèdent en général que peu de
chevelu ; elles absorbent principalement par les spongioles
qui les terminent ou qui terminent leurs divisions.

Le plus souvent, elles sont petites et déliées comme des
libres. On les nomme alors *racines fibreuses* , qu'elles soient
étalées et ramifiées comme dans le blé , l'orge, l'avoine ;
ou bien presque parallèles , simples et cylindriques,
comme celles de l'ail, des jacinthes , etc.

Certaines racines multiples , épaisses , renflées en tubercules féculens plus ou moins volumineux , réunis en
faisceau . sont dites *racines fasciculées ;* les dahlias en offrent un exemple.

Il est aussi des racines qui, formées à la fois de fibres et de tubercules, tiennent en même temps des fibreuses et des fasciculées. Celles des orchis et de la renoncule ficaire sont dans ce cas.

Et toutes les racines qui présentent ainsi des renflemens en tubercules reçoivent encore le nom de *tubéreuses* ou de *tubériformes*.

Enfin, les racines des arbres monocotylédons, celles des palmiers par exemple, volumineuses, longues et cylindriques comme de grosses cordes, sont appelées *racines funiformes*.

Ce sont là, Messieurs, les principales variétés qu'il importe de connaître parmi les racines si nombreuses qui végètent ordinairement sous le sol, ou quelquefois dans l'eau.

Mais il est des racines qui, faisant exception à la règle, se développent au sein de l'atmosphère, ainsi que déjà nous l'avons annoncé : on les distingue par le nom de *racines aériennes*.

Les plus remarquables ont été observées sur différens arbres des régions inter-tropicales. Nées de leur tige ou de leurs branches, à une hauteur souvent très-considérable, elles descendent, tantôt verticalement, tantôt d'une manière oblique, et se plongent plus ou moins profondément dans la terre ; quelques-unes restent libres et flottantes dans l'air. Il est dans l'Amérique méridionale des forêts entières rendues impénétrables par ces sortes de racines.

Un végétal cultivé presque partout, le maïs, peut lui-même nous offrir des exemples de racines aériennes. Il pousse quelquefois, en effet, d'un nœud inférieur de sa tige, surtout dans les champs humides, des fibres radicales qui s'enfoncent dans le sol après avoir parcouru une certaine distance dans l'air.

On cite aussi comme exemples de racines aériennes les crampons dont le lierre grimpant se sert pour se fixer, soit aux arbres, soit aux murs qui soutiennent ses débiles rameaux. On cite les suçoirs à l'aide desquels la cuscute pompe dans les plantes les sucs qui doivent la nourrir. Si l'on admet que ce sont là des racines, il faut au moins convenir qu'elles s'éloignent singulièrement du type général.

Beaucoup de tiges, beaucoup de branches, des feuilles même sont susceptibles, lorsqu'elles se trouvent en contact avec la terre, de produire accidentellement des racines connues sous le nom de *racines adventives*. Nous aurons plus tard l'occasion d'en parler.

Les seules racines que l'on trouve dans certains végétaux acotylédonés, notamment dans les fougères, s'échappent de divers points de leur tige souterraine, et peuvent être considérées comme des racines adventives. Quant aux autres acotylédonés, ils en sont tout-à-fait dépourvus.

A la suite de cette énumération des diverses variétés de racines, disons, en terminant, que les véritables, chargées de fixer la plante et d'absorber une partie de sa nourriture, commencent par l'état de radicule, partent du collet, et s'enfoncent le plus souvent dans la terre, quelquefois dans l'eau.

Leurs dimensions, très-variables, sont généralement en rapport avec celles des parties étalées au sein de l'air. Il est néanmoins des exceptions à cette règle ; car les palmiers, les pins et les sapins, qui élèvent leur tige à une hauteur prodigieuse, n'ont qu'une racine relativement petite ; tandis que la luzerne, dont la tige ou plutôt les rameaux se dessèchent et meurent chaque année, est pourvue d'une racine pivotante qui s'étend à plusieurs mètres de profondeur dans le sol.

Arrivons au *système ascendant* de la plante.

Pendant que la racine s'accroît au-dessous du collet, sa limite, le système ascendant se développe au-dessus, presque toujours dans l'air. Plus compliqué que la racine, il offre à l'étude ordinairement deux choses : un axe ou la *tige*, et sur cet axe, des *organes appendiculaires ;* des *feuilles* et des *fleurs*, ornement du végétal. C'est de la tige que nous devons nous occuper d'abord.

La *tige* est la base du système ascendant. Elle s'élève ou du moins tend sans cesse à s'élever d'une manière verticale. On peut la définir : *la partie intermédiaire à la racine et aux feuilles.*

Toutes les plantes vasculaires sont pourvues d'une tige. Dans la plupart, elle est bien évidente ; dans quelques-unes, improprement appelées *acaules*, elle est cachée sous terre ou tellement raccourcie, qu'elle semble au premier abord ne point exister.

La tige varie sous tous les rapports. Elle est *herbacée*, c'est-à-dire verte, molle, facile à briser, dans presque tous les végétaux annuels et bisannuels. Ces végétaux sont eux-mêmes des *herbes*.

Parmi les plantes vivaces, il en est dont la tige, très-courte, fournit des rameaux herbacés qui s'élèvent seuls au-dessus de la terre, où ils meurent chaque année. Ce sont des herbes que l'on dit *vivaces par les racines* parce qu'on prend, à tort, leurs rameaux annuels pour des tiges partant du collet. La bryone est un exemple de ce cas.

Il est aussi des végétaux vivaces chez lesquels la tige, plus ou moins volumineuse et située dans l'air, reste verte, molle, succulente pendant toute leur vie. Telles sont les plantes grasses que l'on entretient dans nos serres sous le nom de *cierges*

A part ces exceptions, les végétaux vivaces ont une tige *ligneuse*, c'est-à-dire solide, compacte, dure comme du bois. Ils prennent alors le nom de *végétaux ligneux* ou *arborescens*. On les distingue en *sous-arbrisseaux*, *arbrisseaux* et *arbres*.

Dans les premiers, qu'on appelle encore *plantes sous-frutescentes*, la tige, fort-courte et souterraine, donne naissance à des rameaux qui, ligneux à leur base, herbacés à leur sommet, végètent seuls au-dessus du sol. Ces rameaux ne dépassent guère la moitié de la hauteur d'un homme, portent des fleurs chaque année, et sont dépourvus de bourgeons écailleux. La sauge officinale est un sous-arbrisseau.

Les *arbrisseaux*, nommés aussi *arbustes*, *plantes fru-
tescentes*, ont une tige également courte et souterraine ;
mais ils s'élèvent par leurs rameaux, entièrement ligneux.
à peu près à la hauteur d'un homme, et sont munis de
bourgeons écailleux, du moins sous notre latitude. Tel
est par exemple le lilas.

Quant aux *arbres*, ils sont pourvus d'une tige qui
reste simple ou se ramifie seulement à une certaine hauteur dans l'air ; ils dépassent en général la taille d'un
homme, sont même souvent gigantesques et portent
aussi des bourgeons écailleux. comme le chêne, l'ormeau, etc.

Mais cette division populaire, déduite de la consistance et de la grandeur des tiges, n'a rien de précis.
Une plante donnée peut-être, suivant les climats. suivant les expositions, une herbe, un sous-arbrisseau,
un arbrisseau ou même un arbre. Il faut surtout noter
que tous les végétaux des régions équinoxiales, les plus
grands comme les plus petits, sont constamment dépourvus de bourgeons écailleux, fait sur lequel nous aurons
l'occasion de revenir en faisant l'histoire des bourgeons.

Dans les arbres dicotylédonés, la tige est conique,
plus épaisse en bas qu'à sa partie supérieure où toujours
elle se ramifie ; elle est un *tronc*. Celle des arbres monocotylédonés, notamment des palmiers, est cylindrique,
mince, longue et ordinairement simple ; elle est un *stipe*.

La plupart des tiges s'élèvent verticalement et sont
dites *dressées*.

Il en est qu'on appelle *grimpantes*. Trop faibles pour se soutenir d'elles-mêmes, elles s'appuient sur les plantes plus solides ou autres corps situés dans le voisinage, s'y fixent, comme le lierre, par des crampons particuliers; ou bien, comme le chèvre-feuille, au moyen de *vrilles*, organes avortés que vous connaîtrez plus tard.

Certaines de ces tiges, se roulant en spirale autour du corps qui leur prête un appui, reçoivent l'épithète de *volubiles*. Leur torsion, dont la cause est inconnue, se fait tantôt de droite à gauche, comme dans le haricot; tantôt de gauche à droite, comme dans le houblon. La même direction s'observe toujours dans les plantes de la même espèce ; on tenterait vainement de la changer.

Les tiges grimpantes qui offrent une consistance ligneuse, comme celle de la vigne, sont désignées sous le nom particulier de *sarmenteuses*.

Dans bon nombre de végétaux, la tige, née trop faible pour obéir à sa tendance naturelle en s'élevant vers le ciel, tombe de bonne heure par son propre poids, et s'étend sur la surface du sol à mesure qu'elle s'allonge ; son extrémité se redresse sans cesse, mais sans cesse elle tombe à son tour, d'où résulte en définitive une *tige couchée*.

Quelquefois cependant, ces sortes de tiges, après avoir acquis une certaine consistance, se redressent pour ne plus retomber. Verticales dans une grande partie de leur étendue, elles décrivent une courbe à leur base, et l'on dit qu'elles sont *ascendantes*.

Assez fréquemment, les tiges ascendantes poussent, par leur base recourbée, des racines adventives qui pénètrent plus ou moins profondément dans la terre. On les nomme alors *radicantes*, qualification que l'on applique de même aux tiges dressées munies de racines aériennes.

Il arrive aussi, et plus souvent, surtout dans les lieux humides, que les tiges couchées produisent, par tous les points de leur face inférieure, des racines nombreuses qui les fixent à la surface du sol. Elles reçoivent dans ce cas la dénomination de *tiges rampantes*. Leur végétation est fort remarquable ; nous en parlerons à l'occasion de leurs rameaux.

Mais les tiges rampantes nous conduisent naturellement aux tiges *souterraines*. Un mot donc sur ces dernières.

Les tiges souterraines, encore appelées *souches* ou *rhizomes*, doivent à leur position d'avoir été long-temps prises pour des racines. Elles s'accroissent pourtant en sens contraire des racines, et donnent naissance à des organes appendiculaires, à des feuilles par exemple, propriété qui est le partage exclusif des tiges.

Evidemment il serait peu rationnel de considérer deux organes comme différens l'un de l'autre par cela seul qu'ils n'habitent pas le même milieu. Certaines racines se développent bien au sein de l'atmosphère. Pourquoi les tiges ne pourraient-elles pas végéter dans le sol ?

Verticales ou obliques, plus souvent horizontales, les tiges souterraines poussent constamment des fibres radicales de leurs parties inférieures. Dans la plupart des cas, leur base se détruit à mesure que leur extrémité opposée s'allonge, et ainsi elles se déplacent chaque année, quand elles sont horizontales, comme celles des iris par exemple. Ces tiges ont été nommées improprement *racines progressives, succises ou mordues.*

Les tiges souterraines des fougères indigènes fournissent tous les ans des feuilles qui se développent et se dessèchent dans l'air. Beaucoup d'autres étalent dans l'atmosphère à la fois des feuilles et des fleurs, ainsi que cela se remarque dans la primevère officinale. On trouve sur toutes ces tiges la base desséchée, les débris des feuilles que chaque année a vu naître et périr.

Certaines tiges souterraines, en même temps qu'elles élèvent dans l'air des rameaux florifères, produisent des feuilles avortées, réduites à l'état d'écailles et entièrement cachées sous le sol. C'est le cas de la souche des cypéracées, et en particulier du scirpe des marais.

Dans les plantes bulbeuses, telles que la tulipe, l'oignon, etc., nous trouvons l'exemple d'un rhizome raccourci au dernier point. Leur *bulbe*, située dans la terre, n'est pas une simple racine, comme on le croit généralement; elle a pour base un plateau orbiculaire, horizontal, qui porte à sa face inférieure une racine multiple, et supérieurement, des feuilles sous forme d'écailles ou de tuniques épaisses, charnues, appliquées les unes sur les autres. Ce plateau fournit aussi des fleurs; il est intermédiaire à la racine et aux feuilles: donc il est unetige.

Mais quelle différence entre cette tige rabougrie, dont la hauteur est à peine de quelques millimètres, et le stipe des palmiers, qui s'élève parfois à plus de soixante mètres! ce sont les deux extrêmes; mille nuances conduisent de l'un à l'autre.

Et la diversité qui règne parmi les tiges sous le rapport de leur dimension en diamètre n'est pas moins grande : tous les degrés sont compris entre la tige filiforme de la drave printanière par exemple, et le tronc de certains baobabs, dont la circonférence est de vingt à trente mètres.

La tige peut offrir aussi de nombreuses particularités que nous devons au moins signaler pour compléter son histoire.

Elle présente quelquefois, de distance en distance, des *nœuds*, c'est-à-dire des points plus épais, plus consistans et plus solides. Elle est alors *noueuse*, comme dans le maïs, le blé et autres graminées. La portion qui se trouve entre deux nœuds porte naturellement le nom d'*entre-nœud*.

D'autres fois, elle est également pourvue, comme dans l'œillet et les géraniums, de renflemens plus ou moins éloignés les uns des autres ; mais ces renflemens sont des *articulations* plutôt que des nœuds, puisque la tige, au lieu d'y être plus solide qu'ailleurs, s'y brise avec facilité, du moins dans les premiers temps de son existence. Aussi lui donne-t-on l'épithète d'*articulée*. Quant aux intervalles compris entre deux articulations. on les nomme *articles* ou *mérithalles*.

On désigne sous le nom de *tiges fistuleuses* celles qui sont creusées d'une cavité intérieure , comme dans les roseaux , la ciguë , etc. Les autres sont *pleines*.

La plupart des tiges sont coniques ou cylindriques. Il en est de comprimées , de triangulaires , de quadrangulaires , etc.

Elles peuvent être lenticellées , munies ou non de stomates , sillonnées , striées , aiguillonneuses , glabres , poilues , velues , tomenteuses.... Elles sont susceptibles , en un mot , de toutes les modifications qui se rattachent à la pubescence , et que nous avons suffisamment étudiées d'une manière générale dans notre dernière leçon.

CINQUIÈME LEÇON.

ORGANISATION DE LA TIGE ET DE LA RACINE.

Ce n'est point assez, Messieurs, d'avoir étudié la racine et la tige dans leurs caractères distinctifs extérieurs, dans les nombreuses variétés qu'elles présentent sous le rapport de leur forme , de leur direction , de leur consistance, etc. ; vous devez en connaître aussi l'organisation, la structure intérieure , un des points les plus importans de l'organographie végétale.

La structure de la tige et celle de la racine ont entre elles beaucoup d'analogie ; mais l'une et l'autre se montrent bien différentes suivant qu'on les considère dans les plantes dicotylédones, monocotylédones ou acotylédones. Examinons tout de suite la structure des tiges dicotylédonées.

Quand on pratique une coupe horizontale sur une tige dicotylédonée vivace ayant acquis une grande partie ou la totalité de son développement, on remarque, sur cette coupe, deux systèmes distincts : l'un central ; l'autre cortical. Dans le premier sont compris la *moelle*, le *canal médullaire* et le *bois*. Un mot sur chacune de ces parties.

La *moelle* ou *médulle interne*, est une colonne de tissu utriculaire placée au centre de la tige, s'étendant de sa base à son sommet. Elle se compose de cellules arrondies ou polyèdriques, lâchement unies entre elles, d'abord gorgées d'un liquide abondant et vert.

Mais à mesure que la tige développe ses feuilles, la moelle se dessèche, se décolore, de telle sorte que, dès la fin de la première année, elle n'est plus qu'un tissu aride, léger, ordinairement blanchâtre ou brunâtre. Cette modification commence par les cellules qui occupent le milieu de la moelle, les plus grandes, les premières formées; elle s'étend insensiblement aux autres, d'autant plus récentes et plus petites qu'elles se rapprochent davantage de la circonférence.

Toutes ces utricules ont en général une organisation fort simple. Elles peuvent cependant offrir des ponctuations à leur surface, ce qui démontre la présence de plusieurs membranes dans la texture de leurs parois. La moelle renferme des vaisseaux laticifères dans un assez grand nombre de végétaux ; par exemple dans le figuier, l'yèble et les euphorbes. On y trouve quelquefois aussi des trachées déroulables.

Il arrive que la moelle se rompt, en se desséchant,
pendant que la tige s'accroît en longueur et en diamètre.
Sa masse alors se sépare en disques nombreux et superposés, comme on peut le voir dans une jeune tige de
noyer ; ou bien elle éprouve un retrait excentrique. Dans
ce dernier cas, elle se réduit en une couche souvent très-
mince qui tapisse le canal médullaire, et la tige est
fistuleuse. C'est ce qui a lieu dans certaines plantes herbacées à végétation rapide, notamment dans la plupart
des ombellifères. Il n'est pas rare de voir la moelle être
résorbée en entier.

On a émis de nombreuses hypothèses sur ses fonctions.
Elle n'a d'activité que pendant les premiers momens de
son existence ; on peut alors la considérer comme un réservoir contenant la première nourriture des feuilles et
des autres organes appendiculaires. Après, elle est frap-
pée de mort, et probablement elle n'a plus d'utilité.

Quant au *canal médullaire*, nommé encore *étui-médul-
laire*, il n'est autre chose que la cavité destinée à contenir
la moelle. Creusé pour l'ordinaire dans toute l'étendue
de la tige, il est interrompu, de distance en distance,
lorsque celle-ci est noueuse ou articulée. Les interruptions
correspondent, bien entendu, soit aux articulations, soit
aux nœuds.

C'est pendant la germination que le canal de la moelle
s'organise, et voici de quelle manière.

Au milieu du tissu cellulaire qui formait à lui seul la
plante-embryon, des utricules s'allongent en fibres ; il

en est même qui s'unissent pour composer des vaisseaux. Vaisseaux et fibres , d'abord rares , mais devenant chaque jour plus nombreux , se groupent en quelques faisceaux disposés en cercle et séparés les uns des autres par autant d'intervalles. Puis de nouveaux faisceaux apparaissent successivement entre les premiers, et enfin, après la germination , la jeune tige , coupée en travers , présente un cercle fibro-vasculaire bien distinct , situé entre la moelle qu'il circonscrit, et une couche cellulaire; ou l'*écorce* , dont il est entouré.

La moelle et l'écorce communiquent entre elles par les intervalles cellulaires qui , sous forme de bandes divergentes , séparent encore les faisceaux fibro-vasculaires. Ces intervalles sont appelés *rayons médullaires.*

Ainsi le canal médullaire a pour parois une couche plus ou moins épaisse , formée principalement de fibres et de vaisseaux. Il porte, à sa face interne et pas ailleurs, des trachées qui restent déroulables même dans les vieilles tiges.

La moelle qu'il renferme présente d'abord , dans sa coupe horizontale , une forme étoilée , grâce aux larges rayons médullaires qui s'en éloignent en divergeant. Mais bientôt ces rayons se multiplient , augmentent en nombre aux dépens de leur largeur, et le canal se complète en devenant cylindrique.

Il est pourtant susceptible d'autres formes assez souvent en rapport avec la disposition des feuilles sur la tige. Dans le frêne, dont les feuilles sont opposées deux à deux, l'aire du canal est elliptique de l'une à l'autre ; et dans le laurier-rose , où les feuilles sont réunies au nombre de trois pour embrasser la tige, le canal est triangulaire, ses angles répondant aux feuilles.

On sait que l'étui médullaire est plus ou moins dilaté suivant les espèces ; qu'il est souvent beaucoup plus considérable dans les petites que dans les grandes. Mais dans une même plante , et en un point déterminé de sa hauteur , le diamètre de ce canal varie-t-il , ou reste-t-il le même ?

La moelle s'élargit pendant sa première jeunesse, à la fois par la multiplication et par l'augmentation de volume de ses utricules. Plus tard , le cercle fibro-vasculaire qui se forme autour d'elle peut la comprimer ; mais l'équilibre ne tarde point à s'établir , et la première année passée, les dimensions de l'étui médullaire ne changent plus. Dans beaucoup d'arbres de grande taille, comme le chêne, et à une certaine époque de leur développement , il est si petit, par rapport au volume des parties au milieu desquelles il existe , qu'il semble au premier abord avoir disparu.

En résumé , une moelle centrale enveloppée d'une couche fibro-vasculaire qui est elle-même entourée d'une couche cellulaire constituant l'écorce ; telle est l'organisation de la tige dans les plantes dicotylédones annuelles.

Dans les vivaces, la structure de la tige, au lieu de rester aussi simple , se complique chaque année d'une couche fibro-vasculaire nouvelle , venant s'appliquer d'une manière exacte sur celle qui l'a immédiatement précédée dans sa formation. Or, Messieurs, ce sont ces couches successivement produites, et contenues les unes dans les autres, qui composent, dans les tiges dicotylédones ligneuses, la portion du système central que tout-à-l'heure nous avons nommée le *bois*.

Aussi désigné sous le nom de *corps ligneux*, le *bois* est la partie la plus compacte des tiges vivaces et ligneuses. Ses couches fibro-vasculaires forment autant de cônes creux ayant leur base au collet et emboîtés les uns dans les autres, ainsi qu'il est facile de s'en convaincre par l'inspection d'une coupe longitudinale.

Sur une section faite horizontalement, ces couches, encore appelées *ligneuses*, se traduisent en cercles concentriques dont le nombre, compté au collet, est égal à celui des années écoulées depuis la naissance de la plante. Dans les hauteurs de la tige, la section ne comprendrait qu'une partie des couches ; elle laisserait au-dessous les premières formées.

Les fibres qui concourent à composer chaque couche ligneuse sont placées en dehors, et se montrent d'autant plus déliées, d'autant plus rapprochées les unes des autres, qu'elles se trouvent plus près de la surface extérieure. Quant aux vaisseaux, situés en dedans et moins nombreux, ils sont en général ponctués ou rayés, rarement annulaires. Ce n'est qu'à la face interne du canal médullaire que l'on rencontre les véritables trachées.

Lorsque, sur une coupe pratiquée nettement et en travers, on examine avec soin un des cercles concentriques représentant les couches ligneuses , on y reconnaît sans peine deux zônes différentes : l'une en dedans, criblée de petits trous, orifices des vaisseaux ; l'autre en dehors, d'un tissu plus serré, plus dense et presque toujours plus coloré , surtout vers son bord externe. C'est même à cette différence de texture et d'aspect entre leur bord externe et leur bord interne que les couches du bois doivent d'être distinctes les unes des autres.

Leur épaisseur varie beaucoup suivant les espèces , leur position , les années qui les ont produites, etc.

Elles sont plus épaisses dans les arbres à bois tendre , qui se développent ordinairement très-vite, que dans ceux à bois dur , dont la venue est toujours lente. Dans une même tige , elles sont plus épaisses près du canal médullaire qu'ailleurs, parce que là se trouvent celles qui ont été formées pendant la jeunesse de la plante , époque où la végétation jouissait de sa plus grande vigueur. Il en est qui se distinguent entre toutes par leur peu d'épaisseur. Elles marquent les années de sécheresse traversées par le végétal. Les autres se sont développées en des temps plus favorables.

Une même couche, du reste, n'est pas toujours également épaisse dans toute sa circonférence, et lorsqu'il y a inégalité, on la remarque du même côté sur plusieurs couches successives, ce qui démontre la permanence de la cause à laquelle il faut l'attribuer. En général, les points plus épais correspondent à une branche radicale qui, s'étant trouvée dans un sol plus fertile, y a pris un développement plus considérable que les autres.

Chaque couche naît et accomplit sa croissance dans la même année. Mais elle éprouve ultérieurement des changemens notables dans sa couleur, sa densité, sa structure et sa composition.

Les fibres et les vaisseaux dont elle est composée, d'abord à parois minces, transparentes, et remplis de sucs abondans, subissent avec l'âge des modifications de toutes sortes.

Leurs parois s'épaississent par le développement, à l'intérieur, de nouvelles membranes entières ou diversement déchirées, telles que nous les avons décrites à l'occasion des tissus cellulaire et vasculaire. En même temps, les liquides contenus dans la cavité des fibres s'évaporent, diminuent de quantité, changent de nature... le ligneux se forme ; il imprègne les parois fibreuses et se solidifie peu à peu à leur surface ainsi que dans leur épaisseur. Ce ligneux, dont les caractères sont variables, communique à la substance du bois la teinte, et en grande partie la consistance qu'elle offre dans les diverses espèces.

Il arrive un moment enfin, au bout de quelques années, plus tôt ou plus tard selon les plantes, il arrive un moment où la couche, saturée de ligneux, parvient pour ainsi dire à sa maturité complète. Elle est alors tout ce qu'elle sera ; désormais elle doit rester stationnaire.

Et c'est tour-à-tour, en commençant par la première

formée, que les couches ligneuses sont amenées à cet état de perfection, à ce terme de leur composition chimique.

On distingue aisément sur la coupe d'un tronc déjà vieux, à leur densité plus grande, à leur couleur plus foncée, les couches qui ont éprouvé tous les changemens dont elles étaient susceptibles, de celles qui avaient encore des mutations à subir. Les premières constituent ce qu'on appelle le *bois parfait* ; et l'on accorde à l'ensemble des secondes la dénomination d'*aubier*, parce qu'elles sont généralement blanches.

Nommé aussi *cœur du bois*, *duramen*, le *bois parfait* est homogène dans toute sa masse. Les couches qui le composent, quoique formées successivement, possèdent toutes les mêmes qualités ; car toutes sont parvenues à leur maturité complète, pour nous servir d'une expression que nous avons déjà employée. Le bois parfait est un produit de l'âge ; il n'existe pas encore dans les jeunes tiges ; il est très-abondant dans les vieux troncs.

Quant à l'*aubier,* ou *bois imparfait,* il ne peut être homogène ; ses couches, modifiées à divers degrés, diffèrent entre elles sous tous les rapports. Elles participent d'autant plus des caractères du bois parfait, qu'elles s'en rapprochent davantage ; les moins profondes sont les plus jeunes, les plus blanches, celles dont le tissu offre le moins de densité. L'aubier compose à lui seul les jeunes tiges, et sa proportion, par rapport au cœur du bois, diminue à mesure que l'âge augmente.

On ne doit point en faire usage dans les travaux de construction. L'état d'imperfection où il se trouve encore, l'abondance des fluides qu'il renferme et qui s'évaporent pendant la dessiccation , l'exposent à une diminution de volume, à des altérations dans sa composition chimique, et surtout aux ravages des insectes, attirés par les matériaux qui étaient destinés à sa propre nourriture.

Dans les arbres à bois coloré. le cœur et l'aubier sont bien distincts l'un de l'autre. On conçoit par exemple , combien , dans l'ébène, l'acajou et plusieurs autres dont l'ébénisterie fait usage , le bois parfait doit trancher sur l'aubier, qui reste blanc.

Les arbres qui végètent sous notre latitude sont loin de présenter une ligne de démarcation aussi saillante. Néanmoins, dans ceux à bois dur, comme le chêne, le cœur est toujours sensiblement plus foncé en couleur que le bois imparfait. Il n'en est pas de même des arbres à bois blanc, tels que le peuplier et le saule, où les deux sortes de bois ont à peu près la même nuance.

En général , la coloration des bois est en raison directe de leur dureté et de la faculté qu'ils ont de résister aux causes de destruction. On cite comme étant les plus compactes et les plus durables le bois d'ébène , le bois de fer, qui sont aussi les plus foncés. Les bois blancs sont à la fois les plus tendres et ceux qui se conservent le moins; ils possèdent encore en partie les mauvaises qualités de l'aubier.

Mais l'aubier, mais le bois parfait sont traversés par

des lignes divergentes que nous avons appelées *rayons médullaires*, et qui méritent de fixer un moment notre attention.

Ces rayons, d'abord rares, deviennent, nous l'avons dit, plus nombreux et plus minces à mesure que, dans la couche où ils existent, les faisceaux fibro-vasculaires se rapprochent en se multipliant. Bientôt ils se montrent, sur une tranche horizontale de la tige, disposés comme les lignes horaires d'un cadran, mais dessinés par leur teinte plus pâle que le fond.

Les rayons d'une couche ligneuse complètement développée sont d'autant plus nombreux que cette couche est plus grande, c'est-à-dire plus éloignée de la moelle centrale. La plupart, et non pas tous, correspondent avec ceux des couches précédentes. Il s'en suit que parmi les rayons, vus dans leur ensemble, certains mesurent en entier la distance comprise entre le canal médullaire et l'écorce ; tandis que d'autres arrivent bien à la circonférence, mais ne partent que d'un point plus ou moins éloigné du centre. Ceux-là sont les *grands rayons*, et ceux-ci les *petits* ou les *demi-rayons*.

Formés de cellules quadrilatères allongées en travers et réunis en séries dans le même sens, les rayons médullaires constituent des lames verticales que l'on peut mettre entièrement à découvert en coupant une tige suivant sa longueur.

Dans certaines plantes comme la clématite, où les faisceaux fibreux et vasculaires ont une marche constamment rectiligne, les lames cellulaires et verticales dont il s'agit s'étendent sans interruption d'un bout de la tige à l'autre. Le bois alors se fend suivant ces lames , et cela avec la plus grande facilité.

Ordinairement, au contraire, les faisceaux fibro-vasculaires de la tige sont plus ou moins flexueux dans leur trajet de bas en haut; tantôt ils s'écartent pour faire place aux lames cellulaires, et tantôt ils se rapprochent pour les interrompre , ce qu'il est facile de constater sur une tranche verticale très-mince, perpendiculaire aux rayons. C'est même à cette disposition particulière que certains bois, notamment celui de chêne, doivent les reflets ondoyans qui les caractérisent , lorsqu'on les a travaillés de manière à mettre en évidence ces rayons médullaires fréquemment et irrégulièrement interrompus.

Les rayons médullaires sont plus minces et plus compactes dans le cœur du bois que partout ailleurs. Dans l'aubier, surtout à sa périphérie , ils sont plus dilatés , remplis de fécule, de sucs, et souvent colorés par de la chlorophylle. Leur vitalité paraît augmenter à mesure qu'ils se rapprochent de l'écorce ; ils nous conduisent naturellement à l'examen du *système cortical.*

Connu généralement sous le nom d'*Ecorce*, le *système cortical* enveloppe le système central comme une espèce de fourreau.

Il ne renferme d'abord que du tissu cellulaire ; mais dès la fin de la première année, deux substances différentes le composent : l'une en dehors. parenchymateuse ;

l'autre en dedans, fibro-vasculaire. Chaque année ultérieure y ajoute à son tour une couche fibro-vasculaire
nouvelle qui s'applique à sa face interne ; et en définitive on trouve ici les mêmes parties constituantes que
dans le système central ; seulement leur disposition est
inverse.

Immédiatement située sous l'épiderme, dont l'organisation vous est connue, la substance parenchymateuse
de l'écorce forme deux couches distinctes que l'on nomme
couche subéreuse et *enveloppe herbacée.*

La première est dite *subéreuse* parce que, dans certains arbres, c'est elle qui constitue le produit particulier
désigné sous le nom de liége ou de *suber.* On propose
aussi de l'appeler *epiphlœum* à cause de sa position super-
ficielle. Elle se compose d'une ou plusieurs rangées de
cellules polyédriques intimement unies entre elles, un
peu allongées dans le sens transversal, à parois minces,
ordinairement transparentes, toujours dépourvues de
chlorophylle.

Peu épaisse dans la plupart des plantes, cette couche
acquiert dans quelques-unes, particulièrement dans le
chêne-liége, une épaisseur remarquable due à la multiplication de ses utricules. Assez souvent, elle est formée
de plusieurs couches secondaires séparées les unes des
autres par des rangées de cellules comprimées en table
et de couleur plus ou moins foncée. Dans le hêtre, ces
cellules tabulaires existent seules.

L'enveloppe herbacée ou *cellulaire*, placée immédiatement au-dessous de la précédente, est encore appelée *médulle externe, mesophlœum*. Sa couleur verte apparaît, dans les jeunes tiges, à travers l'épiderme et la couche subéreuse.

Elle est composée de cellules arrondies ou polyédriques, à parois épaisses, lâchement unies, gorgées de chlorophylle. Ces utricules laissent entre elles des méats, souvent même des lacunes où se déposent des liquides particuliers, espèces de réservoirs que l'on a décrits sous le nom de *vaisseaux propres*, et dont nous avons eu déjà l'occasion de parler.

En communication avec la moelle centrale, par les rayons médullaires, l'enveloppe herbacée paraît avoir des fonctions à peu près analogues.

Quant aux couches fibro-vasculaires, généralement appeleés *couches corticales*, elles sont très-minces, unies entre elles d'une manière intime. Quoique nombreuses dans les vieilles tiges, elles ne donnent jamais à l'écorce une grande épaisseur, et pour les séparer les unes des autres, il est souvent nécessaire d'avoir recours à la macération.

Leur ensemble a reçu le nom de *liber*, soit parce qu'on les a comparées aux feuillets d'un livre, soit parce que les anciens se servaient de cette partie de l'écorce, prise sur divers arbres, pour en faire du papier. Elles doivent à leur position le nom plus moderne *d'endophlœum*. Une couche mince de tissu cellulaire appelée **cambium** les sépare de l'aubier.

Plus grêles et plus longues que celles du bois , les fibres qui forment en grande proportion les couches corticales sont blanches, réunies en faisceaux nombreux. En vieillissant, leurs parois s'épaississent et deviennent ponctuées ; aucune autre partie du végétal n'offre autant de ténacité que ces fibres ; retirées de certaines plantes , notamment du chanvre et du lin , elles sont employées à composer nos cordes et nos toiles.

Les faisceaux fibreux des couches corticales s'écartent pour livrer passage aux rayons médullaires qui, du bois, se rendent dans l'enveloppe herbacée. Comme ceux du système central , ils marchent en droite ligne , et alors les rayons médullaires de l'écorce forment des lames verticales étendues de la base au sommet de la tige ; ou bien au contraire , ces faisceaux , flexueux , s'éloignent , se rapprochent , s'unissent de mille manières , et les rayons se trouvent à tout moment interrompus.

On observe la première de ces dispositions par exemple dans la vigne et le marronnier d'inde. La seconde se fait remarquer dans le chêne , l'ormeau , le tilleul , etc. Chaque couche corticale se présente dans ces derniers arbres comme une sorte de toile , comme un réseau dont les mailles , très-inégales , sont occupées par le tissu des rayons médullaires.

Les couches corticales ne contiennent aucune espèce de vaisseaux spiraux ; mais dans les premiers momens de leur existence, elles renferment , souvent en grande quantité , des vaisseaux laticifères qui ne tardent point à se dessécher et à mourir. Que l'on coupe dans le sens horizontal une jeune tige en végétation ; et sur les couches les plus profondes, les plus récentes du liber, on reconnaîtra ces vaisseaux au liquide ordinairement coloré qui s'échappe de leurs orifices béants.

Mais les diverses parties constituantes du système cortical subissent avec l'âge de bien nombreuses modifications.

Dans le principe, à mesure que la tige s'accroît en diamètre, l'écorce tout entière se distend pour faire place aux couches annuelles dont elle se complique, et surtout aux couches plus épaisses qui s'ajoutent a l'aubier.

De nouvelles cellules se développent sans cesse dans la couche subéreuse et dans l'enveloppe herbacée qui augmentent ainsi continuellement d'étendue sans éprouver la moindre déchirure. D'un autre côté, les faisceaux fibreux des couches corticales s'écartent de plus en plus les uns des autres, et cependant les rayons médullaires continuent de remplir leurs intervalles, en se dilatant dans la même proportion, par la multiplication des utricules dont ils sont composés.

Au bout d'un certain nombre d'années, variable selon les espèces, le système cortical subit un autre sort : ne pouvant plus se prêter à l'extension que nécessite l'accroissement continuel de la tige, il se fend en diverses directions, à une profondeur plus ou moins considérable. Son tissu, dès-lors, s'altère au contact de l'air ; ses couches se détruisent : elles tombent tour-à-tour en lambeaux, et cela dans l'ordre de leur développement, la destruction commençant par les plus superficielles, qui sont aussi les plus anciennes. Il est bien entendu que des couches nouvelles viennent remplacer celles qui se détruisent.

La couche subéreuse tombe chaque année sous la forme de feuillets très-minces, comme dans le bouleau blanc ; ou bien en plaques plus épaisses, comme dans le platane. Elle se détache tous les huit ou neuf ans, en fragmens d'une épaisseur considérable, dans le *quercus suber*.

Dans plusieurs arbres, tels que le chêne, l'ormeau, le tilleul, les cerisiers, les pruniers, etc., la couche subéreuse entraîne dans sa chute l'enveloppe herbacée, ainsi que les couches les plus superficielles du liber. Dans la vigne et le chèvre-feuille, la couche de liber qui se développe tous les ans fait tomber celle de l'année précédente, d'où résulte une écorce toujours très-mince et toujours très-simple.

Telle est, Messieurs, dans ses principaux détails, l'organisation des tiges dicotylédones. Celle des monocotylédones, moins complexe, ne doit pas nous occuper aussi long-temps.

Etudiée dans la graine, une tige monocotylédone, de même que toute autre, se montre formée simplement de tissu cellulaire. Pendant la germination, elle se complique de faisceaux fibro-vasculaires qui, d'abord rares et rangés en cercle, sont plus tard nombreux et disposés sans ordre, sans régularité.

6

Dans plusieurs végétaux monocotylédons herbacés , la tige ne présente au centre que du tissu cellulaire , espèce de moelle qui disparaît peu à peu ; elle devient ainsi fistuleuse , comme on le voit dans le blé , l'avoine , etc.

C'est surtout dans les palmiers que la structure des plantes monocotylédones apparaît avec tous ses caractères distinctifs.

Lorsqu'on jette les yeux sur la section horizontale d'un stipe de palmier , on remarque deux choses : une masse de parenchyme répandue partout ; et des faisceaux fibro-vasculaires épars dans cette masse. Du reste , point de canal , point de rayons médullaires ni de couches concentriques ligneuses distinctes.

Le parenchyme , base de cette organisation , se compose de cellules arrondies ou polyédriques , à parois simples ou complexes , renfermant d'abord une grande quantité de sucs , de chlorophylle , mais bientôt sèches et décolorées. C'est une moelle qui existe dans tous les points , au lieu d'être contenue dans un étui central.

Répandus aussi partout , les faisceaux fibro - vasculaires , assez rares au centre du stipe , sont d'autant plus nombreux , d'autant plus serrés et foncés en couleur, qu'ils se rapprochent davantage de la circonférence , où ils dessinent une zône compacte et noirâtre.

En dehors de cette zône , se trouve une couche de tissu cellulaire qui représente l'écorce , et entre les deux , on observe quelquefois une sorte de liber formé de faisceaux fibreux grêles , lâchement unis , peu colorés.

Chaque faisceau fibro-vasculaire est composé d'élémens très-divers. Il présente de dedans en dehors,
c'est-à-dire quand on l'examine dans son épaisseur en
commençant par le côté qui correspond au centre de la
tige, il présente : une ou plusieurs trachées ; un ou
plusieurs vaisseaux rayés ou ponctués, entourés, comme
les trachées, d'utricules qui sont elles-mêmes ponctuées ;
puis une réunion de vaisseaux laticifères et de fibres à
parois minces ; enfin de nombreuses fibres à parois très-
épaisses.

Mais ce n'est pas dans tous leurs points que les faisceaux dont il s'agit se montrent avec une telle complication de structure. Formés seulement de fibres à leur
extrémité inférieure, où ils sont très-grêles, ils s'épaississent, en s'élevant, par l'addition à leur face interne,
d'abord de vaisseaux laticifères ; ensuite de vaisseaux
rayés ou ponctués ; et enfin de vaisseaux trachées. De
sorte qu'ils ne réunissent tous leurs élémens constitutifs
que dans leurs parties supérieures.

Vous savez sans doute que les palmiers, comme la
plupart des végétaux monocotylédons ligneux, ont leurs
feuilles réunies au sommet de leur stipe. Eh bien ! si
l'on prend un faisceau fibro - vasculaire au point où il
sort de la tige pour pénétrer dans une de ces feuilles,
et qu'on le suive inférieurement dans toute son étendue,
voici ce qu'on observe.

Il se dirige d'abord vers le centre du stipe en même
temps qu'en bas : parvenu près du centre, il descend

d'une manière à peu près verticale ; ensuite il se rapproche peu à peu de la surface, arrive jusqu'à la couche cellulaire qui tient lieu d'écorce, et parcourt, sous cette couche, un certain trajet rectiligne ; en un mot, il décrit dans sa course un arc dont la convexité, tournée vers l'axe de la tige, est surtout bien marquée supérieurement.

D'où il résulte que tous les faisceaux contemporains, partis d'un même bouquet de feuilles, commencent par converger entre eux, mais descendent bientôt en divergeant. Ils rencontrent et ils croisent dans leur route les faisceaux plus anciens qui autrefois communiquaient avec des feuilles moins élevées, maintenant détruites ; et ces entrecroisemens sans nombre donnent à la structure de la tige quelque chose d'inextricable qui en rend l'étude fort difficile.

C'est aux savantes recherches de M. Hugo Mohl que nous devons ce qu'on sait de plus positif et de plus récent sur tous ces détails. Avant qu'on eût suivi les faisceaux fibro-vasculaires dans toute leur étendue, on croyait qu'ils naissaient du centre de la tige pour aller se répandre dans les feuilles situées autour. De là l'épithète d'*endogènes* que l'on applique encore aux végétaux monocotylédons, par opposition à celle d'*exogènes*, accordée aux plantes dicotylédones.

La tige des plantes dicotylédones s'accroît en effet en dehors ; c'est-à-dire par des couches qui se forment chaque année tout près de sa surface. Il n'est pas également vrai de dire que les tiges monocotylédones s'accroissent en dedans, puisque c'est à la surface que leurs faisceaux fibro-vasculaires ont leur point de départ, en même temps que leur point d'arrivée. On peut', si l'on veut, conserver à ces tiges la qualification d'*endogènes*, mais en convenant qu'elle est inexacte.

Il est des plantes acotylédonées dont les faisceaux fibro-vasculaires s'allongent sans se multiplier : elles s'accroissent exclusivement par leur sommet, et l'on a proposé pour cette raison de les nommer *acrogènes*.

Les fougères, par exemple, présentent ce mode de végétation. La structure de leur tige diffère aussi notablement de celle que nous avons reconnue dans les végétaux monocotylédonés et dicotylédonés.

Au milieu d'un parenchyme abondant, elles offrent des faisceaux fibro-vasculaires réunis en lames longitudinales diversement contournées. Ces lames se traduisent, sur une section transversale, en lignes plus foncées que le fond, d'où résultent des dessins très-variés, souvent bizarres. C'est ainsi que la coupe oblique du *pteris aquilina* représente jusqu'à un certain point la figure d'un aigle héraldique.

Dans les fougères en arbre, toutes exotiques, les lames dont nous parlons sont situées près de la circonférence où elles se montrent sous la forme d'un cercle plus ou moins irrégulier.

Les faisceaux fibro-vasculaires qui concourent à composer les fougères contiennent des vaisseaux annulaires,

rayés, scalariformes, mais jamais de trachées déroulables. **M.** Schultz dit y avoir rencontré des vaisseaux
laticifères.

A part ces plantes et quelques autres dont la tige n'est
formée que de tissu cellulaire, les végétaux acotylédons
n'ont pas de véritable tige.

Quant à la racine, elle offre dans toutes les plantes,
nous l'avons dit, à peu près la même structure que la
tige. Il suffira de noter qu'elle est constamment dépourvue de stomates, de trachées, de chlorophylle, et
que le canal médullaire ne s'y prolonge que dans un
très-petit nombre de végétaux dicotylédons.

SIXIÈME LEÇON.

DES FEUILLES ET DES STIPULES.

Des points particuliers dont nous n'avons rien dit encore sont répandus, Messieurs, à la surface de la tige où, sous le nom de *nœuds vitaux*, ils donnent naissance aux divers organes appendiculaires. Généralement en relief, de forme et d'étendue variables, chacun de ces points laisse échapper, tantôt seulement une feuille, tantôt une feuille accompagnée d'une ou de plusieurs fleurs, souvent une feuille et un rameau chargé lui-même de feuilles et de fleurs.

Les nœuds vitaux, et par suite les appendices qui en sortent, ne sont point disposés sur la tige sans ordre, sans régularité, comme on pourrait le croire, mais au contraire avec symétrie et constamment de la même manière dans toutes les plantes d'une même espèce. Ils suivent dans leur arrangement, dans leurs rapports de position, des lois fort remarquables qui ont appelé l'attention des botanistes, surtout dans ces dernières années, et dont l'étude, appliquée particulièrement aux feuilles, type des organes latéraux, a reçu de nos jours la dénomination de *phyllotaxie*.

Nous consacrerons un moment à cette partie nouvelle de la science, avant d'aborder la description de chaque organe appendiculaire.

On donne aux feuilles de la tige le nom de *caulinaires* pour les distinguer des *raméales,* ornement des rameaux. Il en est qui, réunies à la base de la tige, s'étalent sur la terre, et sont appelées *radicales,* expression impropre, car la racine, vous le savez, ne produit jamais de feuilles.

Que les feuilles occupent telle ou telle région de la plante, et quelque variée que soit leur disposition, considérée dans l'ensemble des végétaux, on observe toujours l'un des cas suivants : ou bien sur un même plan horizontal, il n'existe qu'une seule feuille; ou bien il y en a plusieurs. Dans le premier de ces cas, les feuilles reçoivent l'épithète d'*alternes;* dans le second, on les dit *verticillées.* Occupons-nous d'abord des feuilles alternes.

Si l'on prend par exemple une jeune tige de peuplier, et qu'on la parcoure de la base au sommet, en passant par les points d'insertion des feuilles dont elle est couverte, on s'assure que ces feuilles y décrivent une spirale régulière. Exactement au-dessus de la première, on remarque la sixième, l'onzième, la seizième, etc. De même que la septième, la douzième, la dix-septième, etc., se montrent, en ligne verticale, au-dessus de la deuxième, et ainsi de suite.

On accorde le nom de *cycle* à toute portion de spirale limitée par deux feuilles qui se correspondent immédiatement, comme la première et la sixième, la deuxième et la septième, la dixième et la quinzième, etc. Un cycle, dans le peuplier, comprend donc cinq feuilles; il fait deux fois le tour de la tige. On le caractérise d'une manière nette et prompte par la formule $\frac{2}{5}$, le chiffre supérieur indiquant le nombre de ses tours, et l'inférieur celui de ses feuilles.

Les feuilles d'un cycle sont disposées de telle sorte que des lignes tirées de leurs points d'attache au centre de la tige forment entre elles des angles égaux. Chacun de ces angles mesure donc une même quantité de la circonférence de la tige; il détermine le degré d'écartement de deux feuilles successives; on le nomme *angle de divergence*. Sa valeur peut être représentée par la fraction $\frac{2}{5}$; car elle est le cinquième de deux tours de spire; c'est-à-dire de deux circonférences.

Ainsi, toute simple qu'elle est, la formule $\frac{2}{5}$ exprime à la fois le nombre des tours décrits par un cycle : celui des feuilles dont il est composé; et la valeur de l'angle de divergence de ces feuilles.

La disposition que nous venons de décrire est dite *en quinconce;* elle appartient au poirier, au prunier, au pêcher, etc.. en même temps qu'au peuplier; elle est très-répandue.

Néanmoins, les feuilles alternes sont susceptibles de bien d'autres arrangemens. Elles forment toujours, il est vrai, une spirale qui parcourt la tige dans toute son étendue; mais leurs cycles, élémens de spirale, varient sous tous les rapports, suivant les espèces.

Ils peuvent ne faire qu'une fois le tour de la tige et ne comprendre que deux feuilles, ainsi que l'ormeau nous en offre un exemple. On les représente alors par le nombre $\frac{1}{2}$, et leurs feuilles, placées alternativement et régulièrement de chaque côté de la tige, sont distinguées par l'épithète de *distiques.* Dans certaines cypéracées à tige triangulaire, les cycles ne décrivent qu'un seul tour et se composent de trois feuilles, ce qu'on indique par la formule $\frac{1}{3}$.

Mais tous les cas ne sont pas aussi simples; et l'on peut exprimer les dispositions les plus ordinaires des feuilles alternes par les nombres $\frac{1}{2}$, $\frac{1}{3}$, $\frac{2}{5}$, $\frac{3}{8}$, $\frac{5}{13}$, $\frac{8}{21}$, $\frac{13}{34}$, etc. Or, Messieurs, une remarque curieuse à faire dans cette série de fractions, c'est que l'une d'elles est toujours composée des numérateurs et dénominateurs des deux qui la précèdent immédiatement : additionnez à part les numérateurs et les dénominateurs de $\frac{1}{2}$ et de $\frac{1}{3}$, vous aurez $\frac{2}{5}$; opérez de même sur $\frac{1}{3}$ et $\frac{2}{5}$, vous obtiendrez $\frac{3}{8}$; et ainsi de suite.

La spirale formée par les feuilles alternes se montre peu constante dans sa direction ; elle marche tantôt de droite à gauche, tantôt de gauche à droite, et varie fréquemment, sous ce rapport, même dans les rameaux d'une même tige.

Cette spirale est toujours bien distincte lorsque les feuilles, dispersées sur une tige d'une certaine longueur, laissent entre elles des espaces considérables. Elle est, au contraire, difficile à suivre dans le cas où les feuilles sont réunies en rosette à la base de la tige, ainsi qu'en offrent des exemples le plantain, le pissenlit, la joubarbe, etc.

Il devient surtout impossible de la reconnaître, au premier abord, quand les feuilles, pressées en grand nombre sur un axe très-raccourci, se développent incomplètement, se transforment en espèces d'écailles imbriquées, comme on le voit à la base des fleurs de l'artichaut, des chardons, ou bien dans les cônes des pins, des sapins, etc.

On observe alors que les feuilles avortées dont il s'agit forment, de droite à gauche, et de gauche à droite, plusieurs spirales parallèles, ordinairement bien distinctes, désignées sous le nom de *spirales secondaires*. Chacune de ces spirales ne contient qu'une partie des feuilles; tandis que la spirale principale, appelée *géné-, ratrice*, les renferme toutes.

Le nombre des spirales secondaires dirigées dans un sens n'est pas le même que celui des spirales dirigées dans le sens opposé; et ce qui paraîtra sans doute fort remarquable, c'est que le plus petit de ces nombres correspond toujours exactement à celui des tours décrits par un cycle de la spirale génératrice, de même que la somme des deux représente le nombre des feuilles comprises dans ce cycle.

Pour arriver à la connaissance des caractères de la spirale génératrice, il suffit donc de compter les spirales secondaires. Dans un cône de *pinus sylvestris*, par exemple, on aperçoit huit spirales secondaires de gauche à droite, treize de droite à gauche. On en conclut que sa spirale générale peut être exprimée par la formule $\frac{8}{21}$.

Quant aux feuilles verticillées, au lieu d'une spirale parcourant toute la tige, elles représentent une suite de cercles superposés, nommées *verticilles*. Chaque verticille peut être formé de deux, de trois, ou d'un plus grand nombre de feuilles. Dans le premier cas, le plus commun, les feuilles sont dites *opposées*.

En général, les feuilles d'un même verticille sont séparées entre elles par des intervalles égaux. D'où il suit que l'arc interposé entre deux feuilles voisines égale la circonférence divisée par le nombre des feuilles du verticille; c'est-à-dire une demi-circonférence, s'il n'y a que deux feuilles : un tiers, s'il y en a trois : et ainsi de suite.

Les feuilles d'un verticille ne correspondent point à celles du verticille immédiatement inférieur, mais aux intervalles de ces feuilles ; de sorte que les verticilles ne sont superposés que de deux en deux. Si les feuilles sont opposées, la paire supérieure croise l'inférieure à angle droit, et leur ensemble compose quatre séries rectilignes longitudinales. Le nombre de ces séries est de six quand chaque verticille réunit trois feuilles, de huit lorsqu'il en renferme quatre, et ainsi successivement.

Dans tous ces cas, les feuilles verticillées sont généralement bien distinctes des alternes ; mais il peut arriver qu'elles passent à l'alternance en se dissociant, comme on le remarque parfois sur le myrthe, le muflier, etc.

En voilà suffisamment sur la phyllotaxie ; arrivons, Messieurs, à l'examen descriptif des feuilles.

Une feuille est un organe en général plane et vert, porté par la tige ou par ses rameaux, plongé le plus communément dans l'atmosphère, où il remplit des fonctions d'absorption et d'exhalation indispensables à la plante. Enveloppée par l'épiderme, elle se compose de faisceaux fibro-vasculaires sortis ensemble d'un nœud vital et accompagnés d'une quantité plus ou moins considérable de tissu parenchymateux.

Ces faisceaux peuvent s'épanouir au moment même de leur sortie pour former une feuille *sessile*. Mais le plus souvent ils ne s'épanouissent qu'à une certaine distance du nœud vital qui leur livre passage, et la feuille, pourvue d'un support particulier

nommé *pétiole*, reçoit elle-même l'épithète de *pétiolée*.
On appelle *limbe* ou *lame* la portion élargie d'une feuille.

Le pétiole est une espèce de rameau très-grêle, en général cylindrique ou demi-cylindrique, creusé fréquemment, en dessus, d'une gouttière longitudinale. Rarement aplati dans le sens latéral, il peut offrir d'autres formes que nous indiquerons tout-à-l'heure. Presque toujours, il est plus court que le limbe. Quelquefois pourtant il est aussi long ou même plus long.

Quand le pétiole est en même temps court et d'une certaine épaisseur, il soutient le limbe sans se courber. Lorsqu'il est au contraire mince et long, il fléchit sous le poids du limbe, qui acquiert par là une mobilité beaucoup plus grande.

Dans la plupart des cas, le pétiole, rétréci brusquement à sa base, et comme *articulé* sur la tige, s'en détache au moindre effort. La feuille, alors *caduque*, se flétrit et tombe de bonne heure, pendant l'année même de sa naissance, le plus souvent en automne, ainsi qu'on l'observe sur le platane, l'ormeau, le tilleul, etc.

Mais il est des végétaux où le pétiole, aussi épais à sa base qu'ailleurs, est *continu* plutôt qu'articulé avec la tige, et dont les feuilles, dites *persistantes*, ne se renouvellent qu'au bout de plusieurs années. Tels sont par exemple le laurier-cerise, les magnoliers, les pins, les sapins ; en un mot tous les arbres verts.

Le pétiole s'élargit quelquefois à sa base pour embrasser la tige dans son pourtour, ce qui lui fait donner la qualification d'*embrassant* ou d'*amplexicaule*. On le dit *engaînant* ou *vaginal*, lorsque, large et mince dans une grande partie ou dans la totalité de son étendue, il forme une espèce de gaîne qui enveloppe la tige dans une portion notable de sa longueur.

Cette gaîne, entière dans certains végétaux, tels que les cypéracés, est fendue longitudinalement dans un assez grand nombre d'autres, notamment dans les graminées, où son point d'union avec le limbe est marqué, en dedans, par une membrane blanche, mince et très-petite, désignée sous le nom de *ligule*.

Dans tous ces cas, les faisceaux fibro-vasculaires qui composent la feuille sont fournis par un nœud vital périphérique ou presque périphérique. Ils convergent, ils se rapprochent les uns des autres, soit au moment de leur naissance, soit seulement après un certain trajet ; ou bien enfin ils restent parallèles dans toute la longueur du pétiole.

Il est beaucoup de plantes où les faisceaux sortis d'un nœud périphérique, au lieu de converger entre eux, se séparent pour former trois organes distincts quoique nés ensemble : le pétiole, qui est au milieu, et deux *stipules* sur les côtés.

Les stipules sont des productions foliacées, ordinairement très-petites, placées à la base des feuilles, l'une à droite, l'autre à gauche. Elles sont rares dans les végétaux monocotylédons, très-communes dans les dicotylédonés. Lorsqu'elles existent dans une plante, on est à peu près sûr de les trouver dans toutes les plantes du même genre, de la même famille. Ainsi sont stipulées toutes les légumineuses, de même que les rosacées, les malvacées, les tiliacées, etc.

Très-diverses suivant les espèces, mais constantes dans les végétaux d'une même espèce, les stipules fournissent des caractères distinctifs importans.

C'est quelquefois sous la forme d'une membrane mince, diaphane, ou d'une petite écaille qu'elles se présentent. En général, néanmoins, elles sont vertes, munies de stomates, de poils... on les prendrait pour de petites feuilles. Leur forme est orbiculaire, ovale, sagittée, linéaire, etc.; leur bord entier ou diversement divisé.

Les stipules ne sont pas toujours libres de toute adhé-rence. Il en est qui, soudées à la base et sur les côtés du pétiole, sont dites *pétiolaires;* telles sont par exemple celles des rosiers.

Dans certaines plantes, les stipules, assez larges pour embrasser chacune la moitié de la tige, se rencontrent sur le côté opposé à celui que la feuille occupe. Souvent alors, leurs bords externes s'unissent, soit en bas seulement, soit dans toute leur étendue, et l'on a une *stipule vaginale.*

Si les stipules se soudent au contraire par leurs bords internes, elles composent une lame unique placée à l'aisselle de la feuille et nommée *stipule axillaire.* Celle-ci est susceptible à son tour de former une gaîne en se soudant par ses bords externes. On trouve des exemples de stipules vaginales dans les plantes polygonées, notamment dans le sarrazin, la bistorte, etc.

Enfin, lorsque deux feuilles stipulées sont situées à la même hauteur, face à face, les deux stipules de l'une, séparées entre elles, peuvent s'unir avec les deux stipules de l'autre, d'où résultent deux stipules composées, et *inter-pétiolaires*.

Les stipules enveloppent et protègent les feuilles, pendant leur première jeunesse ; elles ont en outre les mêmes usages que les feuilles. Elles subissent la même destinée quand elles adhèrent au pétiole. Celles qui sont libres, beaucoup plus fugaces, se détachent pour l'ordinaire bien avant les feuilles.

Mais jusque-là nous n'avons parlé que du pétiole et des stipules qui peuvent l'accompagner. Il est temps de dire quelques mots sur la manière dont les feuilles sessiles s'attachent à la tige.

De même que les pétiolées, les feuilles sessiles, quelquefois persistantes, sont le plus souvent caduques, c'est-à-dire articulées sur la tige, et condamnées à tomber de bonne heure. Certaines sont aussi amplexicaules ou demi-amplexicaules.

La tige est dite *perfoliée* lorsque chacune de ses feuilles amplexicaules la déborde de toutes parts, ainsi que cela a lieu par exemple dans le buplèvre à feuilles rondes.

Il arrive que deux feuilles amplexicaules opposées se réunissent base à base de façon à former, comme dans le chèvre-feuille, une seule lame au milieu de

7

laquelle passe la tige : ces feuilles sont *conjointes* ou *connées*.

On nomme enfin *décurrentes* les feuilles sessiles pourvues de deux espèces d'ailes membraneuses qui, de leur base, s'étendent inférieurement sur la tige, ainsi qu'on l'observe sur la grande consoude, le bouillon blanc, etc. La tige alors est *ailée*.

Maintenant que nous connaissons ce qui est relatif au pétiole, aux stipules et aux divers modes d'attache des feuilles, tant sessiles que pétiolées, passons, Messieurs, à l'étude du limbe considéré dans les feuilles en général.

Les plantes grasses, telles que les *cactus*, ont des feuilles épaisses, charnues, succulentes et très-variables par leurs formes. Dans quelques monocotylédones, comme l'oignon par exemple, les feuilles, longues, à surface arrondie, sont *fistuleuses*, c'est-à-dire creusées d'une cavité intérieure vide ou contenant une moelle plus ou moins abondante.

A part ces exceptions assez rares, les feuilles sont très-minces, planes, membraneuses, et alors seulement il est possible d'y reconnaître un véritable limbe.

Le limbe ou la lame d'une feuille présente deux *faces* : l'une supérieure, l'autre inférieure ; un *bord*, ligne où les deux faces se rencontrent ; une *base*, partie en rapport avec le pétiole ou avec la tige ; et un *sommet*, extrémité opposée à la base. En général, la face supérieure est plus lisse, d'un vert plus foncé que l'inférieure : celle-ci est chargée pour l'ordinaire d'une plus grande quantité de poils.

Trois élémens composent le limbe dans la plupart des feuilles : l'épiderme; du tissu parenchymateux; et des faisceaux fibro-vasculaires.

L'épiderme qui enveloppe les feuilles a la même structure que celui de la tige, dont il est une continuation. Toujours privé de stomates sur le pétiole, il en offre un grand nombre sur le limbe, principalement sur la face inférieure, du moins quand l'organe se développe en plein air. Il est des plantes aquatiques, telles que les nénuphars, dont les feuilles, au contraire, étalées à la surface de l'eau, n'ont de stomates qu'à leur page supérieure. Enfin, les feuilles des végétaux tout-à-fait submergés, comme les potamogetons, manquent entièrement de stomates, l'épiderme y étant réduit à la cuticule.

Fourni par l'enveloppe herbacée de la tige, le tissu parenchymateux d'une feuille occupe, sous le nom de *mésophylle*, les nombreux intervalles compris entre les divisions des faisceaux fibro-vasculaires. Ses utricules, renfermant la chlorophylle qui donne aux feuilles leur couleur habituelle, sont diverses par leur forme, par leur agencement; elles constituent pour l'ordinaire deux couches superposées, distinctes.

Les cellules qui font partie de la couche supérieure se montrent disposées sur un ou plusieurs rangs. Elles sont allongées, cylindroïdes, perpendiculaires à la surface de la

feuille . et pressées les unes contre les autres de manière
à ne laisser entre elles que d'étroits méats. Celles qui appartiennent à la couche inférieure sont fort irrégulières ,
souvent rameuses, accolées par le bout de leurs branches.
On trouve entre leurs parois de nombreuses lacunes
remplies d'air, communiquant les unes avec les autres ,
en même temps qu'avec les stomates dont la face inférieure de la feuille est ordinairement criblée.

Ainsi, le mésophylle est en général plus lâche ,
plus poreux en dessous qu'en dessus, ce qui explique
pourquoi la face inférieure des feuilles est presque toujours d'une couleur moins foncée que leur face supérieure.

Tout cela ne s'applique. bien entendu, qu'aux feuilles
aériennes.

Dans celles qui flottent au sein de l'eau, le parenchyme, enveloppé simplement par la cuticule, existe
seul, sans faisceaux fibro-vasculaires. Il est formé de
cellules allongées, réunies en séries que l'on pourrait
prendre pour des vaisseaux, et qui présentent, de distance en distance , des lacunes contenant de l'air. Ces
lacunes ne communiquent ni entre elles ni avec le dehors ; elles paraissent destinées à diminuer le poids spécifique de la feuille.

Les faisceaux fibro-vasculaires que nous avons signalés comme concourant à composer les feuilles n'appartiennent donc qu'à celles des végétaux plongés dans
l'atmosphère ; ils en soutiennent le parenchyme ; ils

en constituent pour ainsi dire la charpente, le sque-
lette.

Leur structure est la même, en petit, que celle de
la tige d'où ils émanent; chacun d'eux présente à l'a-
nalyse, de dessus en dessous, des trachées ; des vaisseaux d'un autre ordre . annulaires, rayés ou ponctués ;
des fibres ligneuses ; des vaisseaux laticifères; enfin
des fibres analogues à celles du liber. Or, ces élémens sont bien ceux que l'on rencontrerait dans une
jeune tige, en procédant du centre à la circonférence.

Réunis dans le pétiole ou dans la tige, les faisceaux
dont il s'agit se séparent, se ramifient dans le limbe,
où leurs nombreuses divisions, appelées *Nervures*, sont
généralement plus saillantes en dessous qu'en dessus,
et distinctes par leur couleur moins foncée que celle
du parenchyme.

La disposition des nervures, ou comme on dit . la *nervation* des feuilles, est susceptible de diverses modifications dont le botaniste tient compte dans la distinction
de ses groupes. et qu'il importe par conséquent de connaître.

Dans la plupart des végétaux dicotylédonés, on remarque une nervure plus grosse, plus prononcée que les
autres; elle divise le limbe en deux moitiés latérales:
dans une feuille pétiolée. elle continue le pétiole en droite
ligne; c'est la *côte* ou *nervure médiane*.

De cette nervure *maîtresse* se détachent successivement, sous un angle plus ou moins aigu . des *nervures*

secondaires disposées sur ses côtes à peu près comme les barbes d'une plume sur la tige qui les porte. Aussi nomme-t-on *penninerves* les feuilles qui présentent ce mode de nervation, le plus commun, le plus répandu.

A son tour, chaque nervure secondaire fournit des branches latérales, et celles-ci se divisent, se subdivisent de la même manière; d'où résulte, en définitive, une multitude de ramifications de plus en plus ténues, désignées sous le nom de *veines* ou de *veinules*. Ces ramifications se confondent, s'anastomosent; elles forment un réseau dont les innombrables mailles sont remplies par le tissu parenchymateux.

Mais dans toutes les autres plantes, les nervures principales, au lieu d'offrir une telle disposition, naissent ensemble de la base du limbe.

Tantôt, partant du sommet du pétiole, elles s'en éloignent en divergeant pour ainsi dire comme les doigts de la main largement ouverte, et la feuille est *digitinerve,* comme celles de la mauve, de la guimauve, etc.

Tantôt elles divergent en tous sens à la manière des rayons d'une roue. Le limbe alors, comparable à un bouclier, tient au pétiole par son milieu, et la feuille est dite *peltinerve.* Tel est par exemple le cas de la grande capucine, de l'hydrocotyle, etc.

Quelquefois les nervures, rapprochées à leur point de départ, s'écartent en s'avançant vers le milieu du limbe, puis convergent et vont se réunir à son sommet; elles décrivent chacune une courbe à concavité interne, ainsi qu'on le remarque dans le plantain, dans plusieurs orchidées, etc. Les feuilles qui se distinguent par ce caractère sont nommées *curvinerves*.

Enfin, dans le plus grand nombre des végétaux monocotylédons, tels que les iris, les graminées, les cypéracées, etc., les nervures, fines et très-rapprochées, se montrent à peu près droites, parallèles entre elles, et les feuilles reçoivent conséquemment l'épithète de *rectinerves*.

. **On** conçoit que la nervation des feuilles doit avoir une grande influence sur leur forme. Une feuille en effet sera nécessairement très-étroite en même temps que rectinerve ; plus large si elle est penniverve ; plus large encore si elle est digitinerve, etc.

Rien n'est varié comme la forme des feuilles ; il n'est pas deux plantes dont les feuilles se ressemblent exactement ; et celles d'une même plante diffèrent souvent beaucoup entre elles.

Les principales modifications de forme qu'elles présentent sont exprimées par des noms connus de tout le monde et dont l'application devient facile par l'usage. Elles peuvent être *orbiculées*, *cordiformes*, *réniformes*, *sagittées* ou *en fer de flèche*, *hastées* ou *en fer de pique*, *ovales*, *obovales*, *elliptiques*, *spatulées*, *lancéolées*, *rubanées*, *linéaires*, *subulées* ou *en alène*, *filiformes*, *capillaires*, etc. Une feuille est *obtuse* ou *aiguë* suivant la forme de son sommet.

Mais la figure des feuilles dépend fréquemment de

l'état de leur bord, qui est susceptible d'offrir toutes sortes de découpures.

Ainsi les feuilles sont *entières*, c'est-à-dire sans découpures ; *dentées*, pourvues sur leur bord de petites divisions aiguës ; *crénelées*, bordées de crénelures, petites éminences arrondies ; *incisées*, découpées plus profondément, d'une manière irrégulière ; ou bien *sinuées*, munies de divisions assez grandes, arrondies, alternant avec des sinus également arrondis.

Très-variables sous le rapport de la forme et du nombre, les divisions d'une feuille sont souvent séparées par des découpures plus prolongées, plus profondes.

Sont-elles plus ou moins aiguës et s'étendent-elles à peu près jusqu'au milieu de la surface comprise entre la nervure médiane et le bord de la feuille ? Celle-ci, dite *laciniée* ou *fendue*, sera *trifide*, *quadrifide*... ou *multifide*.

Elle est *palmée* ou *palmatifide* quand ses fissures sont dirigées du sommet vers la base ; et *pinnatifide* lorsque ses lanières sont placées sur les côtés. Dans ce dernier cas, on la nomme *lyrée* ou *en lyre*, si elle se termine par une division arrondie, plus grande que les autres ; et *roncinée* si ses divisions latérales sont inclinées vers la base.

On dit qu'une feuille est *lobée* quand ses divisions, ayant même étendue que les précédentes, sont arrondies, séparées par des sinus aigus : et l'on devine que cette feuille peut être *bilobée*, *trilobée*, *quadrilobée*, etc.

Une feuille enfin est *tripartite*, *quadripartite*, ...

multipartite, selon qu'elle est partagée en trois, en quatre... ou bien en un plus grand nombre de divisions distinctes presque jusqu'à la nervure médiane.

Il est un grand nombre de feuilles où, le limbe étant découpé tout-à-fait jusqu'à cette limite, chaque division ou segment se rétrécit à sa base, et se montre, sur la nervure, comme une petite feuille sur un rameau. Or, Messieurs, on donne le nom de *folioles* à ces divisions; celui de *rachis* ou de *pétiole commun* à la nervure qui les porte; et l'on distingue par l'épithète de *composées* les feuilles qui offrent une semblable organisation. Les autres sont des *feuilles simples*.

Malgré sa complication, une feuille composée n'est bien qu'un seul et même organe; car elle tombe d'une seule pièce. Elle est articulée.

Ses folioles, toujours comprises dans un même plan, articulées ou continues avec le rachis, sont tantôt sessiles, tantôt pourvues d'un pétiole appelé *pétiolule*. Le plus ordinairement ovales ou elliptiques, elles peuvent affecter mille autres formes qui se rapportent à celles des feuilles simples; leur bord est aussi susceptible des mêmes modifications que celui des feuilles simples.

Les folioles, élémens des feuilles composées, ne se montrent pas disposées de la même manière dans toutes les plantes; elles sont réunies au sommet du pétiole commun, ou bien attachées sur ses parties latérales. Dans le premier cas, la feuille reçoit le nom de *digitée*; elle est dite *pennée*, dans le second.

Suivant les végétaux dans lesquels on les considère, les feuilles digitées sont formées d'un nombre plus ou moins considérable de folioles : elles sont *unifoliolées* dans l'oranger ; *trifoliolées* dans la luzerne ; *quinquéfoliolées* dans les *pavia* ; *septifoliolées* dans le marronnier d'inde ; *multifoliolées* dans le lupin varié.

Quant aux feuilles pennées, on les nomme *oppositipennées* ou *alternati-pennées*, suivant que leurs folioles sont opposées ou alternes sur le rachis. Et une feuille oppositi-pennée, encore appelée *conjuguée*, peut être *unijuguée*, *bijuguée*, *trijuguée*... *multijuguée ;* c'est-à-dire composée d'une seule paire de folioles, ou de deux, de trois... d'un grand nombre.

Beaucoup de feuilles pennées, munies d'une foliole terminale, ainsi qu'on l'observe sur l'acacia, sont dites *impari-pennées*, ou *pennées avec impaire.* Les autres, réduites à leurs folioles latérales, comme dans le caroubier, l'orobe tubéreux, etc., sont *pari-pennées*, ou *pennées sans impaire.*

Mais les feuilles présentent souvent bien plus de complication.

Il en est dont le rachis fournit des pétioles *secondaires* chargés des folioles, comme on le voit dans le mimosa julibrizin, par exemple. Ces feuilles, doublement composées, sont nommées *décomposées.*

D'autres, ayant leurs folioles portées par des pétioles *tertiaires*, ainsi qu'on en trouve un exemple dans l'*actœa spicata*, sont triplement composées ou *surdécomposées.*

Au reste, ces modifications des feuilles, de même que les précédentes, varient suivant le genre de nervation, les pétioles communs, secondaires et tertiaires n'étant autres chose que des nervures dépouillées de parenchyme, ou sur lesquelles le parenchyme ne s'est pas développé de manière à remplir exactement les intervalles. Ainsi les feuilles dont nous parlons seront *doublement*, *triplement digitées*, *bipennées*, *tripennées*.

Assez souvent, dans les feuilles pennées dépourvues de foliole terminale, le pétiole commun se prolonge pour constituer une *vrille*, organe filiforme, généralement contourné en spirale, espèce de main à l'aide de laquelle beaucoup de végétaux grimpans, volubiles, s'attachent aux corps voisins devenus leurs tuteurs.

Une vrille est simple lorsqu'elle tient la place d'une seule foliole avortée. Elle est *trifide* ou *multifide* quand elle en représente trois, ou un plus grand nombre, ce qui est très-fréquent.

Certaines feuilles se montrent réduites, par avortement, à leurs divers pétioles ou même à leur pétiole commun. Tel est le cas du *lathyrus aphaca* où chaque feuille apparaît sous la forme d'une vrille simple; tandis que ses stipules ayant acquis, par compensation, un développement très-considérable, simulent de véritables feuilles.

On a des exemples de vrilles dans la plupart des gesses, des vesces, des pois, etc. Celles qu'on remarque dans la vigne sont opposées aux feuilles : elles résultent d'une métamorphose des pédoncules, supports des fleurs.

Les feuilles subissent aussi d'autres transformations. Elles ne consistent quelquefois qu'en un pétiole plus ou moins élargi, nommé *phyllode*. Elles sont susceptibles de se changer en *épines*, seules ou en même temps que leurs stipules.

Dans un assez grand nombre de plantes, notamment dans les chardons, les feuilles, pourvues de leur limbe, sont *épineuses*, c'est-à-dire bordées d'épines ou de piquans. Ceux-ci ne sont que les extrémités modifiées de leurs principales nervures.

Il va sans dire enfin que les feuilles, comme la tige, peuvent être glabres, pubescentes, poilues, velues, tomenteuses, laineuses, etc.

On distingue par l'épithète de *glauques* certaines feuilles glabres d'un vert particulier; vert de mer dû à une légère couche de cire qui les couvre et les rend imperméables à l'eau. Telles sont par exemple les feuilles de chou.

SEPTIÈME LEÇON.

BOURGEONS. — RAMEAUX. — PÉDONCULE. — BRACTÉES.

A l'aisselle de chaque feuille caulinaire se développe en général un *bourgeon*, rudiment d'un rameau qui fournit à son tour des feuilles, souvent aussi de nouveaux bourgeons ; et la plante peut être alors considérée comme un agrégat d'individus nés successivement les uns des autres.

Espèces d'embryons fixes, les bourgeons, vous le voyez, Messieurs, sont aux rameaux ce que la graine est à la tige. Leur rôle, dans l'évolution du végétal, a donc une grande importance. Le moment est venu de faire leur histoire.

Un bourgeon prend naissance au-dessous de l'écorce ;

il n'est d'abord qu'un petit amas de cellules placé
sur le système ligneux, à l'extrémité d'un rayon médullaire. Ensuite, augmentant peu à peu de volume,
et s'ouvrant un passage à travers le tissu de l'écorce ,
il apparaît au-dehors, à l'abri d'une feuille sortie avant
lui du même nœud-vital. Bientôt enfin il se montre
à l'extérieur comme un petit organe conique, ovoïde
ou globuleux, à la surface duquel se dessinent déjà
des feuilles rudimentaires.

Les feuilles contenues dans un bourgeon y affectent
des dispositions particulières, constantes dans les végétaux d'une même espèce, souvent dans ceux de
tout un genre, quelquefois d'une famille entière. Elles
sont diversement plissées ou roulées sur elles-mêmes
de manière à occuper le moins de place possible. Leur
arrangement reçoit le nom de *préfoliation*.

En fendant le bourgeon du sommet à la base , on
s'assure que ses feuilles sont attachées à un axe central,
formé seulement de tissu cellulaire. Cet axe doit un jour
se compliquer dans sa structure ; il doit s'allonger pour
devenir un rameau , répétition de la tige.

Toutefois, il est un bourgeon qui, occupant le sommet
de la tige , ne peut la répéter comme les latéraux ; il
la prolonge ; il la continue.

Le développement des bourgeons s'accomplit sans interruption dans la plupart des végétaux herbacés, dans
nos sous-arbrisseaux indigènes, ainsi que dans un grand
nombre d'arbres des régions équinoxiales.

Il n'en est pas de même des arbres et des arbrisseaux qui végètent dans les climats froids ou tempérés , dans nos contrées par exemple. Leurs bourgeons, nés en automne , restent stationnaires pendant tout l'hiver, après la chute des feuilles. Ils ne reprennent leur activité suspendue et ne se transforment en rameaux , qu'au retour du printemps , sous l'influence d'une température plus douce, plus favorable.

Dans ces bourgeons, les feuilles proprement dites . appelées à parcourir toutes les phases de leur croissance , sont recouvertes et protégées contre les intempéries de la saison rigoureuse par de petites écailles le plus souvent imbriquées, feuilles avortées qui tomberont dès que le froid cessera d'être à craindre.

Certains bourgeons sont en outre enduits d'un liquide visqueux , d'une substance résineuse imperméable à l'eau , comme on le voit par exemple dans les peupliers. Plusieurs , notamment ceux de beaucoup de saules . portent au-dessous de leurs écailles un duvet abondant . mauvais conducteur du calorique.

Tous les bourgeons condamnés à traverser l'hiver sont dits *écailleux ;* tandis que les autres. privés d'écailles , sont nommés *bourgeons nus.*

On distingue aussi les bourgeons en *florifères , folliifères* et *mixtes* , suivant les parties qu'ils sont chargés de produire.

Les premiers, globuleux, très - communs dans nos arbres à fruits. ne fournissent qu'une ou plusieurs fleurs, sans feuilles ; les seconds, plus allongés, donnent naissance à un de ces rameaux munis de feuilles, sans fleurs et désignés par les jardiniers sous la dénomination de *branches gourmandes*. Quant aux bourgeons mixtes, ils sont l'abrégé d'un rameau pourvu en même temps de feuilles et de fleurs.

Mais indépendamment de ces bourgeons naissant d'une manière normale à l'aisselle des feuilles, il peut s'en former d'*adventifs*, hors des nœuds vitaux, partout où la sève se dépose accidentellement en quantité considérable.

Ainsi, lorsqu'on étète un jeune arbre, un saule par exemple, la sève qui était destinée à ses branches s'accumule au sommet de son tronc, et là se développent bientôt, en grand nombre, des bourgeons adventifs d'où émanent autant de rameaux disposés sans ordre, sans régularité.

On applique le nom de *turion* aux bourgeons des tiges souterraines vivaces émettant chaque année des rameaux qui se montrent au-dessus du sol et s'étalent dans l'air. Ces bourgeons s'allongent considérablement par leur base avant que leurs feuilles ne s'épanouissent ; on peut citer comme exemple les pointes d'asperge qui nous servent d'aliment.

Dans les plantes bulbeuses, telles que la tulipe, l'ail, etc., l'on trouve des bourgeons souterrains particuliers appelés communément des *cayeux*. Ils se développent sous la base des feuilles modifiées qui constituent les tuniques ou les écailles de la bulbe.

Or, comme ces feuilles, s'amincissant peu à peu, finissent par se détruire, les cayeux se détachent tôt ou tard, et chacun d'eux, devenu indépendant, produit, non pas un simple rameau, mais un nouvel individu d'où se détacheront un jour de nouveaux cayeux ; et ainsi de suite.

Il est enfin des plantes qui portent, à l'aisselle de leurs feuilles aériennes, d'autres bourgeons connus sous le nom de *bulbilles*, diminutif de bulbe. Les bulbilles se séparent aussi de la plante-mère; de même que les cayeux, ils donnent naissance à autant d'individus distincts.

On accorde l'épithète de *vivipares* aux végétaux pourvus de bulbilles, comme le lys bulbifère, la ficaire renoncule, etc.

Mais revenons aux bourgeons ordinaires, et suivons-les dans leur développement, dans les produits qui émanent de leur sein.

La tige, née de la gemmule, s'accroît pendant la saison favorable, et meurt avant l'hiver, si la plante dont elle fait partie n'est qu'annuelle.

Dans les végétaux ligneux, elle produit en automne un bourgeon terminal qui en est comme le couronnement, et qui demeure stationnaire tant que le froid se fait sentir. Au retour des chaleurs, ce bourgeon terminal se ranime ; il s'ouvre pour laisser échapper un *jet*, une *pousse* qui s'ajoute à la tige et la prolonge d'autant.

Toutes les parties constituantes de la tige se continuent

dans la jeune pousse , où l'on trouve , si la plante est di-
cotylédone , une moelle centrale , ainsi que la couche
ligneuse et la couche corticale formées pendant cette seconde année de végétation.

Puis la tige , ainsi prolongée , fournit encore un bourgeon terminal d'où sortira l'année suivante un nouveau
jet ; et tous les ans , les mêmes phénomènes auront lieu.

Ainsi , la tige se compose de pousses annuelles superposées et intimement unies ; ainsi , dans une tige dico-
tylédone , le nombre des couches concentriques formant
le système ligneux diminue à mesure que l'on s'éloigne
de la base , où il correspond exactement à celui des années du végétal ; tandis qu'au sommet , il est toujours
réduit à une seule.

En général , le bourgeon qui termine la tige se développe seul dans la plupart des plantes monocotylédones ,
telles que le palmier , dont le stipe , par suite , reste ordinairement simple , sans ramifications.

Au contraire , dans presque tous les végétaux dicotylédonés , d'autres bourgeons se montrent en même temps
à l'aisselle des feuilles , et de ceux-ci , naissent des rameaux qui reproduisent la tige sous tous les rapports.

Les vaisseaux et les fibres de la tige se continuent dans
le *scion* ou jeune rameau pour y former deux couches :
l'une ligneuse ; l'autre corticale. Quant au canal médullaire du rameau , il est fermé à son origine , comme celui
de la tige l'est à son point de jonction avec la racine.

Au reste , chaque rameau , de même que la tige , se

couvre, avant l'automne, de feuilles, souvent de fleurs, et en outre, s'il appartient à un arbre, il produit des bourgeons, dont un terminal.

Alors, l'année suivante, pendant qu'il s'allonge et s'accroît en épaisseur de deux couches nouvelles, on voit naître à sa surface d'autres rameaux qui se comporteront comme lui ; et ainsi de suite.

Issus de la tige ou les uns des autres, les rameaux représentent donc plusieurs générations successives ; ils se distinguent en *primaires, secondaires, tertiaires*, etc. On donne aussi le nom de *ramules* aux plus petits, et celui de *branches* aux plus gros, qui sont en même temps, bien entendu, les plus vieux. Il va sans dire du reste qu'il suffit pour déterminer l'âge d'un rameau, de compter à sa base les couches concentriques de son système ligneux.

Les rameaux, dont l'ensemble constitue la *tête* ou la *cime* du végétal, varient à l'infini, suivant les espèces, par leur direction relativement à la tige. De là, en grande partie, cette diversité qui frappe dans la forme et dans le port des différens arbres.

On dit que les rameaux sont *ouverts* lorsqu'ils s'élèvent de manière à former avec la tige un angle d'environ 45 degrés, ce qui constitue le cas le plus commun. Ils peuvent être *dressés,* comme on le remarque, par exemple, dans le peuplier pyramidal, où ils montent presque verticalement. Ils peuvent être *étalés* ou s'étendre d'une manière à peu près horizontale. Quelquefois enfin ils sont *pendans*.

Dans le frêne et dans le saule *pleureurs*, les rameaux sont pendans. Ceux du premier s'inclinent vers le sol dès leur naissance; ceux du second s'élèvent d'abord plus ou moins obliquement; mais trop faibles pour se soutenir, ils fléchissent sous leur propre poids; ils tombent en décrivant une courbe.

A peu près constante dans les végétaux d'une même espèce, la direction des rameaux varie souvent beaucoup au contraire dans un même individu.

Les branches inférieures des grands arbres s'étalent presque toujours horizontalement pour aller chercher la lumière; elles sont les plus grosses, les plus longues, en même temps que les plus vieilles.

Quant aux rameaux situés au-dessus, ils sont d'autant plus jeunes, d'autant plus courts, d'autant plus dressés, qu'ils se rapprochent davantage du sommet de la tige. D'où résulte la forme plus ou moins conique ou pyramidale que l'on observe dans la cime d'un grand nombre d'arbres.

Mais il est une autre circonstance qui imprime d'innombrables modifications au port, à la physionomie des végétaux; c'est la position relative des rameaux sur la tige.

On conçoit que la disposition des rameaux doit reproduire celle des feuilles, lorsque les bourgeons placés à l'aisselle de celles-ci se développent sans avortement, ce qui est assez commun parmi les végétaux herbacés.

Les choses se passent bien autrement dans la plupart

des plantes ligneuses, dont la vie plus longue entraîne une ramification beaucoup plus compliquée. Ici, les bourgeons avortent généralement en grand nombre, et alors, les rameaux nés de ceux qui se développent ne présentent qu'un arrangement en quelque sorte anormal dans lequel il serait difficile de reconnaître celui des feuilles.

Ce sont les bourgeons inférieurs, soit de la tige, soit des rameaux, qui avortent le plus fréquemment, ce qui paraît dépendre de deux causes différentes. En effet, dans la plupart des cas, ces bourgeons se trouvent moins bien exposés que les autres à l'heureuse influence de la lumière; et en outre, la nourriture qu'ils reçoivent est souvent insuffisante, car en général la sève afflue 'surtout vers les extrémités.

Néanmoins, si la tige des arbres dicotylédons se montre pour l'ordinaire dépouillée de branches à sa base, jusqu'à une certaine hauteur, ce n'est pas précisément à cette double circonstance qu'il faut l'attribuer, mais plutôt au soin qu'ont presque toujours les agriculteurs d'enlever les rameaux qui tendent à se former sur le tronc de ces arbres, pendant leur jeunesse.

L'avortement des bourgeons s'effectue quelquefois avec une régularité vraiment digne de remarque.

Ainsi, dans les sapins, où les feuilles, très-nombreuses et serrées, sont en spirale, les rameaux paraissent comme étagés en verticilles plus ou moins distans. C'est que, dans ces arbres, les bourgeons avortent alternativement par séries, et se développent à l'aisselle de quelques feuilles successives dont les tours de spire sont tellement rapprochés, que les différences de hauteur deviennent à peine appréciables dans les rameaux.

Ainsi encore, dans certaines plantes à feuilles opposées, notamment dans plusieurs caryophyllées, des deux feuilles composant une paire, une seule produit un bourgeon, un rameau; et dans la paire immédiatement correspondante, au-dessus ou au-dessous, la feuille qui fournit le rameau est toujours celle qui occupe l'autre côté de la tige. De telle sorte que le végétal, avec des feuilles opposées, présente des rameaux disposés en spirale régulière.

Dans les plantes à feuilles opposées, la tige porte en général, à son extrémité, trois bourgeons dont un terminal et deux latéraux.

Or, il est des espèces où ces bourgeons se développent tous les trois, et dont la tige est par conséquent *trifurquée;* tandis que chez d'autres, le bourgeon terminal avortant constamment, la tige n'est que *bifurquée.* Souvent en outre, les rameaux se trifurquent ou se bifurquent à leur tour, et dans ce cas, la ramification prend le nom de *trichotomie* ou de *dichotomie.*

Mais il arrive aussi que l'un des bourgeons latéraux avorte, en même temps que le bourgeon terminal; d'où résulte un nouveau genre de ramification.

Le bourgeon qui termine la tige avorte fréquemment, tôt ou tard, dans le plus grand nombre des végétaux ligneux pourvus de feuilles en spirale ; et alors, le bourgeon latéral le plus voisin de son extrémité fournit un rameau chargé en quelque sorte de la remplacer.

Ces avortemens nous expliquent pourquoi dans la majorité des arbres, tels que le tilleul, le platane, etc., il est impossible de suivre le tronc au milieu de la cime, où il se perd de bonne heure ; caractère qui lui a fait donner l'épithète de *déliquescent*.

Il est aisé de prévoir ce qui arrive lorsque le bourgeon terminal de la tige avorte peu de temps après la naissance du végétal : la tige reste courte, souvent même cachée sous terre ; et les rameaux qu'elle développe. nés de sa base, s'étendent eux-mêmes sous le sol, ou bien s'élèvent au-dessus pour accomplir leur végétation dans l'air.

Dans les sous-arbrisseaux et les arbustes, par exemple, ce sont en général les rameaux qui se montrent au-dessus du sol, comme autant de tiges distinctes ; d'où vient l'adjectif *multicaule* que l'on accorde parfois à ces plantes.

Les rameaux dont il s'agit poussent ordinairement, de leur base, des racines adventives ; ils peuvent aussi fournir d'autres rameaux qui s'enracinent comme eux. De sorte que chaque année le végétal se complique en occupant une place de plus en plus grande. On coupe quelquefois ces rameaux à leur base, et en les plantant séparément, on obtient autant d'individus nouveaux, végétant à part, vivant de leur vie propre. C'est ce qu'on nomme des *surgeons* ou des *drageons*.

Voici, d'un autre côté, ce qui a lieu dans un grand nombre de végétaux herbacés vivaces ou *perennes*.

Pendant la première année de leur existence, leur tige, très-courte, cachée sous terre, émet des feuilles qui s'étalent en rosette à la surface du sol. Ces feuilles meurent à la fin de la belle saison, laissant sur la tige les bourgeons qu'elles couvraient de leur base souterraine. Mais la tige persiste; de même que la racine, elle brave l'hiver; et au printemps qui suit, des rameaux nés de ses bourgeons apparaissent au-dessus du sol, où ils meurent comme autant de tiges annuelles, après avoir fourni des feuilles, des fleurs et des fruits.

Et chaque année ultérieure de la plante voit se reproduire la même série de phénomènes.

Fréquemment, dans les végétaux herbacés, les rameaux, trop débiles pour se maintenir dressés dans l'air, s'étalent sur la surface de la terre. On les nomme *couchés* quands ils y restent libres; et *rampans* lorsqu'ils s'y enracinent.

Les rameaux rampans se séparent tôt ou tard de la plante par la destruction de leur base; mais au lieu de mourir, après cette séparation, ils vivent d'une vie particulière, grâce aux racines adventives qui les attachent au sol; ils fournissent même à leur tour des rameaux qui doivent avoir la même destinée; et ainsi successivement. On peut citer comme exemple de cette singulière végétation, de cette multiplication en progression géométrique, la nummulaire, la véronique officinale, etc.

Il est des plantes où les rameaux, grêles et longs, ne s'enracinent et ne produisent des feuilles qu'à leur extrémité. Ces rameaux, dont le fraisier commun offre un exemple connu de tout le monde, sont appelés *stolons* ou *coulans*.

Après une végétation d'un certain nombre d'années, ils lient entre elles plusieurs touffes de feuilles, touffes enracinées, issues les unes des autres. Mais ils finissent par se flétrir, par se désarticuler, et dès-lors chaque touffe devient une plante isolée, distincte. Tous les végétaux qui présentent ces particularités sont dits *traçans* ou *stolonifères*.

Au lieu de ramper à la surface du sol, les rameaux peuvent s'étendre, soit horizontalement, soit d'une manière oblique, sous la terre, où ils produisent des racines adventives, des feuilles à l'état d'écailles et des bourgeons. Puis ces rameaux s'allongent en même temps qu'ils donnent naissance à de nouveaux rameaux condamnés, les uns à végéter à leur tour sous la terre, et les autres à s'élever au-dessus du sol, à fleurir, à fructifier et à se faner dans l'air.

Beaucoup de plantes, des joncs, des cypéracées, des graminées, etc., suivent ce mode particulier de végétation. Elles sont susceptibles de s'étendre à de grandes distances en s'enracinant ainsi sous la terre. On les sème avec avantage sur les terrains sablonneux en pente que l'on veut fixer, dont on désire prévenir les éboulemens.

Dans quelques plantes enfin, les rameaux venus sous le sol y subissent des modifications de forme et de structure si profondes, qu'on les prend en général pour des organes tout particuliers. Tels sont par exemple les tubercules arrondis et féculens de la pomme de terre.

A la surface d'un tubercule, il existe de petites éminences disposées avec symétrie, et cachées à l'aisselle d'autant de petites écailles qui finissent par tomber. Or, ces écailles sont des feuilles avortées, et les éminences qu'elles couvrent, sont des bourgeons vulgairement appelés des *yeux*. Qu'un tubercule séparé de la tige se trouve placé dans des conditions favorables, et il donnera naissance par un de ses yeux à un rameau aérien, c'est-à-dire à une plante nouvelle.

Afin d'obtenir une récolte plus abondante, les agriculteurs ont l'habitude de butter le végétal, ou en d'autres termes, d'enterrer la tige aussi haut que possible. C'est donc bien la tige, et non la racine, qui produit les tubercules, ces singuliers rameaux.

Une certaine analogie rapproche, on le voit, les tubercules des cayeux, que l'on pourrait considérer aussi comme des rameaux d'un genre spécial.

Il résulte de tout ce qui précède, que les rameaux souterrains ne sont pourvus que de feuilles incomplètes, réduites ordinairement à l'état de simples écailles; tandis que les rameaux venus au-dessus du sol, de même que les tiges aériennes, se couvrent en général de véritables feuilles.

Cependant il est des rameaux aériens qui, faibles, comme épuisés dès leur naissance, ne fournissent que des fleurs, ou tout au plus des fleurs et des feuilles appauvries, connues sous le nom de *bractées*.

On appelle *pédoncules* ces rameaux particuliers, chargés de produire, de supporter les fleurs. Toujours plus ou moins grêles, ils varient beaucoup par leur degré de longueur. Ils sont quelquefois si courts, qu'on a de la peine à les démontrer, ce qui fait dire que les fleurs sont *sessiles*. Le plus souvent au contraire, ils ont assez de longueur pour être bien manifestes, et les fleurs, dans ce cas, sont dites *pédonculées*.

Les pédoncules peuvent être *uniflores*, *biflores*, *triflores*..... *multiflores*. Ils sont *simples* ou *rameux*.

Un pédoncule rameux présente un *axe primaire* ou *rachis*; des *axes secondaires* diversement disposés; quelquefois aussi des *axes tertiaires*, *quaternaires*, etc. On nomme *pédicelles* ses dernières divisions, supports immédiats des fleurs. Celles-ci reçoivent l'épithète de *pédicellées*.

C'est ordinairement à l'aisselle d'une feuille ou d'une bractée que chaque pédoncule prend naissance: il est alors *axillaire*.

Ainsi que les feuilles, il peut être *caulinaire*, *ramaire* ou *radical*. On donne le nom spécial de *hampe* à celui qui s'élève d'une rosette de feuilles radicales, comme on en trouve un exemple dans la primevère, le pissenlit, etc.

Mais les fleurs sont fréquemment portées par un *pédoncule terminal* qui, au lieu d'être un rameau particulier, n'est autre chose que l'extrémité épuisée, soit d'un rameau ordinaire, soit de la tige elle-même.

Dans certains végétaux, tels que la vigne, la morelle douce-amère, etc., le pédoncule terminal prend une position latérale et devient oppositifolié. Il est dévié de sa direction primitive par le rameau qui se forme à l'aisselle de la feuille située à sa base ; rameau qui acquiert un développement considérable et se redresse comme pour continuer la tige.

Généralement libre et distinct, le pédoncule est quelquefois *épiphylle*, c'est-à-dire uni, soit en partie, soit en totalité, avec la feuille ou bien avec la bractée qui l'accompagne à sa base. Il est épiphylle, soudé avec une bractée, dans le tilleul par exemple.

On pourrait confondre avec les pédoncules épiphylles ceux de certaines plantes où, comme dans les *ruscus*, les fleurs sont portées par des rameaux élargis à la manière des feuilles. De très-petites écailles caduques, placées à la base de chaque fleur, représentent dans ces plantes les feuilles véritables.

Le pédoncule, support de la fleur, est aussi celui du fruit, qui l'entraîne dans sa chute à l'époque de sa maturité.

Il arrive parfois que la fleur avorte ou tombe, et que le pédoncule néanmoins persiste, acquiert même un certain accroissement. C'est ainsi que, par exemple,

dans le *rhus cotinus* ou fustet, après la chute des fleurs ,
on voit les pédoncules s'allonger, se couvrir de longs
poils, et former des espèces de plumets rougeâtres.

Toujours muni d'une ou de plusieurs fleurs, le pédoncule porte souvent aussi des bractées , feuilles incomplètes, plus ou moins altérées dans leur forme, leur
couleur, leur consistance, etc.

Les bractées, quelquefois presque aussi grandes que
les feuilles ordinaires, se trouvent fréquemment réduites
à de très-petites dimensions. Elles sont pour la plupart
sessiles et entières; leur forme varie à l'infini.

Il est des bractées qui conservent en grande partie la
structure et la couleur verte des feuilles normales; on
les dits *foliacées*. D'autres, participant des nuances de
la fleur, prennent l'épithète de *colorées*. Certaines sont
membraneuses, c'est-à-dire minces et transparentes. Beaucoup enfin, plus profondément modifiées, se présentent
comme autant de petites écailles. De même que les feuilles,
les bractées peuvent être verticillées ou alternes.

Lorsqu'elles se montrent réunis en certain nombre à
la base des fleurs, plus près ou plus loin, de manière à
leur former comme une enveloppe accessoire, on donne
à leur ensemble le nom d'*involucre* ou de *colerette*.

Un involucre est dit *monophylle* quand ses bractées ou
folioles sont soudées entre elles; *polyphylle* lorsqu'elles
sont libres; *triphylle*, *tétraphylle*, *pentaphylle*, etc., suivant qu'il est composé de trois, de quatre, de cinq, ou
d'un plus grand nombre de bractées.

Celles-ci sont tantôt *unisériées*, tantôt *plurisériées ;* c'est-à-dire disposées en un cercle unique ou sur plusieurs rangs.

On trouve dans la plupart des ombellifères, telles que la carotte par exemple, deux sortes d'involucres polyphylles, à folioles unisériées : les uns à la base de plusieurs pédoncules réunis; les autres au-dessous des pédicelles. Ces derniers sont désignés sous le nom d'*involucelles*, diminutif d'involucre.

Dans certaines plantes, les fleurs, rassemblées en tête au sommet du pédoncule, comme on le voit dans l'artichaut, le chardon, etc., ont pour enveloppe commune un involubre polyphylle, à folioles plurisériées. Ces folioles, très-rapprochées les unes des autres, sont imbriquées, les extérieures couvrant la base des intérieures. Leur nombre est souvent considérable, et alors, elles dessinent de chaque côté plusieurs hélices secondaires ; disposition dont nous nous sommes suffisamment entretenus à l'article phyllotaxie.

Composé de folioles soudées à leur base, l'involucre, dans quelques plantes, telles que les mauves, les guimauves, etc., enveloppe immédiatement chaque fleur en particulier, lui forme en quelque sorte un second calice, et reçoit pour ce motif le nom d'*involucre caliculé* ou simplement de *calicule*.

L'involucre est désigné sous la dénomination de *cupule* lorsque, formé de folioles plus ou moins soudées entre elles, il persiste après la fécondation de la fleur, et recouvre le fruit, en partie ou en totalité, jusqu'à son complet développement.

Foliacée dans le noisettier, *squammiforme* dans le chêne, la cupule est *péricarpoïde* dans le châtaignier, le hêtre, etc. Dans ce dernier cas, elle enveloppe complètement les fruits, et ne s'ouvre qu'à l'époque de leur maturité pour les laisser sortir. Souvent elle a été regardée, à tort, comme un *péricarpe*, partie constituante du fruit.

Enfin, l'on nomme *spathe* une bractée particulière qui, dans certaines monocotylédones, enveloppe les fleurs en entier pendant leur jeunesse, et ne se déroule ou ne se déchire que pour permettre leur épanouissement. Le gouet et les palmiers eux-mêmes nous en offrent des exemples remarquables.

La spathe est quelquefois *diphylle*, c'est-à-dire composée de deux bractées réunies, comme on l'observe dans l'ail, l'oignon, etc. On la dit *uniflore*, *biflore* ou *multiflore*, selon le nombre des fleurs qu'elle renferme.

Chacune des fleurs contenues dans une spathe peut être enveloppée en outre d'une *spathelle*, ou petite spathe particulière. C'est ce qu'on remarque dans la plupart des iridées.

Dans les graminées, les fleurs sont pourvues d'une ou plus ordinairement de deux petites écailles, espèces de spathes connues sous le nom de *glumes*.

HUITIÈME LEÇON.

DE L'INFLORESCENCE ET DE LA FLEUR EN GÉNÉRAL.

Nous voilà naturellement conduits , Messieurs , des pédoncules et des bractées , à l'examen de la fleur , dernier produit de la plante , le plus beau , le plus brillant de ses organes , l'agent essentiel de sa reproduction.

Extrêmement diverses par leurs nuances , leur forme , leur structure, comme nous le verrons bientôt , les fleurs varient aussi beaucoup , suivant les espèces , par leur disposition sur le végétal qui les porte. Cette disposition, cet arrangement des fleurs , toujours le même dans les individus d'une même espèce, concourt pour une grande part à leur donner la physionomie qui les distingue. On le nomme *inflorescence* , expression que l'on applique en

9

outre à l'ensemble des fleurs groupées sur une partie quelconque de la plante.

L'inflorescence, comprise d'après la première acception du mot, fut long-temps un des points les plus vagues, les plus confus de l'organographie végétale; et de nos jours encore, malgré la lumière qu'y ont répandue les importans travaux de plusieurs botanistes modernes, particulièrement de M. Rœper, cette partie de la science est loin d'offrir toute la rigueur, toute la précision désirable ; elle est restée difficile surtout dans les applications de la pratique.

Mon intention, Messieurs, est de vous la présenter avec autant de simplicité que possible, en la réduisant à ce qu'elle a d'indispensable dans la détermination des espèces les plus communes.

Sous le rapport de l'inflorescence, la tige et les rameaux peuvent se comporter de deux manières pour ainsi dire inverses : ils produisent des fleurs latérales en s'allongeant sans cesse par leur extrémité que jamais une fleur ne termine ; ou bien ils donnent naissance à une fleur terminale qui arrête pour toujours leur accroissement en longueur. Dans le premier cas, l'inflorescence est *indéfinie;* elle est *définie* dans le second.

L'inflorescence indéfinie ou *indéterminée*, la plus commune, est susceptible d'un grand nombre de modifications qui ont reçu chacune un nom particulier.

On distingue par l'épithète d'*axillaires* les fleurs qui se développent à l'aisselle des feuilles non modifiées, soit de la tige , soit des rameaux. Leur disposition , vous le devinez, doit être en général la même que celle des feuilles. Des avortemens peuvent néanmoins la rendre différente ; et c'est ainsi que , dans plusieurs végétaux , notamment dans la grande pervenche , on remarque , avec des feuilles opposées , des fleurs alternes quoique axillaires.

Les fleurs axillaires. pédonculées ou sessiles. peuvent être *solitaires* , *géminées* , *ternées* , *quaternées* , etc. : c'est-à-dire exister à l'aisselle de chaque feuille . au nombre d'une seule , de deux , de trois . de quatre . etc. On les dit *fasciculées* quand . plus nombreuses , elles sont réunies en faisceau.

Mais le plus fréquemment . dans l'inflorescence indéfinie , les fleurs se développent sur des parties épuisées. pédoncules rameux , privés de véritables feuilles. pourvus tout au plus de bractées. Elles forment alors des groupes distincts qui diffèrent . suivant les plantes . par le degré de ramification du pédoncule , par l'arrangement et la longueur relative de ses divisions.

L'inflorescence est désignée sous le nom de *grappe* lorsque l'axe primaire du pédoncule étant très-allongé , ses axes secondaires . plus ou moins nombreux et à peu près égaux entre eux . sont simples . uniflores. Elle offre ces caractères dans beaucoup de plantes , particulièrement dans le groseillier rouge.

Au lieu de rester simples. les axes secondaires se divisent-ils. comme on le voit par exemple dans la vigne?

En ce cas , les fleurs n'ont pour supports immédiats que des axes tertiaires ou quaternaires , et l'inflorescence , plus compliquée , reçoit la dénomination de *panicule*.

Il est des panicules dont les axes secondaires diminuent successivement de longueur de la base au sommet ; elles ont une forme pyramidale , ainsi qu'on l'observe dans le marronnier d'inde par exemple. D'autres sont ovoïdes , leurs axes les plus longs se trouvant au milieu ; telles sont les panicules du lilas.

Que les axes secondaires du pédoncule, simples et iné-gaux , les inférieurs étant les plus longs , se redressent de manière à élever leurs fleurs à peu près au même ni-veau , quoique partis eux-mêmes de divers degrés de hauteur... on aura un *corymbe simple*, inflorescence dont vous trouvez un exemple dans le poirier , l'arbre de Sainte-Lucie . etc.

Un corymbe est dit *composé* quand chacun de ses axes secondaires se divise pour former lui-même un corymbe partiel , comme on le remarque dans la tanaisie , la mille-feuilles , et un grand nombre d'autres végétaux nommés *corymbifères* , à cause de cette disposition des fleurs.

Dans le corymbe composé , de même que dans le simple , l'ensemble des fleurs présente supérieurement une surface tantôt plane , tantôt un peu convexe.

Supposons maintenant que les axes secondaires , sim-ples , uniflores , et à peu près égaux , s'élèvent tous, en divergeant , du sommet de l'axe primaire. Les fleurs , dès-lors. placées à la même hauteur ou à peu près. imitent par leur ensemble en quelque sorte un parasol ; elles composent ce qu'on nomme une *ombelle* , inflorescence dont les primevères nous offrent un exemple.

Mais les axes secondaires ou *rayons* de l'ombelle peuvent se ramifier à leur tour , fournir par leur sommet des axes tertiaires uniflores disposés tout-à-fait comme eux. Il s'en suit une *ombelle composée* , *double* ou *générale* , formée d'un certain nombre d'*ombelles simples* , nommées aussi *ombellules*. Cette inflorescence remarquable a valu le nom d'*ombellifères* à toutes les plantes d'une grande famille où sont compris la carotte, le persil , la ciguë , etc.

Un involucre accompagne ordinairement les ombelles ; et un involucelle , les ombellules.

Variables sous bien des rapports, comme nous venons de le voir , les axes latéraux de l'inflorescence indéfinie avortent fréquemment ; d'où résultent tantôt un *épi* , tantôt un *capitule*.

L'*épi* n'est autre chose qu'une inflorescence dans laquelle des fleurs nombreuses et sessiles sont réunies à la surface d'un axe primaire plus ou moins allongé. Il est pour ainsi dire une grappe dont les fleurs sont devenues sessiles. Vous en trouvez un exemple dans le plantain, le sainfoin, le trèfle , etc.

Trois modifications de l'épi lui ont mérité des noms spéciaux.

On l'appelle *chaton* lorsque , chargé de fleurs unisexuées, mâles ou femelles, accompagnées de petites bractées en écailles, il offre à sa base une articulation qui lui permet de tomber, plus tôt ou plus tard, d'une seule pièce : tels sont les épis qui, chaque année, se détachent du noyer, des peupliers et des saules.

Dans les pins, les sapins et autres arbres verts, l'épi, unisexué, se distingue par sa forme conique, surtout par de grandes bractées ligneuses, imbriquées. Il reçoit la dénomination de *cône*, et les arbres qui le portent celle de *conifères*.

Enfin l'on nomme *spadice* un épi dont les fleurs, unisexuées, très-rapprochées et comme incrustées dans l'épaisseur d'un axe charnu, sont enveloppées complètement par une spathe. Cette espèce d'épi n'appartient qu'aux végétaux monocotylédons ; le gouet ou pied de veau nous en présente un exemple à la portée de tout le monde.

Quant au *capitule*, encore appelé *calathide*, il se compose d'un grand nombre de très-petites fleurs sessiles, rassemblées en tête globuleuse ou hémisphérique sur le sommet du pédoncule élargi pour les recevoir. Ces fleurs, très-rapprochées les unes des autres, munies chacune d'une bractée extrêmement petite, en paillette ou soyeuse, sont enveloppées à leur base par un involucre commun, à folioles presque toujours disposées sur plusieurs rangs.

Pour le vulgaire, un capitule n'est qu'une seule fleur : et souvent les botanistes eux-mêmes lui donnent le nom impropre de *fleur composée*. Il caractérise une vaste famille dont font partie les chardons, le grand soleil, etc.

La surface qui termine le pédoncule et où sont insérées les fleurs d'une calathide se nomme *réceptacle commun*, *phoranthe* ou *clinanthe*; elle peut être plane, convexe ou concave.

Dans certaines plantes, elle est creusée en coupe, en urne; quelquefois même ses bords se relèvent et se rapprochent de manière à former les parois d'une cavité close, garnie intérieurement de fleurs nombreuses et cachées. La figue est un exemple de cette singulière inflorescence désignée, par quelques auteurs, sous le nom de *sycône*.

Mais passons à l'*inflorescence définie* ou *terminée*. Suivons-la, comme l'indéfinie, dans ses modifications les plus importantes, les plus répandues.

Il est des végétaux, entre autres la tulipe, dans lesquels une seule fleur se développe au sommet d'une tige simple, entièrement dépourvue de rameaux. On dit que cette fleur est *terminale*; que la tige est *uniflore*.... l'inflorescence est alors réduite à sa plus simple expression.

D'autres fois, la tige produit, à l'aisselle de ses feuilles, des rameaux qui sont à leur tour uniflores, munis de véritables feuilles. Telle est l'inflorescence déjà moins simple de la pivoine.

Un cas plus complexe encore, en même temps que plus commun, est celui qu'on observe, par exemple, dans la stellaire des haies. Ici la tige porte, au-dessous d'une fleur terminale, deux feuilles opposées: à l'aisselle de chacune de ces feuilles, naît un rameau qui se termine aussi par une fleur pourvue, à sa base. de deux feuilles, de deux rameaux uniflores, chargés eux-mêmes de produire chacun deux autres rameaux semblables; et ainsi successivement. Ensemble de fleurs solitaires et terminales, ramification par dichotomie, suite de bifurcations dont les deux branches sont toujours séparées entre elles par une fleur plus ou moins rapprochée de leur point de départ.

On donne à cette inflorescence le nom de *cyme,* plus particulièrement, il est vrai, quand les feuilles d'où naissent les rameaux se sont converties en bractées, comme dans la petite centaurée, plusieurs céraistes, etc.

Au lieu de bifurcations. ce sont quelquefois des trifurcations. ou même des multifurcations qui composent la cyme. Dans ce cas, beaucoup plus rare, chaque fleur s'accompagne à sa base, non pas de deux. mais de trois ou d'un plus grand nombre de feuilles, de bractées verticillées, de chacune desquelles part un rameau.

Les fleurs d'une cyme sont plus ou moins éloignées les unes des autres, suivant la longueur des rameaux successifs qui les portent. Elles peuvent s'élever à peu de chose près au même niveau, de façon à imiter jusqu'à un certain point l'inflorescence indéfinie que nous avons décrite sous le nom de *corymbe.*

Dans quelques végétaux, tels que les œillets par exemple, les axes de la cyme étant très-courts, quelquefois même nuls par avortement, leurs fleurs. presque sessiles ou tout-à-fait sessiles, se rapprochent pour former une *cyme contractée*, que l'on a proposé de nommer aussi *fascicule* ou *glomérule*.

Assez souvent, les caractères de la cyme éprouvent de notables modifications par l'avortement d'une partie de ses axes, avortement qui s'effectue parfois avec une régularité remarquable.

Il n'est pas rare de voir, par exemple, au-dessous de la fleur qui couronne la tige, un seul rameau se développer, bien qu'il y ait en ce point deux feuilles ou deux bractées opposées, comme dans le cas de dichotomie. A son tour, le rameau ne produit au-dessous de sa fleur terminale qu'un seul axe; et ainsi de suite. La cyme offre alors en général l'apparence d'une grappe; mais elle s'en éloigne, au fond, de toute la différence qui sépare l'inflorescence terminée de l'inflorescence indéfinie.

Une disposition analogue dans les fleurs et les axes de la cyme peut se montrer, sans avortemens, sur les plantes dont les feuilles sont alternes au lieu d'être opposées. Dans ce cas, la tige ne présente au-dessous de sa fleur terminale qu'une seule bractée; à l'aisselle de cette bractée, naît un rameau qui se redresse, usurpe la place de la tige, puis se termine par une fleur accompagnée de même d'une bractée, d'où s'élève un second rameau qui se comporte en tout à la manière du premier: et ainsi successivement.

Toutes ces fleurs terminales, produites par des rameaux issus les uns des autres, prennent une position latérale, et semblent au premier abord s'être développées sur des axes d'une même évolution, nés directement de la tige. Il suffira, pour éviter toute erreur, d'observer que leurs pédoncules sont opposés aux bractées, au lieu d'être axillaires, comme dans la grappe et autres inflorescences indéfinies.

On remarque dans bon nombre de végétaux, notamment dans la plupart des borraginées, une disposition toute particulière des axes successifs dont nous parlons. Le premier s'élève de la tige en formant avec elle un certain angle; le second, plus grêle et plus court, fait avec lui, dans le même sens, un angle moins ouvert; et ainsi de suite, les ultérieurs, de plus en plus minces et courts, naissent les uns des autres sous des angles de plus en plus fermés. D'où résulte en définitive une courbe roulée en crosse, en queue de scorpion, portant les fleurs sur sa convexité. Les botanistes ont désigné cette inflorescence spéciale sous le nom de *cyme en crosse* ou *scorpioïde*.

Telles sont, Messieurs, les modifications principales de l'inflorescence dans ses deux modes, indéfini et défini. Ces modifications, bien distinctes dans les exemples que nous avons dû choisir, le sont fréquemment beaucoup moins dans la pratique, où l'on passe des unes aux autres par mille nuances intermédiaires.

Il est même des *inflorescences mixtes*, réunissant les caractères de l'inflorescence terminée à ceux de l'inflorescence indéterminée. C'est ainsi que plusieurs cymes se rassemblent quelquefois, soit en panicule, soit en corymbe; tandis qu'on voit des grappes. des panicules et des corymbes se terminer en cyme.

L'ordre dans lequel se développent ou s'épanouissent les fleurs peut être d'un grand secours pour la détermination de certaines inflorescences compliquées ou obscures ; il peut faire cesser bien des embarras.

Un pédoncule, dans l'inflorescence indéfinie, s'allonge par son extrémité, de même que les rameaux ordinaires; et par suite, les fleurs qu'il porte, sessiles ou pourvues d'un pédicelle, se développent, s'épanouissent successivement de sa base à son sommet, comme on le remarque dans l'épi, la grappe et la panicule.

Mais nous avons vu les divisions du pédoncule se dresser ou se grouper de manière à former tantôt un corymbe, tantôt une ombelle. Or, dans ce cas, les pédicelles supérieurs se plaçant en dedans des inférieurs qui deviennent externes, l'épanouissement des fleurs. au lieu de s'opérer de bas en haut, s'effectue de la circonférence au centre. Et l'on comprend que le même mode d'évolution doit se présenter dans le capitule, espèce d'ombelle privée de rayons.

Voilà donc pourquoi l'inflorescence indéfinie reçoit encore le nom d'inflorescence à *évolution centripète*.

L'inflorescence définie est dite au contraire à *évolution centrifuge*, parce qu'en effet ses fleurs se trouvent d'autant plus éloignées du centre qu'elles sont plus nouvelles. Nés de la tige et les uns des autres, les axes d'une cyme se développent successivement : et il en est de même des fleurs qui les terminent. De telle sorte que la fleur la plus ancienne, la première à s'épanouir, est toujours celle qui couronne la tige, au milieu de l'inflorescence. Viennent après les fleurs qui terminent les axes secondaires, puis celles des axes tertiaires, et ainsi de suite.

Ayant établi cela, supposons qu'une inflorescence douteuse nous présente au centre une fleur plus près de s'épanouir que toutes celles dont elle est entourée. Nous conclurons aussitôt que cette inflorescence est définie. Nous dirions au contraire qu'elle est indéfinie dans le cas où ses fleurs les plus développées occuperaient, soit la périphérie, soit la base.

Après cette revue des cas les plus communs offerts par l'inflorescence, nous devons, Messieurs, considérer la fleur dans ses aspects si variés, dans sa structure si complexe ; et d'abord, voyons-la d'une manière générale.

La fleur naît sous la forme d'un *bouton*, bourgeon particulier qui termine, soit le pédoncule, soit un de ses pédicelles. Ce bourgeon, très-petit dans le principe, se gonfle, grossit insensiblement ; il s'ouvre enfin pour mettre en évidence toutes les parties qu'il renferme, et son épanouissement reçoit le titre de *floraison*.

Exactement appliquées les unes sur les autres, les parties contenues dans un bourgeon floral ont entre elles des rapports très-divers ; comme les petites feuilles d'un bourgeon ordinaire, elles sont souvent plissées ou roulées sur elles-mêmes, tantôt d'une façon, tantôt de l'autre. On nomme *préfloraison* leur manière d'être, leur arrangement avant l'époque où elles s'épanouissent, arrangement très-variable dans l'ensemble des végétaux, constant au contraire dans les plantes d'une même espèce, d'un même genre, fréquemment dans celles de toute une famille.

Mais c'est après la floraison qu'il importe surtout d'étudier la fleur. Accomplissant alors son développement, elle déploie dans l'air tous les organes qui la composent; elle étale à nos yeux ses mille particularités de couleur, de forme, etc.

Certaines plantes se font remarquer par le volume considérable de leurs fleurs; tel est par exemple le *magnolia grandiflora*. D'autres, comme les graminées, ne sont munies que de fleurs en quelque sorte microscopiques. Et l'on observe, entre ces deux extrêmes, des fleurs de toutes les dimensions.

Le volume d'une fleur n'est pas toujours en rapport, comme on pourrait le croire, avec la taille du végétal qui la porte. C'est ainsi que, presque dans tous les grands arbres de nos forêts, notamment dans le chêne, les fleurs sont si petites qu'elles passent inaperçues pour le vulgaire; tandis que de simples végétaux annuels, la tulipe, le lys, etc., sont parés de fleurs remarquablement grandes.

Une foule de fleurs, sans éclat et inodores, n'ont rien qui attire notre attention. Dans la plupart, nous admirons l'élégance des formes, la richesse des couleurs; il en est un grand nombre qui embaument l'air des plus suaves parfums.

Les parties constituantes de la fleur diffèrent beaucoup entre elles par leurs apparences, comme aussi par les fonctions qu'elles sont appelées à remplir; et cependant on s'accorde aujourd'hui pour ne voir en elles que des organes de même nature, que des feuilles plus ou moins modifiées.

Au premier abord, il est vrai, l'esprit se refuse à l'idée d'admettre toute assimilation entre les feuilles et ces divers organes de la fleur. C'est par l'étude comparative des faits que l'on parvient à reconnaître combien le rapprochement est naturel. Nous ne tarderons point à en fournir la démonstration.

Ces feuilles modifiées, élémens de la fleur, sont réunies sur un axe extrêmement court, sommet du pédoncule, tantôt plane et circulaire, tantôt conique ou cylindrique, désigné par les synonymes de *torus*, de *thalamus*, plus communément par celui de *réceptacle*.

On doit considérer le torus comme un rameau épuisé dès sa naissance, et les folioles de la fleur comme des organes appendiculaires épuisés à leur tour.

Dans les végétaux pourvus de feuilles en verticilles, les organes de la fleur sont eux-mêmes disposés pour l'ordinaire en plusieurs cercles très-voisins. Dans les autres, ils sont rangés en spirale, de même que les véritables feuilles.

Il est des fleurs où la disposition en spirale est bien évidente. Ce sont en général celles dont le torus est sensiblement allongé, comme dans les *magnolia* par exemple ; ou dont le réceptacle offre une large surface circulaire, comme on le voit dans les nénuphars. Les folioles de la fleur dessinent, dans ces deux cas, des spirales secondaires, d'où l'on peut déduire la spirale primitive, par un procédé qui vous est connu.

Mais dans le plus grand nombre des végétaux, hâtons-nous de le dire, les parties constituantes de la fleur, pressées sur un torus plane et très-circonscrit, s'insèrent en des points si rapprochés, que leur position relative devient difficile à saisir ; il n'est plus possible, dès-lors, de suivre la spirale qu'elles sont censées décrire, du moins en théorie. Telle est, Messieurs, la raison pour laquelle on est convenu de regarder, dans tous les cas, les organes de la fleur comme formant de véritables verticilles superposés ou concentriques.

Ces verticilles, quand la fleur est complète, sont au nombre de quatre. Distincts les uns des autres sous tous les rapports, ils diffèrent principalement par le rôle qui leur est confié. Prenons pour exemple un végétal connu de tout le monde, une renoncule, si vous voulez, et cherchons, dans une de ses fleurs, les quatres verticilles dont il s'agit.

Nous trouvons à la base de cette fleur, en dehors, cinq petites pièces vertes ou jaunâtres, réunies pour former une première rosette : c'est-à-dire le *calice*.

Immédiatement au-dessus . vous remarquez cinq autres folioles plus développées, d'un beau jaune-luisant ; elles composent un second verticille désigné sous le nom de *corolle*.

Un peu plus près du milieu de la fleur , on observe , disposés en cercle , une foule de petits corps filiformes , d'un jaune plus terne ; ce sont des organes mâles ; ils constituent l'*androcée*.

Enfin au centre même , apparaît le *gynécée*, réunion des organes femelles qui sont ici nombreux , verdâtres , groupés en capitule.

Les parties élémentaires d'un verticille floral reçoivent aussi des noms particuliers ; on les nomme *sépales , pétales , étamines* ou *carpelles*, selon qu'ils appartiennent au calice, à la corolle, à l'androcée ou bien au gynécée,

Leur nombre , dans chaque verticille , varie suivant les espèces. Le plus souvent néanmoins il est de cinq ou un multiple de cinq dans les plantes dicotylédonées ; de trois ou un multiple de trois dans les monocotylédones.

Lorsqu'elles sont en même nombre dans deux verticilles qui se suivent immédiatement , celles de l'un alternent avec celles de l'autre. C'est ainsi que , dans la renoncule dont nous parlions tout-à-l'heure , les cinq sépales se montrent alternes avec les cinq pétales.

Et l'on conçoit qu'elles seront opposées de deux en deux verticilles si leur nombre est égal dans tous ; loi d'alternance et d'opposition qui régit aussi , vous le savez , les feuilles véritables elles-mêmes.

Il est vrai qu'un assez grand nombre de fleurs semblent sous ce rapport s'écarter de la règle. Nous verrons plus tard qu'on peut les y ramener en tenant compte, tantôt des avortemens, tantôt au contraire des dédoublemens qu'ont subis certains de leurs organes.

Mais, au lieu d'être toujours libres et indépendans, comme nous l'avons supposé jusqu'ici, les élémens constitutifs des verticilles floraux contractent fréquemment entre eux des adhérences qui impriment à la fleur d'innombrables modifications.

C'est surtout dans le calice, la corolle et le gynécée que cette adhérence est commune; les étamines la présentent plus rarement. Elle peut être partielle, s'étendre à divers degrés, troubler ou respecter la symétrie, la régularité de la fleur; elle peut être complète, et alors, le verticille n'offre plus qu'une pièce dans laquelle il n'est pas toujours facile de reconnaître un assemblage de plusieurs folioles.

A leur tour, les verticilles de la fleur, souvent libres et indépendans les uns des autres, sont susceptibles de s'unir plus ou moins par leur base; d'où résultent, dans leur mode d'insertion, des apparences diverses qui constituent des caractères distinctifs très-importans.

On dit, d'après Decandole, qu'un végétal est *thalamiflore* quand les verticilles de ses fleurs, libres et indépendans, s'insèrent tous séparément sur le thalamus, comme on le voit par exemple dans les renonculacées.

Il est des plantes où, les quatre verticilles floraux

étant unis ensemble inférieurement, la corolle et les étamines semblent naître de la base du calice, plutôt que du torus. On les nomme *caliciflores* ; les rosacées sont dans ce cas.

D'autres enfin, telles que les solanées et les labiées, reçoivent le titre de *corolliflores*, parce que leurs étamines, soudées intimement avec la base de la corolle, paraissent en émaner. En général, le verticille qui en porte un autre se compose de pièces plus ou moins adhérentes entre elles.

Au reste, qu'ils soient libres ou soudés, les verticilles de la fleur, vous l'avez sans doute compris, sont de deux sortes : les uns *essentiels*, l'androcée et le gynécée ; les autres *accessoires*, *protecteurs*, le calice et la corolle. Ces derniers, simples enveloppes florales, sont fréquemment désignés sous le nom collectif de *périanthe*.

Ainsi, dans une fleur complète, le périanthe est double ; il est double dans la plupart des végétaux dicotylédons.

Dans un assez grand nombre cependant, tels que les chénopodées, par exemple, le périanthe est simple, c'est-à-dire formé d'un seul verticille. On le considère alors généralement comme un calice, quelles que soient ses apparences ; et la fleur, incomplète, privée de corolle, est dite *apétale* ou *monochlamydée*.

Le périanthe est simple dans toutes les plantes monocotylédones, même dans la tulipe où les pièces qui le constituent sont si remarquables par leur grand développement, surtout par la vivacité de leurs couleurs.

Il n'y a donc que trois verticilles floraux dans cette belle plante : un calice à six sépales ; un androcée comprenant six étamines ; et un gynécée de trois carpelles réunis.

Peut-être, à l'exemple de plusieurs botanistes, devrait-on y en reconnaître cinq : trois sépales ; trois pétales de même aspect, mais disposés sur un rang plus intérieur et alternant avec les sépales ; trois étamines opposées aux sépales ; trois autres opposées aux pétales ; et enfin le gynécée. Ce serait au moins conforme à la loi d'alternance que nous avons présentée comme générale.

Certaines fleurs, dépourvues tout-à-fait de périanthe, bornées à leurs organes sexuels, sont appelées fleurs *nues* ou *achlamydées*.

Toutes les fleurs qui renferment à la fois des étamines et des carpelles, et c'est la grande majorité, reçoivent l'épithète d'*hermaphrodites*.

On nomme *diclines* ou *unisexuées* des fleurs qui se trouvent réduites à un seul verticille essentiel. Elles sont *mâles* ou *femelles*, suivant qu'elles contiennent l'androcée ou le gynécée. Il est des fleurs unisexuées d'une simplicité extrême ; car on n'y observe, soit qu'une étamine, soit qu'un carpelle.

Les fleurs unisexuées sont tantôt *monoïques*, c'est-à-dire réunies, mâles et femelles, sur un même végétal ; tantôt *dioïques* ou séparées sur des pieds différens, les uns portant les mâles, les autres les femelles. Elles son monoïques dans le melon, et dioïques dans le chanvre.

Plusieurs plantes enfin sont munies en même temps de fleurs hermaphrodites, de fleurs mâles, de fleurs femelles ; et ces fleurs, ainsi mêlées, sont dites *polygames*.

On appelle *phanérogames* les végétaux pourvus de fleurs, d'organes sexuels visibles ; ce sont les cotylédonés. Quant aux plantes acotylédones, Linné les a nommées *cryptogames* parce qu'il les considérait comme ayant des organes sexuels cachés. Il serait plus exact de les appeler *agames*, car ces organes n'y existent pas.

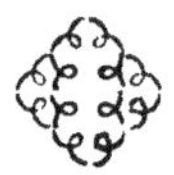

NEUVIÈME LEÇON.

CALICE. — COROLLE. — ANDROCÉE.

Calice, corolle, androcée et gynécée, tels sont, avons-nous dit, les quatre verticilles qui se superposent ou s'inscrivent les uns dans les autres pour former une fleur complète. Les généralités que nous avons établies sur ces verticilles vont nous permettre, Messieurs, d'aborder tout de suite la description de chacun; de les suivre tour-à-tour dans les principales modifications dont ils sont susceptibles.

Nous commençons par le calice.

Première production de l'axe floral, le *calice*, quand le périanthe est double, constitue l'enveloppe la plus extérieure des organes sexuels. Il compose à lui seul le périanthe lorsqu'il est simple. Dans les fleurs nues, il manque en même temps que la corolle.

On retrouve dans le calice la plupart des caractères qui appartiennent aux feuilles. C'est surtout avec les bractées que ses folioles ou *sépales* conservent de l'analogie.

De même que les feuilles et les bractées, les sépales sont ordinairement verts ; quelquefois cependant ils participent des nuances de la corolle, ainsi que le grenadier nous en offre un exemple. On dit alors que le calice est *corolliforme* ou *pétaloïde*.

La structure des sépales, comme celle des feuilles, présente, au milieu d'une espèce de mésophylle, un grand nombre de faisceaux fibro-vasculaires où sont compris des vaisseaux trachées. L'épiderme qui les enveloppe est aussi criblé de stomates, principalement à la face inférieure.

Leur nervation, en général peu distincte à cause de la petitesse des parties, suit les mêmes lois que celle des feuilles ; souvent la nervure médiane est la seule qui s'y montre bien évidente.

Et lorsque les feuilles, dans un végétal, sont pourvues de poils ou de glandes, les folioles du calice en portent de semblables.

Enfin, sous l'influence d'un excès de nourriture, on voit assez fréquemment un sépale acquérir des dimensions exagérées qui lui donnent les apparences d'une véritable feuille, mettant ainsi dans tout son jour la nature du calice.

Suivant que les folioles calicinales sont libres ou soudées entre elles par leurs bords , le calice est dit *polysépale* ou *gamosépale*.

Un calice polysépale , encore nommé *polyphylle*, peut être *disépale* , *trisépale* , *tétrasépale* , *pentasépale* , etc. ; c'est-à-dire formé de deux , de trois , de quatre , de cinq ou d'un plus grand nombre de parties. Le calice du pavot est disépale ou *diphylle* ; celui des crucifères est *tétraphylle*.

Très-variables par leur forme , les folioles d'un calice polysépale affectent généralement celle d'un ovale à sommet plus ou moins obtus ou aigu. Leur bord , muni quelquefois de découpures, se montre presque toujours entier.

Quant au calice gamosépale ou *gamophylle* , on lui donne plus communément les noms de *monophylle* ou de *monosépale* , bien qu'il ne soit point composé d'une seule pièce , mais de plusieurs soudées ensemble.

Distinctes les unes des autres au moment de leur naissance , les folioles d'un calice monosépale se soudent bientôt , soit partiellement et à divers degrés, soit d'une manière complète. Ces soudures sont l'origine de nombreuses modifications désignées par des épithètes qui vous sont familières , car déjà nous avons eu occasion de les appliquer aux feuilles.

Ainsi, le calice monophylle, quand il n'est point *entier*, peut être *denté*, pourvu de divisions très-courtes, comme dans le lilas; *fendu*, c'est-à-dire divisé. comme dans la jusquiame , à peu près jusqu'au milieu ; ou bien enfin il est *partagé* , présentant des incisions qui s'étendent tout près de sa base, comme dans la bourrache officinale. Et vous devinez qu'on le dira , suivant le nombre des pièces qui le composent , *tridenté , quadridenté.... multidenté ; bifide , trifide.. multifide ; biparti , triparti... multiparti.*

Dans un calice monosépale plus ou moins divisé , l'on distingue un *tube* , portion inférieure où les folioles sont réunies ; et un *limbe* , comprenant les parties séparées. L'entrée du tube se nomme *gorge.*

Il arrive parfois que les divisions du limbe calicinal, réduites pour ainsi dire à leur nervure médiane , se transforment en autant de poils particuliers raides ou mous , simples ou munis , sur les côtés , de petites barbes disposées comme celles d'une plume. Cette disposition , que l'on observe dans les valérianes et plusieurs scabieuses , est surtout fort commune dans la vaste famille des synanthérées. Ici , les poils calicinaux en question se réunissent ordinairement en grand nombre de manière à former une espèce de petite ombelle que l'on est convenu de nommer *aigrette.* Tout le monde connaît sans doute les aigrettes qui se montrent sur le pissenlit, peu de temps après la fécondation de ses fleurs.

Le calice gamosépale se présente sous une infinité de formes dont beaucoup sont difficiles à caractériser. Quant aux principales , il suffit de les nommer pour les faire connaître. Ainsi , le calice est le plus souvent *tubuleux , campanulé*, *cylindrique*, *anguleux*, etc. On le dit *éperonné* lorsqu'il porte à sa base un prolongement en forme d'éperon, comme on le voit par exemple dans la grande capucine.

Un calice est *régulier* ou bien *irrégulier*, suivant que les parties dont il se compose sont ou non semblables entre elles ; suivant que ses incisions sont égales ou inégales.

Enfin le calice, presque toujours promptement *caduc* lorsquil est polysépale, se montre en général *persistant* quand il est monophylle ; souvent même, il s'attache au fruit, l'enveloppe et l'accompagne dans tous ses développemens.

Mais passons à l'examen de la corolle.

La *corolle* n'existe que dans les fleurs à périanthe double ; elle en est le second verticille accessoire ; elle entoure immédiatement leurs organes sexuels.

De toutes les parties de la fleur, la corolle est la plus remarquable par la beauté, par la diversité de ses nuances, de ses formes ; c'est en elle que le parfum des fleurs possède le plus d'intensité.... pour les gens du monde, elle est toute la fleur.

Tantôt d'un blanc parfait, tantôt d'un pourpre noir, la corolle peut offrir toutes sortes de teintes intermédiaires, mais jamais elle n'est d'un noir pur ; la nature en a banni cette couleur de deuil.

Les *pétales*, parties constituantes de la corolle, ne sont comme les sépales. que des feuilles modiliées, ayant subi des changemens plus nombreux, plus profonds.

Leur analogie avec les feuilles véritables est évidente, malgré leur couleur particulière et la délicatesse de leur tissu. Depuis long-temps elle a été consacrée par le langage vulgaire, où l'on applique, par exemple, le nom de *feuilles de rose* aux pétales du rosier.

Des faisceaux fibro-vasculaires se ramifient, s'anasto-mosent dans l'épaisseur d'un pétale, comme dans les folioles du calice. Et ces faisceaux, très-déliés, apparaissent aussi fréquemment au dehors sous la forme de petites nervures dont une médiane plus saillante, quelquefois la seule appréciable. En un mot, la nervation de la corolle, quand elle est distincte, présente les mêmes caractères que celle du calice, que celle des feuilles proprement dites.

Le tissu cellulaire qui, occupant les intervalles des faisceaux, constitue le parenchyme, ou si l'on veut, le mésophylle du pétale est généralement privé de chlorophylle. Il renferme pour l'ordinaire des grains de fécule, un liquide coloré, souvent aussi de l'air.

Quant à l'épiderme dont les pétales sont revêtus, il contient en général un liquide semblable à celui du parenchyme; il offre en outre à peu près la même structure que l'épiderme des feuilles. A la face externe ou inférieure du pétale, il est quelquefois percé d'un petit nombre de stomates; presque toujours il en est tout-à-fait dépourvu sur la face interne.

En examinant au microscope les utricules superficielles de l'épiderme, on observe qu'elles sont planes ou
bombées. Dans le premier cas, la corolle est lisse, lui-
sante, comme celle des renoncules; dans le second,
elle est terne ou d'un bel aspect velouté, comme dans
la pensée, comme dans les dahlias. La corolle est
assez souvent revêtue d'un duvet à la fois très-court et
très-fin.

Dans un pétale isolé, séparé de tous les autres, on
reconnaît en général deux choses : un *onglet*, qui en est
la base ordinairement rétrécie ; et une *lame*, partie opposée, plus ou moins large, à bord entier ou découpé de
diverses manières. La lame répond au limbe de la feuille;
l'onglet en représente le pétiole. Il peut manquer ; on dit
alors que l'organe est *sessile*.

Les pétales varient par leur forme encore plus que les
sépales. Il en est d'*elliptiques*, d'*ovales*, de *lancéolés*, de
linéaires, d'*arrondis*, de *cordiformes*, de *spatulés*, etc.

Planes pour la plupart, ils sont quelquefois concaves,
roulés sur eux-mêmes, en dessus ou en dessous, soit en
long, soit dans le sens de leur largeur. Ils peuvent imiter
tour-à-tour un capuchon, un cornet, même un casque,
ainsi qu'on le voit dans les hellébores, les ancolies et les
aconits, par exemple.

Certains n'ont qu'une forme irrégulière, bizarre, qui
rend difficile toute comparaison entre eux et un objet
déterminé.

Plusieurs enfin sont munis d'appendices divers : par

exemple , de petites franges au sommet de l'onglet ,
comme dans les lychnides et les silènes; ou bien d'un
éperon qui descend au-dessous de leur point d'attache,
comme dans la violette, les dauphinelles et les ancolies.

Mais quelle que soit la forme des pétales, on dit,
lorsqu'ils sont libres et distincts, que la corolle est *polypétale* ou *polyphylle*; et vous devinez qu'elle peut être
dipétale, tripétale, tétrapétale, pentapétale, etc. En général, le nombre des pétales est le même que celui des
sépales : quelquefois il est moindre par avortement.

Les corolles polypétales, dites encore *dialypétales*, sont
de deux sortes : les unes *régulières*; les autres *irrégulières*.

Une corolle polypétale régulière est appelée *cruciforme*
quand ses pétales, au nombre de quatre, sont opposés
deux à deux en manière de croix, comme dans les choux,
la julienne et la giroflée jaune.

On la nomme *rosacée* lorsqu'elle est formée de trois à
cinq pétales disposés en rosace, comme dans le fraisier,
le cerisier, le rosier sauvage, etc.

Elle reçoit enfin l'épithète de *caryophyllée* dans certaines plantes où elle réunit cinq pétales pourvus d'un
onglet fort long et d'une lame plus ou moins déchirée
sur son bord ; telle est par exemple celle de l'œillet.

Parmi les corolles polypétales irrégulières, il en est
que l'on nomme *papilionacées* parce que leur forme rappelle jusqu'à un certain point celle d'un papillon prenant son vol.

Ces corolles sont composées de cinq pétales désignés

par des noms particuliers : l'un supérieur, le plus grand, porte le titre d'*étendard ;* deux autres, placés en bas, s'unissent dans une partie de leur étendue pour former ce qu'on appelle la *carène ;* les deux derniers occupent les côtés et constituent les *ailes.* Organisation singulière que vous trouverez dans la corolle du haricot, des pois, de la fève, etc.

Quant aux corolles polypétales irrégulières qui, n'étant point papilionacées, ne peuvent être comparées à rien, comme celles de la balsamine, de la capucine, de la violette, etc., on est convenu de leur accorder la qualification d'*anomales.*

Mais les pétales, de même que les sépales, s'unissent fréquemment par leurs bords, soit en partie, soit en totalité ; d'où résulte une corolle *gamopétale* dans laquelle on distingue, comme dans un calice gamosépale, un *tube,* un *limbe* et une *gorge.* Sur la gorge, on remarque assez souvent des appendices particuliers dont la plupart des borraginées pourront vous offrir un exemple.

Il va sans dire qu'une corolle monopétale sera, suivant le degré de soudure et le nombre de ses parties constituantes, *entière* ou *tridentée,* etc. ; ou *bifide, trifide,* etc. ; ou bien enfin *bipartite, tripartite,* etc. ; absolument comme le calice gamosépale.

Les corolles monopétales sont aussi *régulières* ou *irrégulières,* et leur forme, dans les deux cas, est susceptible de nombreuses modifications dont les plus saillantes ont reçu des noms spéciaux.

Ainsi, les corolles monopétales régulières sont *campaniformes* ou en cloche, comme dans les liserons ; *rotacées* ou en roue, comme dans la bourrache ; *infundibuliformes* ou en entonnoir, comme dans le tabac ; *hypocratériformes* ou en soucoupe, comme dans le lilas.

Parmi les irrégulières, il en est de *labiées*, de *personées* et d'*anomales*.

Les labiées ou *bilabiées* ont le limbe formé de deux lèvres inégales, comme dans la sauge et le romarin ; dans les personées, le limbe est à deux lèvres inégales aussi, mais disposées de façon à imiter, soit un masque, soit la gueule d'un animal, comme dans les linaires et les mufliers. Quant aux anomales, ce sont des corolles qui échappent à toute comparaison.

Dans l'inflorescence que nous avons décrite autrefois sous le nom de *capitule*, on trouve, sur un même réceptacle, ou sur des réceptacles différens, deux sortes de petites fleurs, des *fleurons* et des *demi-fleurons*, distincts par la forme de leur corolle monopétale.

En effet, la corolle des fleurons est toujours régulière, infundibuliforme ; tandis que celle des demi-fleurons est irrégulière, tubuleuse à sa base, munie d'un limbe plane, en languette inclinée vers la circonférence du capitule.

Or, l'on dit qu'un capitule est *flosculeux* quand il est formé seulement de fleurons, comme dans les chardons et les centaurées ; *demi-flosculeux* si ses fleurs, au contraire, ne sont que des demi-fleurons, comme dans les chicorées, le pissenlit; et l'on réserve l'épithète de *radiés* à ceux qui se composent de fleurons au centre, de demi-fleurons à la circonférence, comme dans les camomilles et le grand soleil. En général, dans un capitule radié, les fleurons sont jaunes, tandis que les demi-fleurons sont blancs.

J'ajoute enfin que la plupart des corolles sont promptement caduques, et je passe à la description de l'androcée.

L'androcée, troisième verticille d'une fleur complète, se compose, nous le savons, des organes mâles de la plante; enveloppé par la corolle, il environne à son tour le gynécée.

Chaque organe mâle ou *étamine* présente ordinairement à l'étude trois choses distinctes : une *anthère,* qui en est la partie principale; du *pollen,* matière fécondante contenue dans l'anthère; et un *filet,* support de cette dernière.

Or, l'on admet que le filet correspond à l'onglet du pétale, comme l'anthère à sa lame, comme le pollen à son parenchyme ou mésophylle. Et c'est sur l'observation même qu'est fondé ce rapprochement entre les étamines et les pétales, deux sortes d'organes dont les fonctions sont pourtant si différentes.

Lorsqu'on examine comparativement un grand nombre de fleurs appartenant à des espèces diverses, on voit en effet les étamines et les pétales subir des modifications graduelles qui établissent entre les unes et les autres une ressemblance frappante : les étamines, filiformes ou linéaires dans la plupart des fleurs, acquièrent dans certaines une largeur notable ; tandis que les pétales, généralement très-développés, se rétrécissent dans quelques-unes au point de prendre à peu près la forme d'une étamine ; quelquefois même ils se couvrent alors d'une poussière jaune comparable à la matière fécondante.

Mais cette métamorphose est surtout évidente et complète dans les fleurs qui deviennent *doubles* sous l'influence d'un excès de nourriture ; car les étamines, dans ces fleurs, se convertissent tout-à-fait en larges pétales. Il n'est pas rare d'en rencontrer qui, n'ayant éprouvé qu'une partie de la transformation, ont pris d'un côté, les caractères des pétales, et ont conservé de l'autre, ceux des étamines.

On trouve dans une fleur de rosier sauvage, par exemple, une multitude d'étamines entourées seulement de cinq pétales ; tandis que vous chercheriez vainement des organes mâles non altérés au milieu des nombreux pétales qui composent les roses de nos jardins. Ces fleurs brillent à nos yeux d'un éclat en quelque sorte artificiel ; mais c'est au prix de leur fécondité : elles sont *doubles* et partant stériles.

Ainsi, malgré leur rôle spécial, les étamines ne sont bien qu'une modification des pétales ; ainsi, l'androcée lui-même n'est autre chose qu'une corolle plus ou moins déguisée.

Un mot sur le filet, l'anthère et le pollen.

Le *filet*, ou partie accessoire de l'étamine, porte l'anthère à son sommet. Il manque parfois, ce qui vaut à l'organe l'épithète de *sessile*.

Comme son nom l'indique, le filet se présente ordinairement sous la forme d'un corps très-grêle plus ou moins allongé. Il peut être cylindrique; s'effiler à mesure qu'il s'élève; se renfler à son sommet; devenir *pétaloïde* en s'élargissant, soit dans une partie, soit dans la totalité de son étendue; s'accompagner à sa base d'appendices particuliers. Il est fréquemment *filiforme* ou même *capillaire*, mince et flexible à la manière d'un fil ou d'un cheveu. Sa couleur, aussi très-variable, est le plus souvent blanche.

L'*anthère*, soutenue par le filet, consiste généralement en deux poches creusées chacune d'une loge où le pollen se forme et séjourne jusqu'à l'époque de la fécondation. Quand elle avorte, l'étamine, privée de matière fécondante, n'a plus d'action sur les organes femelles.

Biloculaire dans le plus grand nombre des végétaux, l'anthère, dans quelques-uns, notamment dans les mauves, n'est qu'*uniloculaire*, c'est-à-dire composée d'une seule poche, pourvue d'une seule cavité.

On observe toutes sortes de formes parmi les anthères: il en est d'*ovales*, d'*oblongues*, de *lancéolées*, de *linéaires*, de *globuleuses*, de *réniformes*, de *cordiformes*, de *sagittées*, d'*aiguës*, d'*obtuses*, de *bifides*, etc. Le jaune est leur nuance la plus habituelle.

Les deux poches d'une anthère biloculaire sont tantôt adossées immédiatement l'une à l'autre, tantôt réunies par un corps intermédiaire que l'on désigne sous le nom de *connectif*.

Celui-ci, presque toujours très-mince et allongé dans le sens du filet, s'articule avec lui. Il occupe une partie seulement ou la totalité de l'intervalle compris entre les deux poches ; quelquefois il s'élève au-dessus en revêtant telle ou telle forme.

Dans certains végétaux, par exemple dans la sauge, le connectif, allongé transversalement, se montre suspendu au sommet du filet, en quelque sorte comme le fléau d'une balance, et porte une loge de l'anthère à chacune de ses extrémités.

L'anthère est le plus souvent *basifixe* ou *médiifixe ;* c'est-à-dire attachée au filet par sa base, comme dans le glayeul, ou par son milieu, comme dans le lis. Il est pourtant des anthères fixées par leur sommet ; elles sont vacillantes ; on les dit *apicifixes.*

Sur chaque poche d'une anthère, on remarque en général un sillon, espèce de suture qui s'ouvre à la maturité pour laisser sortir la matière fécondante. Quelquefois cependant la déhiscence de l'anthère s'effectue par un simple pore, ou bien c'est une sorte de valvule qui se soulève pour offrir au pollen un plus large passage.

On appelle *face* de l'anthère le côté qui porte ces diverses ouvertures ; tandis que l'autre en constitue le *dos.* Et selon que les anthères ont leur face tournée vers le centre ou vers la circonférence de la fleur, elles reçoivent l'épithète d'*introrses* ou d'*extrorses*. La plupart des anthères sont introrses.

Le *pollen*, contenu dans les loges de l'anthère, est l'agent immédiat de la fécondation. Il se compose d'utricules particulières très-petites, nommées *grains* ou **granules polliniques**.

Dans quelques plantes, ces granules sont réunis en masses plus ou moins volumineuses par une matière comparable à de la glu; leur pollen est dit *en masse* ou *solide;* tel est par exemple celui des onagres, des orchis et des asclépias.

Mais à part ces exceptions peu nombreuses, le pollen se montre sous la forme d'une poussière presque impalpable; il est *pulvérulent,* c'est-à-dire formé de grains libres, indépendans les uns des autres.

La quantité de poussière pollinique renfermée dans chaque anthère est ordinairement très-considérable. C'est elle qui, à l'époque de la fécondation, couvre d'une couche épaisse le périanthe éclatant du lis; on la voit, le matin, s'élever comme un brouillard, des champs de blé dont les fleurs s'épanouissent; et celle des sapins est tellement abondante qu'elle a pu quelquefois, en tombant sur la terre après avoir franchi de grandes distances dans l'air, faire croire à des pluies de soufre.

De même que les anthères, le pollen, variable par ses nuances, est le plus souvent jaune. Il paraît que sa couleur dépend d'une matière particulière sécrétée par ses granules. et soluble dans les huiles grasses ou volatiles ; aussi devient-il transparent lorsqu'on le traite par un de ces liquides.

Chaque grain pollinique, invisible à l'œil nu, présente sous le microscope, des apparences diverses, en même temps qu'une structure fort compliquée.

Tantôt allongés en tubes, tantôt globuleux ou polyédriques, les granules du pollen affectent, dans la majorité des végétaux, la forme d'un ellipsoïde à extrémités plus ou moins amincies.

Le pollen se compose, dans certaines espèces, de granules secs. diaphanes et à surface lisse, unie. En général cependant, les grains polliniques ont leur surface parsemée de ponctuations ou hérissée de petites éminences disposées avec ou sans ordre.

Ces éminences, arrondies en mamelons. allongées en pointes ou amincies en lames. dessinent quelquefois, sur chaque granule, une sorte de réseau remarquable par sa régularité. Dans tous les cas, elles sécrètent un liquide huileux et coloré qui rend plus ou moins visqueuse la matière fécondante. On observe en outre, sur les granules de presque tous les pollens, des plis et des pores dont la destination paraît être de faciliter la déhiscence.

Les parois des grains polliniques sont ordinairement formées de deux membranes : l'une externe et l'autre interne. Il est rare qu'ils en offrent trois; plus rare encore qu'ils soient réduits à une seule; ces exceptions n'ont été constatées que dans quelques espèces.

C'est à l'enveloppe extérieure, assez épaisse, ferme et résistante, que le granule doit sa forme et ses aspects divers; l'interne, plus mince, homogène, transparente et surtout très-extensible, est à peu près la même dans toutes les sortes de pollens. Elle s'attache quelquefois à l'externe par certains points ou par sa surface entière: le plus souvent elle est libre de toute adhérence.

Mais ces deux membranes éprouvent d'étranges modifications sous l'influence de l'humidité.

Quand un granule de pollen tombe sur la surface humide de l'organe femelle, ou bien lorsqu'on le met sur une lame de verre légèrement humectée d'une solution de gomme, on le voit tout-à-coup se gonfler; ses plis s'effacent; il devient sphérique.

Cependant sa membrane interne, très-hygroscopique, apparaît en saillies à travers les pores de l'externe, qui refuse de s'étendre davantage. Ces saillies, espèces de hernies, s'allongent insensiblement et finissent par constituer autant de longs tubes que l'on nomme *tubes* ou *boyaux polliniques*.

Dans les granules privés de pores, la membrane externe se déchire en ses points les plus faibles, et les tubes dont nous parlons s'échappent par ces ouvertures accidentelles.

Le plus souvent, dans les conditions que nous avons admises, il ne se forme qu'un seul boyau pollinique, et c'est toujours sur le point qui reçoit directement l'action de l'humidité.

Chaque tube pollinique est rempli d'un liquide transparent, généralement incolore, épais, comme mucilagineux, au sein duquel nage une foule de corpuscules extrêmement petits ; ce liquide porte le nom de *fovilla*.

Et si, au lieu de placer les granules de pollen sur une surface humide, on les plonge dans une quantité d'eau plus ou moins considérable, on voit les tubes qui en sortent éclater presque aussitôt pour laisser échapper toute la fovilla qu'ils renferment.

Les corpuscules de celle-ci s'accompagnent fréquemment de gouttelettes huileuses ; leur forme et leur dimension varient beaucoup ; ils sont en général de nature amylacée ; au moment de leur sortie du granule, ils exécutent des mouvemens rapides et singuliers qui les ont fait comparer aux animalcules contenus dans la liqueur fécondante des animaux.

De nos jours, on les regarde comme de petits corps inertes, incapables de mouvemens spontanés, susceptibles seulement de se mouvoir sous l'empire de causes physiques peu connues. Ils passent néanmoins pour être les agens principaux de la fécondation.

Telles sont, en peu de mots, les trois parties qui composent les organes mâles dans les plantes. Examinons maintenant ces organes sous quelques autres points de vue.

Rien ne varie plus que le nombre des étamines, suivant les espèces. Il est des fleurs *monandres*, *diandres*, *triandres*, *tétrandres*, *pentandres*, *hexandres*, *heptan-*

dres, *octandres*, *ennéandres*, *décandres* ; c'est-à-dire renfermant une seule étamine, ou deux, trois, quatre, cinq, six, sept, huit, neuf, dix. On nomme *dodécandres* celles qui en contiennent de douze à vingt, et *polyandres* celles qui en réunissent davantage encore. Les fleurs sont monandres dans la valériane rouge; pentandres dans la pomme de terre; polyandres dans le pavot.

Mais des avortemens viennent parfois réduire le nombre normal des étamines ; de même que ce nombre est susceptible d'être augmenté par une sorte de dédoublement.

Une étamine qui avorte peut ne laisser aucune trace de son existence. Le plus souvent néanmoins elle est représentée par un filet, par une glande ou par une simple écaille dont la position trahit facilement la nature. Dans une fleur de scrophulaire, par exemple, vous remarquerez quatre étamines attachées à la face interne de la corolle, et de plus, une écaille glanduleuse, vestige d'une cinquième.

D'autres fois, au lieu d'avorter, chaque étamine semble au contraire se multiplier, se diviser, soit en deux, soit même en un plus grand nombre. C'est par exemple ce qui a lieu dans les millepertuis où l'on observe un faisceau d'étamines à la place de chaque organe mâle.

Et ce dédoublement que nous signalons dans l'androcée peut se montrer aussi, quoique plus rarement, dans les autres verticilles de la fleur. Il nous permet de rattacher aux lois générales certains faits qui au premier abord se présentent comme des exceptions; tel est par exemple le cas de la fleur de l'épine vinette.

On trouve dans cette fleur un calice formé de six sépales; une corolle de six pétales *opposés* aux sépales, et six étamines *opposées* aux pétales. De sorte que la loi d'alternance y paraît en défaut.

Cependant, si l'on examine les choses de plus près, on s'assure que le calice, la corolle et l'androcée sont doubles, et l'on distingue successivement : un calice externe composé de trois sépales; un calice interne aussi de trois sépales; une première corolle à trois pétales; une seconde ayant le même nombre de pétales; trois étamines sur un premier rang; trois autres sur un rang plus intérieur. Or, les sépales extérieurs alternent avec les suivans, comme ceux-ci avec les premiers pétales, qui alternent à leur tour avec les seconds; et ainsi de suite. Donc la fleur de l'épine vinette est soumise à la loi d'alternance, comme toutes les autres.

Généralement égales en longueur, les étamines sont inégales dans un petit nombre de végétaux. Il est des fleurs, entre autres celles de la plupart des labiées, où l'on en compte quatre : deux grandes et deux petites; on les appelle fleurs *didynames*. D'autres, celles des crucifères, sont dites *tétradynames* parce qu'elles en contiennent six, dont quatre grandes.

Les étamines sont ordinairement libres; assez fréquemment néanmoins elles s'unissent entre elles, tantôt par leurs anthères, tantôt par leurs filets.

Une fleur reçoit l'épithète de *synanthère* lorsque ses étamines sont soudées par leurs anthères, comme on le voit par exemple dans toutes les plantes composées, nommées encore pour cette raison *synanthérées*.

Quand les étamines sont adhérentes par leurs filets, il en résulte, soit un seul, soit plusieurs faisceaux qu'on appelle *androphores* ou *adelphies*. De là des fleurs *monadelphes*, *diadelphes* et *polyadelphes*.

Les fleurs sont monadelphes dans les mauves. Elles sont diadelphes dans la fumeterre, où les deux adelphies réunissent chacune trois étamines; et dans la plupart des plantes légumineuses, comme le haricot, où neuf étamines composent une adelphie, tandis qu'une dixième reste libre. Dans les millepertuis, l'oranger, etc., les fleurs sont polyadelphes.

Enfin, les étamines peuvent aussi se souder avec les verticilles qui les avoisinent. Elles adhèrent toujours, par leur filet, à la base de la corolle ou du périanthe simple lorsqu'ils sont monophylles. Plus rarement, elles s'unissent et se confondent avec le gynécée, comme on l'observe dans les orchis, par exemple, ce qui constitue la *gynandrie*.

DIXIÈME LEÇON.

DU GYNÉCÉE.

Pour achever l'histoire de la fleur, il me reste, Messieurs, à vous décrire ses organes femelles, son gynécée, dernier verticille floral.

Le *gynécée*, placé au centre du torus, couronne la fleur, comme la fleur couronne elle-même la tige, le rameau, le pédoncule. Dans les fleurs femelles, il existe sans les étamines ; il manque dans les fleurs mâles.

Parties constituantes du gynécée, les organes femelles, devant un jour se transformer en fruit, reçoivent le nom particulier de *carpelles*. Ils diffèrent beaucoup des autres parties de la fleur par leur forme, leur structure, surtout par leurs fonctions. Cependant aux yeux des botanistes, ils ne sont comme elles que des feuilles profondément modifiées.

Ce qui est certain, c'est que, dans une fleur double, les carpelles se convertissent en pétales, de même que les étamines. Il y a donc identité de nature entre les carpelles, les étamines, et les pétales; et s'il est vrai que ceux-ci soient des feuilles, il faut bien admettre que les autres en sont également.

Chaque feuille carpellienne se replie sur elle-même de manière à mettre en contact ses deux bords latéraux; d'où résulte une partie creuse et renflée que l'on est convenu de nommer *ovaire*. La nervure médiane de cette petite feuille s'élève seule au-dessus de l'ovaire; elle constitue, sous le nom de *style*, une mince colonne dont le sommet glanduleux et humide est appelé *stigmate*.

Les deux bords de la feuille composant un carpelle ne sont point en contact immédiat, mais séparés par un faisceau cellulo-vasculaire, espèce de rameau qui émane de l'axe floral; et ce faisceau, nommé *placenta* ou *trophosperme*, porte en dedans de la cavité close de l'ovaire un ou plusieurs *ovules* que l'on peut considérer comme des bourgeons destinés à devenir autant de graines.

Ainsi l'on trouve, dans un carpelle distinct et complet : un *ovaire*, un *style*, un *stigmate*, et, dans l'ovaire, un *placenta* portant un ou plusieurs *ovules*; on y trouve un rameau, des bourgeons et une feuille, élémens d'une plante entière.

C'est sur la surface humide du stigmate que tombent

les granules polliniques; ils s'y attachent. se gonflent
et ne tardent point à éclater. Dès-lors, les tubes qui
en sortent pénètrent peu à peu dans la substance du
style, et la fovilla finit par arriver dans l'intérieur de
l'ovaire où elle féconde les ovules, en exerçant directement sur eux son action mystérieuse.

Les parois de l'ovaire, formées par le limbe d'une
feuille, en offrent à peu près la structure ; elles ont
pour base un parenchyme que parcourent des faisceaux
fibro-vasculaires plus ou moins nombreux. Deux lames
d'épiderme les tapissent : l'une en dehors, parsemée de
stomates; l'autre à l'intérieur, constamment privée de
ces ouvertures. Comme celui des feuilles, leur parenchyme, tantôt mince, tantôt épais et charnu, se compose
de cellules remplies de chlorophylle; et les faisceaux qui
s'y anastomosent, en se ramifiant de bas en haut. contiennent aussi des trachées déroulables.

Quant au style, il se présente comme un étui très-
grêle, revêtu par une continuation de l'épiderme extérieur de l'ovaire, et creusé d'une cavité centrale qui
s'étend dans toute sa longueur. Ses parois sont parenchy-
mateuses, pourvues de petits vaisseaux dirigés de la
base au sommet. Son canal, quelquefois vide, se montre
presque toujours obstrué par un tissu cellulaire ordinairement lâche, désigné sous le nom de *tissu conducteur*,
parce que c'est entre ses cellules que les tubes polliniques s'insinuent pour arriver du stigmate dans la profondeur de l'ovaire.

En s'épanouissant au sommet du style, ce tissu constitue le stigmate, toujours humide, visqueux, dépouillé d'épiderme.

Mais les carpelles, dont nous venons d'indiquer en quelques mots l'organisation générale, varient sous différens rapports, au moins autant que les autres organes constitutifs de la fleur.

Ils varient, par exemple, sous le rapport du nombre ; et l'on dit qu'une fleur est *monogyne*, *digyne*, *trigyne*, *tétragyne*, *pentagyne*.... *polygyne*, suivant qu'elle en renferme un, deux, trois, quatre, cinq..... ou beaucoup plus.

Lorsque des carpelles existent en grand nombre dans une même fleur, ils y décrivent souvent une spirale plus ou moins distincte. Ils naissent parfois d'un corps saillant qui, sous le nom de *gynophore*, s'élève du fond du réceptacle. La partie molle, pulpeuse et sucrée que l'on mange dans la fraise nous fournit l'exemple d'un gynophore très-volumineux. Les petits grains brillans qui la recouvrent ne sont autre chose que des fruits, carpelles fécondés, ayant acquis toute leur croissance.

Quel que soit leur nombre, les carpelles d'une fleur peuvent être libres, indépendans les uns des autres, comme nous l'avons supposé jusqu'ici. Plus fréquemment néanmoins ils s'unissent entre eux; et cela de diverses manières.

Il est des plantes où la soudure s'effectue par les stigmates, ou bien à la fois par les stigmates et par les styles. Mais dans la plupart des cas, elle s'établit entre les ovaires, à différens degrés, en marchant de bas en haut. Assez souvent, on la voit s'étendre des ovaires aux styles, aux stigmates, et confondre ainsi plusieurs carpelles simples en un seul, qui reçoit le nom de *pistil* ou de *carpelle composé.*

Telles sont, Messieurs, les considérations générales que j'avais à vous présenter d'abord sur les carpelles. Etudions maintenant tour-à-tour, avec quelques détails, l'*ovaire*, ses *placentas* et ses *ovules ;* puis le *style* et le *stigmate.*

L'*ovaire* est la base de l'organe femelle ; il contient les ovules ; c'est lui qui se transforme en fruit après la fécondation, pendant que le style et le stigmate se flétrissent pour toujours. Sa forme, très-diverse, est le plus souvent celle d'un ovoïde ou d'un sphéroïde.

Il porte fréquemment à sa surface des sillons plus ou moins prononcés, dirigés de bas en haut, lignes de démarcation entre plusieurs ovaires simples qui se sont réunis pour donner naissance à un ovaire composé. Quand ces sillons sont creusés à une certaine profondeur, on dit, suivant leur nombre, que l'ovaire est *bilobé, trilobé, quadrilobé, quinquélobé,* etc.

Dans les plantes légumineuses, dans la plupart des crucifères et plusieurs autres, l'ovaire acquiert une longueur remarquable. Lorsqu'il est simple, il se montre en général plus ou moins comprimé.

La surface de l'ovaire, comme celle des feuilles, est

glabre ou diversement poilue , quelquefois parsemée de petites glandes qui la rendent visqueuse.

Dans la plupart des végétaux, l'ovaire apparaît au fond du thalamus , entièrement libre de toute adhérence avec le calice. Dans certains au contraire , le calice, uni d'une manière intime à sa surface , l'enveloppe , soit en partie , soit en totalité. De là , deux sortes d'ovaires : les uns *libres* et *supères* , comme l'est par exemple celui du lys , de la tulipe ; les autres *adhérens* et *infères* , comme celui des narcisses , des iris , etc.

Lorsqu'on regarde au centre d'une fleur dont l'ovaire est infère , on n'y découvre que des stigmates , ou des stigmates et des styles. Mais on remarque au dessous un renflement plus ou moins prononcé qui n'est autre que l'ovaire , puisqu'il renferme les ovules , ainsi qu'on peut s'en assurer en le coupant en travers.

Il est des fleurs où plusieurs carpelles distincts les uns des autres adhèrent par un point seulement à la face interne d'un calice fortement rétréci à sa partie supérieure. Dans ce cas , dont la rose nous offre un exemple , les ovaires sont dits *pariétaux*. On a souvent le tort de prendre leur ensemble pour un ovaire unique et infère.

En général , l'ovaire est *sessile* , c'est-à-dire appliqué d'une manière immédiate sur le réceptacle. Cependant quand il est supère et libre , il se montre quelquefois élevé plus ou moins au-dessus du torus, par un support spécial nommé *stipe* ou *podogyne* , et il prend alors lui-même le nom d'*ovaire stipité.*

On ne doit pas confondre le podogyne avec le gynophore ; le premier fait partie de l'ovaire , le suit dans
tous ses développemens et tombe avec lui ; tandis que
le second , simple renflement du réceptacle , reste au
fond de la fleur après la chute des carpelles. Nous avons
vu dans la fraise un exemple de gynophore ; le pavot et
le caprier vous en fourniront un de podogyne.

L'ovaire est creusé, tantôt d'une seule loge, tantôt de
plusieurs; en d'autres termes, il peut être *uniloculaire,
biloculaire, triloculaire... multiloculaire*. Et chacune de
ses loges reçoit l'épithète d'*uniovulée*, de *biovulée*, de
triovulée, etc., suivant le nombre des ovules qu'elle
contient.

Un ovaire simple est constamment uniloculaire. On
peut y reconnaître une face dorsale tournée vers la circonférence de la fleur, et deux faces latérales qui convergent plus ou moins pour former un angle du côté de
l'axe floral. Dans cet angle, entre les bords de la feuille
carpellaire , existe un placenta chargé de porter et de
nourrir l'ovule ou les ovules de l'organe.

Le placenta, que l'on nomme encore *placentaire* quand
il soutient plus d'un ovule, offre dans sa composition
du parenchyme et des vaisseaux émanés du centre de
la fleur. Il est ordinairement formé de deux petits cordons parallèles plus ou moins distincts ou confondus en
un seul. Aussi, lorsque plusieurs ovules s'y attachent,
remarque-t-on en général qu'ils sont rangés en deux
séries longitudinales. ceux de l'une alternant avec ceux

de l'autre. Ces deux séries correspondent aux deux cordons du placenta.

Il arrive fréquemment qu'un certain nombre d'ovaires organisés comme je viens de le dire, et disposés en verticille, se réunissent par leurs angles, par leurs faces latérales ; d'où résulte un ovaire composé pourvu d'autant de loges, d'autant de placentas, que d'ovaires simples sont entrés dans sa composition.

Et si l'on coupe transversalement cet ovaire multiloculaire, assemblage de plusieurs ovaires simples, on observe que ses loges, plus ou moins nombreuses, se trouvent séparées entre elles par des cloisons rayonnant du centre à la circonférence, cloisons qui sont doubles, formées chacune par l'adossement de deux feuillets, par les parois de deux ovaires simples et contigus.

Quant aux placentas d'un ovaire multiloculaire, ils sont groupés en un faisceau central qui s'élève du torus dans la direction de l'axe de la fleur, ce qui leur fait donner la qualification d'*axiles*.

La fleur du nénuphar nous présente un ovaire multiloculaire à placentas axiles ; dans celle de l'iris, l'ovaire est à trois loges, et par conséquent à trois placentas axiles. Une fleur de renoncule pourra vous offrir l'exemple de plusieurs ovaires simples et distincts.

Mais les ovaires simples, en s'unissant pour former un ovaire composé, peuvent subir d'importantes modifications.

Dans beaucoup de plantes, en effet, la petite feuille qui les constitue ne se courbe que d'une manière incomplète, et ses deux bords, au lieu de se mettre en contact, restent plus ou moins écartés l'un de l'autre. Dès-lors, tout change dans l'ovaire composé. Les placentas quittent le centre, qui se montre vide; leurs deux cordons se séparent pour suivre les bords de la feuille carpellienne à laquelle ils appartiennent : de telle sorte que, sur chacun des angles formés par les deux bords correspondans de deux feuilles voisines, on trouve deux cordons faisant partie de deux placentas différens. Les cloisons ne s'étendent plus jusqu'au centre; elles sont *incomplètes*. Et les loges communiquent entre elles, ou plutôt, l'ovaire, quoique composé, n'est plus qu'uniloculaire.

Vous concevez du reste que, dans un ovaire composé uniloculaire, les feuilles carpelliennes sont susceptibles de divers degrés de courbure, et que par suite les cloisons, toujours incomplètes, peuvent s'avancer plus ou moins vers le centre, représenter par exemple les deux tiers, la moitié, le quart du rayon de l'organe, ou même s'effacer entièrement.

Au dehors, les feuilles carpellaires se traduisent généralement en lobes plus ou moins prononcés, limités par autant de sillons qu'on appelle encore *sutures*. Il est bon de savoir que, dans certains ovaires, chaque lobe est creusé d'un sillon, sorte de suture, à la place de sa nervure médiane, ce qui élève le nombre total des sutures au double de celui des feuilles carpelliennes.

Enfin, dans plusieurs végétaux, l'ovaire est composé de feuilles non courbées dans le sens latéral, et ajustées entre elles seulement par leurs bords, de manière à ne former ni cloisons en dedans, ni lobes, ni sillons à l'extérieur; tel est par exemple l'ovaire du pavot, de la violette, etc. On peut alors comparer la boîte ovarienne à un tonneau, dont les douves représentent assez bien les feuilles constituantes du pistil.

Les placentas, dans un ovaire composé uniloculaire, existent sur le bord libre des cloisons, et se trouvent conséquemment d'autant plus éloignés du centre, que ces cloisons sont plus courtes; quand les cloisons manquent, ils règnent le long des sutures qui unissent les feuilles carpelliennes. On les nomme *placentas pariétaux*, par opposition aux placentas axiles d'un ovaire multiloculaire.

Ordinairement allongés en cordons plus ou moins ténus, les placentas pariétaux prennent quelquefois un développement considérable, en même temps que leur forme éprouve de notables modifications. Ainsi, dans le pavot, par exemple, chacun d'eux s'élargit en une lame, espèce de fausse cloison qui s'étend des parois de l'ovaire presque jusqu'à son centre. Ces lames, très-minces, cloisonnant la cavité ovarienne, sont bien faciles à distinguer des cloisons véritables; car un seul feuillet les compose, et leur surface est couverte de nombreux ovules. Dans les crucifères, chaque pistil est pourvu de deux placentas pariétaux formant une fausse cloison qui sépare exactement en deux moitiés la loge de l'ovaire.

Il est enfin un troisième mode de placentation que l'on nomme *centrale,* et que l'on rencontre , par exemple , dans les primulacées. Ici l'ovaire, uniloculaire, privé de cloisons, quoique composé, nous offre dans son centre un corps chargé d'ovules, et sans communication avec ses parois. Ce corps est un *trophosperme* ou *placentaire central.*

La famille des caryophyllées nous présente aussi de nombreux exemples de *placentas centraux.* Mais c'est en quelque sorte d'une manière accidentelle, par la destruction des cloisons de l'ovaire, que ceux-ci deviennent indépendans de ses parois. Dans une fleur caryophyllée très-jeune, les cloisons existent encore, et les placentas sont axiles.

Voilà, Messieurs, tout ce que j'avais à vous dire sur la structure si compliquée de l'ovaire, et sur les diverses dispositions de ses placentas. J'arrive à présent à l'examen des ovules.

Les *ovules,* rudimens des graines et dernière production du végétal, sont de petits bourgeons contenus dans l'ovaire, portés et nourris par le placenta. Comme l'œuf, auquel on les compare en les nommant ovules, ils se séparent, plus tôt ou plus tard, de l'individu qui les a produits, et, s'ils ont éprouvé l'influence de l'organe mâle, ils emportent avec eux le germe d'un être nouveau, semblable sous tous les rapports à celui dont il descend.

Un ovule est donc en même temps le terme et le point de départ de la végétation. Il finit une plante; il en commence une autre. Il est un lien entre plusieurs générations qui se succèdent; il maintient, il perpétue l'espèce.

Les ovules, toujours fort petits à l'époque de la fécondation, sont en général ovoïdes ou globuleux, droits ou plus ou moins courbés sur eux-mêmes. Ils naissent tantôt directement du placenta, tantôt à l'extrémité d'un support particulier, très-mince, qui se détache des côtés du placenta sous les noms de *podosperme*, de *funicule* ou de *cordon ombilical*. Dans le premier cas, les ovules sont dits *sessiles*.

On appelle *hile* ou *ombilic* le point par lequel un ovule tient, soit au placenta lui-même, soit au podosperme. Ce point détermine sa base, et par suite son sommet.

Les ovules ont ordinairement le sommet tourné vers la circonférence de la loge ovarienne quand les placentas sont centraux ou axiles; et au contraire vers le centre lorsque les placentas sont pariétaux. Il est vrai de dire pourtant que rien ne varie comme leur direction. **En** effet, il en est de *dressés*, d'*ascendans*, d'*horizontaux*, de *pendans*, de *suspendus*, etc. On les dit *unisériés* ou *bisériés*, suivant qu'ils sont disposés en un seul ou en deux rangs sur chaque placentaire.

Dans certains cas, les ovules, plus ou moins nombreux, remplissent tellement la cavité dans laquelle ils sont contenus, qu'ils se pressent les uns les autres, se gênent dans leur développement, se déforment et finissent par devenir aplatis ou polyédriques, d'arrondis qu'ils étaient à l'origine.

L'organisation des ovules est d'une étude fort délicate et bien difficile, à cause de l'extrême petitesse des parties; elle n'est même connue, jusqu'à présent, que d'une manière imparfaite. Je me contenterai de vous en dire quelques mots.

Chaque ovule, né sous la forme d'un mamelon celluleux presque imperceptible, grossit insensiblement, devient ovoïde, et constitue bientôt une espèce de noyau homogène appelé *nucelle* ou *nucleus*. Plus tard, le nucelle se complique pour l'ordinaire d'une ou même de deux membranes superposées et concaves, dans lesquelles il se montre enchassé comme un gland dans sa cupule.

Ces deux membranes, d'abord sous l'apparence d'un double bourrelet circulaire qui entoure la base du *nucleus* et s'élève peu à peu vers sa pointe, finissent par l'envelopper complètement à la manière d'un double sac. Elles n'adhèrent néanmoins qu'à sa base, et conservent à son sommet une petite ouverture désignée sous le nom de *micropyle*. On appelle encore *exostome* l'ouverture de la membrane externe, et *endostome* celle de l'interne.

Mais le nucelle est quelquefois réduit à une seule enveloppe, comme dans le noyer par exemple; il peut être même tout-à-fait nu, comme dans le gui.

Et qu'il soit nu, couvert d'un seul ou de deux tégumens, il ne tarde pas à se creuser d'une cavité centrale au sein de laquelle s'organise ensuite un petit sac lui adhérant seulement par les deux bouts . et nommé *sac embryonnaire* ou *amnios.*

Enfin . aussitôt après la fécondation , un tout petit corps apparaît dans la cavité close de l'amnios ; c'est *l'embryon* qui commence à poindre. Il est suspendu par un filet extrêmement grêle . né de la paroi supérieure du sac et appelé *suspenseur.*

Ainsi les ovules , dans leur état le plus compliqué, se composent d'un *nucelle* couvert de *deux tégumens*, et creusé d'une cavité que tapisse l'*amnios*, enveloppe immédiate de l'*embryon.*

Ces enveloppes . ces espèces de sacs emboîtés les uns dans les autres pour constituer un ovule , sont tous exclusivement formés de tissu cellulaire. Mirbel en compte cinq , et, les distinguant d'après leur ordre de superposition . il les nomme *primine* , *secondine, tercine, quartine* et *quintine.*

La tercine n'est autre que le nucelle , comme la quintine correspond à l'amnios. Quant à la quartine , c'est une mince membrane qui double quelquefois, en dehors, le sac embryonnaire , et dont nous n'avions rien dit parce qu'elle n'est que passagère et très-rare.

C'est par le hile que les vaisseaux du placenta pénètrent dans l'intérieur de l'ovule. Au dessous, ils rencontrent généralement le point très-circonscrit par lequel la primine adhère à la secondine, sorte d'ombilic interne qu'on est convenu d'appeler *chalaze.* Après la chalaze , les vaisseaux placentaires atteignent le nucelle.

Mais l'ovule peut se courber sur lui-même de manière à rapprocher plus ou moins son sommet de sa base. La chalaze, dès-lors, au lieu de rester en rapport avec l'ombilic, comme lorsque l'ovule est droit, s'en éloigne du côté de la convexité ; et les vaisseaux du placenta, dans le trajet qu'ils font sous le tégument externe pour se rendre de l'ombilic jusqu'à elle, dessinent en dehors un petit cordon que l'on nomme *raphé*.

Il est des espèces où le funicule, avant de plonger ses vaisseaux dans le hile, fournit une expansion particulière qui, recouvrant plus ou moins l'ovule, simule un troisième tégument. On donne le nom d'*arille* à cette production du placenta.

Nous n'insisterons pas davantage sur ces détails concernant des organes que nous devons retrouver bientôt à l'état de graine. Revenons au style et au stigmate dont vous n'avez encore qu'une notion fort incomplète.

Le *style*, partie accessoire de l'organe femelle, surmonte l'ovaire, et porte à son sommet le stigmate. Quand il manque, le stigmate, appliqué directement sur l'ovaire, est dit *sessile*.

Ordinairement filiforme, aminci de bas en haut, rarement de haut en bas, le style est parfois élargi, coloré, *pétaloïde*, ainsi que les iris nous en offrent un exemple.

Il s'élève en général du sommet de l'ovaire ; assez souvent néanmoins il naît de ses côtés, quelquefois même de sa base ; en d'autres mots, il est *terminal*, comme dans les crucifères ; *latéral* comme dans la plupart des rosacées ; ou *basilaire*, comme dans le fraisier.

A vrai dire, le style part toujours du sommet anatomique de l'ovaire ; au moment de sa naissance, il est constamment terminal. S'il devient plus tard latéral ou basilaire, c'est que l'ovaire se développe davantage d'un côté que de l'autre ; et que par suite son sommet géométrique dépasse plus ou moins son sommet organique.

Le style est *simple* toutes les fois qu'il fait partie d'un carpelle simple lui-même, comme celui du cerisier, du prunier, etc.

Mais il n'est pas rare de trouver aussi plusieurs styles simples et distincts sur un ovaire composé. Leur nombre alors répond exactement à celui des loges ou des feuilles carpelliennes de l'ovaire qu'ils surmontent, de façon qu'il suffit de les compter pour connaître la composition de cet ovaire, ainsi qu'il vous sera facile de vous en convaincre en opérant sur les diverses nigelles.

Les styles simples qui se développent sur un ovaire composé peuvent, au lieu de rester distincts, se réunir, soit en partie, soit en totalité ; d'où résulte un *style composé*.

Lorsqu'ils n'adhèrent entre eux que par leur base, on dit, suivant leur nombre, que le style composé est *biparti, triparti,* etc. Il est *bifide, trifide,* etc., quand la soudure s'étend plus haut, sans cependant être complète. Dans le groseillier à maquereau le style est biparti : il est multifide dans les mauves.

Le style tombe en général peu de temps après la fécondation. Il est pourtant des plantes, entre autres les crucifères, les anémones, les clématites, où il persiste et fait partie du fruit. Dans les clématites, les pulsatilles, la benoite, etc., on le voit même acquérir un certain développement, après que la fécondation s'est effectuée.

Quant au *stigmate*, nous l'avons déjà dit, c'est la partie du carpelle à laquelle s'attachent les granules polliniques dont la fovilla doit pénétrer jusqu'à l'ovaire.

Il termine le style, ou bien il est *sessile* et repose immédiatement sur l'ovaire, lorsque le style n'existe pas, comme dans la tulipe, les pavots, etc.; sa surface, toujours dépourvue d'épiderme, est humide, visqueuse, souvent inégale, d'un aspect glanduleux.

Dans un carpelle simple, le stigmate est unique et simple aussi. Dans un carpelle composé muni de plusieurs styles distincts, chaque style est terminé par son stigmate; comme dans un style composé pourvu de plusieurs divisions, chacune de celles-ci porte le sien. Mais si le style composé se montre sans divisions, son stigmate à son tour sera composé.

Le stigmate, sessile ou non, est généralement *terminal;* assez souvent néanmoins il est *latéral.* Il peut être *globuleux, hémisphérique, trigone, bilobé,* etc.; *bifide, trifide,* etc.; *linéaire, filiforme.* Dans ce dernier cas, il est quelquefois *plumeux,* c'est-à-dire muni sur ses côtés de petits poils disposés comme les barbes d'une plume; tel est par exemple le stigmate de beaucoup de graminées.

Dans les pavots, le stigmate s'élargit en une espèce de bouclier crénelé qui couronne l'ovaire, et sur lequel se dessinent en relief autant de rayons qu'il y a, dans l'organe, de trophospermes ou de feuilles carpelliennes ; on le dit *pelté*.

Tels sont, Messieurs, les nombreux organes qui, dans la plupart des végétaux, constituent la fleur, partie si complexe, en même temps que si importante. Ces organes, vous les avez vus se grouper en quatre verticilles superposés ou inscrits les uns dans les autres, et ces verticilles, vous les avez successivement étudiés sous les noms de *calice*, *corolle*, *androcée* et *gynécée*.

Il est temps d'ajouter que, dans certaines fleurs, un cinquième verticille se développe entre l'androcée et le gynécée, verticille accessoire qui reçoit la dénomination de *disque*, et que l'on considère généralement comme une réunion d'étamines transformées.

De nature ordinairement glandulaire, le disque, de même que les autres verticilles floraux, se compose de parties, tantôt libres, comme dans la giroflée jaune par exemple, où il consiste en quatre petites glandes distinctes ; tantôt réunies en un seul corps, ainsi qu'on peut le voir dans la sauge, le muflier, etc.

Toutes les fois que le disque existe, les organes mâles et les organes femelles, alternant avec ses parties constituantes, se montrent opposés entre eux ; de telle sorte qu'on croirait la loi d'alternance en défaut, si l'on ne tenait compte de ce verticille qui est venu se cacher au fond de la fleur, entre les étamines et les carpelles.

Le disque peut affecter, par rapport à l'ovaire, trois positions différentes, que l'on exprime par les adjectifs *hypogyne, périgyne, épigyne.*

Un disque est hypogyne quand il se trouve placé sous l'ovaire ou autour de sa base: tel est celui des labiées et des crucifères.

Il est périgyne lorsque, s'étendant sur la face interne du tube calicinal, il entoure l'ovaire, ainsi que cela a lieu dans beaucoup de rosacées, par exemple.

Enfin, si l'ovaire est infère, adhérant conséquemment au calice par toute sa surface, le disque semble appliqué sur son sommet, et c'est alors qu'on le dit épigyne. Il est tel dans les ombellifères, les rubiacées, etc.

Les étamines suivent toujours le disque dans ses rapports avec l'ovaire; elles sont, comme lui, hypogynes, périgynes ou épigynes. Quand la corolle est monopétale, elle porte les étamines, et alors c'est elle qui est épigyne, périgyne ou hypogyne.

On a souvent décrit le disque sous le nom de *nectaire,* mot vague dont Linné se servait pour désigner toutes les parties qui, dans les fleurs, sont glanduleuses ou de forme irrégulière, insolite, telles par exemple que les éperons des ancolies, des dauphinelles, des linaires, de la capucine, etc.

De nos jours, on restreint cette dénomination à des glandes particulières sécrétant, dans certaines fleurs, un liquide mielleux, le *nectar* que vont y puiser les insectes.

ONZIÈME LEÇON.

DU FRUIT.

Peu de temps après la fécondation, la plupart des élémens de la fleur, ayant accompli le vœu de la nature, se flétrissent et tombent, devenus désormais inutiles. Ainsi l'on voit se faner et disparaître les étamines, les pétales, presque toujours le style chargé de son stigmate, le plus souvent aussi le calice lui-même.

Cependant, au milieu de cette destruction générale, un organe persiste qui vient d'acquérir une importance, une activité nouvelles, et dont l'accroissement va faire chaque jour de nouveaux progrès. Vous devinez, Messieurs, que je veux parler de l'ovaire, ou plutôt *du fruit;* car la fécondation a tout changé dans la fleur, jusqu'au nom de ses parties constituantes.

Le *fruit*, résultat de la fécondation et produit de la fleur, peut donc être défini : *un ovaire fécondé.* Il est le dernier des organes de la plante; il doit faire l'objet de cette leçon, la dernière de notre cours d'organographie végétale.

Arrivés au terme de leur accroissement, les fruits nous présentent, suivant les espèces, la plus grande diversité, soit dans leur structure, soit dans leurs caractères extérieurs.

Il en est de toutes les dimensions, depuis les plus petits, à peine visibles, jusqu'aux plus gros, dont le diamètre peut atteindre soixante, soixante-dix centimètres. Leur volume, souvent en rapport avec celui des fleurs, contraste fréquemment au contraire avec la taille du végétal qui les porte. C'est ainsi, par exemple, que le gland. dont les dimensions sont assez minimes, se développe sur le plus majestueux de nos arbres; tandis que la citrouille. si remarquable par son grand volume, est le produit, comme vous savez, d'une herbe faible et rampante.

Le fruit ne varie pas moins par sa forme que par ses dimensions. Il peut être *globuleux; ovoïde ; turbiné,* en forme de toupie: *oblong; cylindrique; comprimé,* aplati latéralement: *déprimé,* aplati de haut en bas; *anguleux, moniliforme, droit, arqué, contourné en spirale,* etc.

Son sommet, obtus ou aigu, se montre couronné, soit par un rebord particulier qu'y a laissé le limbe calicinal, soit même par les dents du calice. toutes les fois que l'organe provient d'un ovaire infère ou de plusieurs ovaires pariétaux, comme on le voit dans la grenade, la pomme, la poire, etc. Il est quelquefois surmonté d'une aigrette *sessile* ou *stipitée*, *simple* ou *plumeuse*, toujours produite par le limbe calicinal, et très-commune dans la famille des synanthérées, ainsi que nous avons eu l'occasion de le dire ailleurs. D'autres fois, le fruit porte à son sommet une *pointe*, un *bec*, un appendice très-variable sous tous les rapports. Cet appendice, dont on trouve un exemple dans les crucifères, les clématites, etc., n'est autre chose qu'un style persistant.

Tantôt lisse, tantôt rugueuse, la surface des fruits peut être striée, sillonnée, relevée de tubercules, garnie de pointes molles ou raides. Elle offre souvent, comme dans le melon, des côtes plus ou moins distinctes, représentant chacune une feuille carpellaire. Il est des fruits pourvus, à leur surface, de larges membranes en forme d'ailes; tels sont entre autres ceux des érables.

A l'époque de leur maturité, les fruits épais et charnus se parent fréquemment des plus vives couleurs : les uns deviennent rouges, les autres d'un beau jaune-doré ; ceux-ci se montrent blancs, ceux-là bleus, ou violets, ou pourpre-noirs. etc. ; certains réunissent même plusieurs teintes différentes. Quant aux fruits secs, ils n'ont en général que des nuances ternes : ils sont pâles, grisâtres, roussâtres, bruns ou noirs.

La plupart des fruits sont inodores, quelques-uns cependant possèdent une odeur plus ou moins forte qui décèle presque toujours la nature de leurs propriétés. Un fruit comestible est inodore ou d'une odeur agréable ; un fruit à odeur vireuse, repoussante, n'est jamais comestible.

Puisque le fruit n'est qu'un ovaire fécondé, sa structure doit être essentiellement la même que celle de l'ovaire, et en effet les différences qu'on y observe ne dépendent en général que de modifications peu importantes survenues lors de son développement.

Deux sortes de parties concourent à la composition du fruit : l'une, extérieure, accessoire, est appelée *péricarpe* ; l'autre, profonde, essentielle, consiste en une ou plusieurs *graines*. Occupons-nous d'abord du péricarpe : nous décrirons ensuite la graine.

Le *péricarpe*, représentant les parois de l'ovaire, est une espèce de boîte close de toutes parts, creusée d'une ou de plusieurs cavités qui renferment la graine ou les graines.

Dans certains fruits, notamment ceux des graminées, des labiées, etc., le péricarpe, très-mince et adhérant d'une manière intime à la graine, semble au premier abord ne point exister. Dans beaucoup d'autres, au contraire, il acquiert une épaisseur remarquable.

On reconnaît dans le péricarpe trois parties superposées et distinctes : en dehors, une membrane appelée *épicarpe* ; à l'intérieur, une autre membrane que l'on nomme *endocarpe* ; et entre les deux, une substance vasculo-parenchymateuse désignée sous le nom de *mésocarpe*.

L'*épicarpe*, nommé vulgairement la *peau* du fruit, l'enveloppe en effet comme une espèce de tégument très-mince, adhérant plus ou moins au mésocarpe. Dans les fruits libres, il est formé par l'épiderme extérieur de l'ovaire; tandis que, dans les fruits provenant d'un ovaire infère ou de plusieurs pariétaux, l'épicarpe représente le calice, lequel alors, au lieu de tomber, persiste, s'unit, se confond avec le mésocarpe, le suit dans tous ses développemens.

Le *mésocarpe*, base du péricarpe, contient, en même temps que du tissu cellulaire, tous les vaisseaux nourriciers du fruit. Il acquiert fréquemment beaucoup d'épaisseur. C'est lui qui constitue la chair, la substance succulente que nous mangeons dans la pomme, la poire, la pêche, le melon, et autres fruits charnus. Il mérite alors, à juste titre, le nom de *sarcocarpe* qu'on lui donne quelquefois.

Mais au contraire, dans certains fruits secs, le mésocarpe est si mince, qu'on serait tenté de révoquer en doute son existence, surtout après la dessiccation qui, dans ces fruits, accompagne toujours la maturité. Cependant il suffit, dans ce cas, de regarder avec soin entre l'épicarpe et l'endocarpe pour y découvrir quelques vaisseaux rompus et desséchés, c'est-à-dire les vestiges d'un mésocarpe, puisque celui-ci est de toutes les parties du péricarpe la seule qui renferme des vaisseaux.

L'*endocarpe*, enfin, se présente en général sous la forme d'une membrane très-fine, sorte d'épiderme qui, adhérant au mésocarpe, tapisse toute la cavité séminifère du fruit. Assez souvent néanmoins il acquiert une épaisseur considérable aux dépens du mésocarpe , en même temps que , s'imprégnant de matière ligneuse , il devient extrêmement dur. L'endocarpe forme alors ce qu'on appelle une *noix* ou un *noyau* , quand il n'existe qu'une loge dans le fruit ; et des *nucules* , lorsqu'il y en a plusieurs.

Nous trouvons l'exemple d'un endocarpe mince, membraneux , dans le fruit du pois ; celui d'un noyau dans une cerise ; et celui de cinq nucules dans la nèfle.

Le péricarpe, constamment formé des trois parties que nous venons de décrire , est *simple* ou *composé* , *uniloculaire* ou *pluriloculaire* , comme le fruit tout entier , comme l'ovaire lui-même.

Il va sans dire qu'un péricarpe simple est toujours uniloculaire ; tandis qu'un péricarpe composé peut être uniloculaire ou pluriloculaire. Dans ce dernier cas , les loges plus ou moins nombreuses du péricarpe sont séparées , de même que celles de l'ovaire , par des cloisons longitudinales complètes ou incomplètes.

Chacune de ces cloisons est formée de deux feuillets d'endocarpe simplement adossés ou réunis en une seule lame , souvent séparés l'un de l'autre par une couche plus ou moins épaisse de mésocarpe. A l'époque de la maturité , cette couche cellulo-vasculaire disparaît quelquefois en grande partie , d'où résulte entre les deux feuillets de la cloison un vide qui peut simuler jusqu'à

un certain point une loge , mais dont on reconnaît aisément l'origine aux débris de vaisseaux qui existent
encore sur ses parois.

Il est des fruits où de fausses cloisons . simples replis
de l'endocarpe , se développent après la fécondation ,
presque toujours transversalement , de manière à diviser
chaque loge en un certain nombre de compartimens superposés. C'est par exemple ce qui arrive dans le fruit de
plusieurs légumineuses , notamment dans la casse.

Les placentas eux-mêmes, en s'élargissant , donnent
quelquefois naissance à de fausses cloisons complètes
comme dans les crucifères, ou incomplètes comme dans
les pavots. Ces fausses cloisons, portant les graines à
leur surface , ne peuvent être confondues avec les précédentes qui séparent les graines sans jamais y adhérer.
On les distingue facilement en outre des cloisons vraies
à leur composition plus simple , ne présentant qu'une
lame ; et aussi en ce qu'elles sont toujours opposées aux
stigmates , au lieu d'alterner avec eux comme les vraies
cloisons.

Mais les placentas ou trophospermes n'affectent que
par exception cette forme de lames divisant plus ou
moins la cavité du péricarpe. Chacun d'eux consiste ordinairement , dans le fruit comme dans l'ovaire , en un
cordon simple ou double , espèce de rameau cellulo-vasculaire émané de l'axe floral , et chargé de nourrir la
graine ou les graines, en leur servant en même temps de
support , soit directement , soit par une division secon-

daire que nous avons déjà nommée *podosperme*. L'endocarpe s'interrompt pour laisser passer les vaisseaux qui
du placenta se rendent à la graine.

Nous savons que , dans certains cas , le placenta ou le
podosperme donne naissance à une expansion membrani-
forme qui recouvre, sous le nom d'*arille*, une partie plus
ou moins considérable de la graine, et l'enveloppe même
quelquefois entièrement, comme vous pourrez le voir
dans la passiflore, par exemple.

Il est aussi des graines recouvertes d'une membrane
particulière que l'on confond souvent avec l'arille, et qui
pourtant n'a pas la même origine , car elle part du micropyle, au lieu d'émaner du trophosperme. Cette membrane , qu'on a récemment proposé d'appeler *arillode*,
est regardée comme un simple renversement du tégument
propre de la semence. Dans la noix muscade , elle est
rose, charnue, déchirée en lanières ; elle porte en phar-
macie le titre de *macis*.

Ajoutons enfin que les placentas, conservant dans le
fruit la position qu'ils avaient dans l'ovaire , sont *centraux* , *axiles* ou *pariétaux ;* distinction dont nous nous
sommes suffisamment occupés ailleurs, et que nous devons nous contenter de rappeler aujourd'hui.

On pourrait croire, d'après ce qui précède, que toutes
les parties constituantes de l'ovaire se développent, dans
le fruit, constamment et avec régularité. Hâtons-nous de
dire qu'il n'en est rien , et que, dans beaucoup de cas
au contraire, des avortemens viennent modifier l'organe

d'une manière notable, en troublant, en masquant la symétrie de son organisation primitive.

Ainsi, pour ne citer qu'un exemple, le fruit du marronnier d'inde, pourvu d'une seule loge et d'une seule graine attachée sur le côté, provient cependant d'un ovaire à trois loges renfermant chacune deux ovules fixés à des placentas axiles.

Vous devinez sans doute ce qui s'est passé dans cet exemple, après la fécondation. Tous les ovules ont avorté à l'exception d'un seul devenu la graine; celle-ci, en se développant, a dilaté sa loge au point d'effacer les deux voisines dont les cloisons, insensiblement rapprochées, ont fini par se confondre; et en même temps l'unique placenta qui a persisté s'est éloigné peu à peu du centre pour prendre une position de plus en plus latérale.

Les graines sont quelquefois noyées au milieu d'une matière pulpeuse qui se développe après la fécondation et qui remplit les loges du péricarpe. Dans l'orange, par exemple, chaque quartier n'est autre chose qu'une loge, ayant pour parois l'endocarpe, contenant les graines, et remplie d'une pulpe très-succulente qui est la seule partie bonne à manger. Quant à la peau de l'orange, elle est formée par l'union de l'épicarpe et du mésocarpe.

Parmi les fruits *pulpeux*, il en est dont la pulpe dépend du péricarpe, et c'est précisément le cas de l'orange; tandis que chez d'autres, comme la grenade et la groseille, la pulpe se développe, non pas sur les parois du péricarpe, mais à la surface des graines.

Entourées ou non de matière pulpeuse, les graines acquièrent tout leur développement à l'époque de la maturité du fruit; et ce n'est qu'après s'être échappées de leur loge protectrice, qu'elles sont susceptibles de germer, c'est-à-dire d'accomplir leur destination en fournissant une plante nouvelle.

Or, dans les fruits charnus et dans bon nombre de fruits secs, c'est en se décomposant, plus tôt ou plus tard, que le péricarpe libère ses graines; tandis que, dans les autres, il s'ouvre naturellement à la maturité, sans se détruire. De là deux espèces de fruits : les premiers nommés *indéhiscens*; et les seconds *déhiscens*.

Parmi les fruits déhiscens, il en est dont le péricarpe est dit *ruptile*, parce qu'il se rompt en fragmens irréguliers; d'autres, notamment ceux des mufliers, livrent passage à leurs semences au moyen de simples trous qui se forment à leur partie supérieure; certains s'ouvrent à leur sommet par des dents qui s'écartent peu à peu les unes des autres; tels sont par exemple les fruits de beaucoup de caryophyllées.

Mais dans les véritables fruits déhiscens, le péricarpe se partage régulièrement en pièces distinctes que l'on désigne sous le nom de *valves*, et reçoit lui-même, suivant le nombre de ces pièces, les qualifications de *bivalve, trivalve, quadrivalve.... multivalve*. Le péricarpe est bivalve dans les pois, et multivalve dans la balsamine.

Avant la déhiscence, les valves sont généralement indiquées, à la surface du fruit, par des sutures de plusieurs sortes. Dans un fruit simple, il peut y avoir deux sutures : l'une *ventrale*, réunissant les deux bords de la feuille carpellienne; l'autre *dorsale*, correspondant à sa nervure médiane.

Les sutures ventrales, dans un fruit multiloculaire, sont au centre, et par conséquent cachées. Elles n'existent pas dans les fruits à la fois composés et uniloculaires.

Quant aux sutures dorsales, constamment apercevables au dehors, elles peuvent aussi manquer; lorsqu'elles se montrent sur un fruit composé, c'est toujours simultanément avec d'autres en même nombre et appelées *marginales*, lignes de démarcation entre les diverses feuilles carpelliennes qui constituent le fruit.

Cela posé, disons que la déhiscence valvaire peut s'effectuer d'après trois modes qui l'ont fait distinguer en *septicide*, *loculicide* et *septifrage*.

La *déhiscence septicide* a lieu par les sutures marginales, par le décollement des cloisons, dont les deux lames se séparent l'une de l'autre; les valves qui en résultent représentent autant de carpelles simples et complets.

Dans la *déhiscence loculicide*, c'est la suture dorsale qui cède. Les loges restant fermées latéralement s'ouvrent donc par leur paroi externe; et chaque valve, composée de deux moitiés de carpelle, tient à une cloison par son milieu.

Or, que les valves se détachent de leur cloison correspondante, ce qui arrive quelquefois, et l'on aura la déhiscence *septifrage*.

Ces cloisons ainsi dépouillées de leurs valves peuvent se maintenir long-temps encore à leur place. En général cependant, les cloisons, quel que soit le mode de déhiscence, ne tardent point à tomber; et l'on voit parfois alors l'axe du fruit persister, s'élever en forme de colonne cylindrique, conique ou prismatique. Les botanistes donnent le nom de *columelle* à cette colonne, tantôt libre, tantôt chargée des placentas et de leurs graines.

Septicide dans les scrophulaires, la déhiscence est loculicide dans le lys, et septifrage dans la pomme épineuse. Vous trouverez dans les euphorbes un exemple de columelle.

Passons à la description de la graine.

La *graine*, toujours contenue dans le péricarpe, n'est autre chose qu'un ovule fécondé. En général néanmoins sa structure n'est pas la même que celle de l'ovule; elle subit, en se développant, de nombreuses modifications.

On y retrouve quelquefois, il est vrai, toutes les membranes constituantes de l'ovule; mais le plus souvent, au contraire, certaines de ces membranes s'y effacent; tandis que les autres acquièrent un développement et une forme remarquables.

Ainsi, dans la plupart des espèces, les tégumens de l'ovule, après la fécondation, se soudent, se confondent en un seul; ou bien l'un des deux, ordinairement l'interne, s'amincissant peu à peu, finit par disparaître. Il n'est pas rare non plus que le nucelle, distendu, refoulé de dedans en dehors par le sac embryonaire, s'accolle d'une manière intime au tégument; ou même qu'il s'atrophie, qu'il disparaisse à son tour par résorption.

En même temps le sac embryonaire, plus constant dans son existence, se remplit d'un liquide mucilagineux destiné à la nourriture de l'embryon, qui doit l'absorber, soit en entier, soit en partie seulement. Dans ce dernier cas, la portion de liquide réservée, se transformant d'abord en tissu cellulaire, ne tarde pas à se solidifier plus ou moins; elle constitue un corps particulier désigné sous le nom de *périsperme*.

Quant à l'embryon, il naît au moment de la fécondation dans une simple vésicule contenant une substance demi-fluide chargée de granules. Au sein de cette substance, on voit apparaître une cellule, puis plusieurs autres qui s'unissent entre elles, se multiplient, brisent bientôt la vésicule mère.... c'est l'embryon qui se forme; il va s'accroître insensiblement jusqu'à la maturité de la graine, dans laquelle à l'avenir tout lui sera subordonné.

Mais supposons la graine ayant subi toutes les modifications dont elle est susceptible, et, sans nous préoccuper de ce qu'elle fut, voyons-la telle qu'elle est à l'époque de son complet développement.

La graine, comme l'ovule, tient au placenta par un point qui, sous la dénomination d'*ombilic* ou de *hile*, détermine sa base. Elle offre les mêmes particularités de forme, de position, de direction que l'ovule, et les mêmes noms servent à les désigner.

Une graine est constamment formée de deux parties distinctes : d'un *épisperme* et d'une *amande*.

L'*épisperme*, tégument propre de la graine, enveloppe de toutes parts l'amande. Il est composé, tantôt d'une seule tunique, tantôt de deux membranes dont une interne, mince, transparente ; l'autre externe, plus épaisse, plus dure et nommée *testa*.

En général, l'épisperme, simplement appliqué sur l'amande, s'en sépare avec facilité ; dans certaines graines cependant il y adhère d'une façon si intime que, pour l'enlever, il faut le gratter avec un couteau, ou bien avoir recours à la macération.

On observe quelquefois, à la surface de l'épisperme, des arêtes, des plis, des appendices membraneux, mêmes des poils. Ce sont, par exemple, les poils fournis par l'épisperme du cotonnier qui constituent le coton.

L'ombilic apparaît constamment sur l'épisperme comme une cicatrice de forme et d'étendue variables. Souvent très-circonscrit, il occupe une assez grande surface dans quelques végétaux, notamment dans le marronnier d'inde, où sa couleur est blanche, tandis que le reste de la graine réfléchit une teinte brune.

C'est aussi sur l'épisperme que l'on distingue la chalaze, le micropyle et le raphé quand il existe ; toutes choses qui sont dans la graine à peu près ce qu'elles étaient dans l'ovule.

L'*amande*, recouverte immédiatement par l'épisperme,
ne paraît point avoir de communications vasculaires avec
lui , du moins quand la graine est mûre. Dans certaines
graines , comme celle du haricot , du pois , elle ne comprend que l'*embryon* ; mais dans la plupart , elle présente en outre une partie accessoire que nous avons déjà
nommée *périsperme.*

Le *périsperme* , encore appelé *endosperme* , est un
dépôt de nourriture que l'embryon absorbe pendant l'acte
de la germination. Simplement en contact avec l'embryon,
ou l'entourant de sa substance , il ne contracte avec lui
aucune communication vasculaire.

C'est une masse de tissu cellulaire imprégnée de principes divers et très-variable par ses caractères physiques.
Il est *farineux* , gorgé de fécule dans le blé , l'orge , le
maïs , etc. ; *charnu* , *oléagineux* dans le ricin et autres
euphorbiacées ; *coriace* , en quelque sorte *cartilagineux*
dans un grand nombre d'ombellifères ; *corné* dans le café ;
mince , *membraneux* dans la plupart des labiées.

L'*embryon* enfin , germe d'un végétal nouveau , constitue la seule partie essentielle de la graine , par conséquent du fruit. Tout , autour de lui , n'est qu'accessoire ,
disposé pour le nourrir et pour l'abriter contre les acci-
dens extérieurs.

Il n'existe ordinairement qu'un seul embryon dans
chaque graine ; et, suivant qu'il remplit à lui seul la cavité de l'épisperme, ou qu'il s'y trouve accompagné d'un
périsperme , on le dit *épispermique* ou *endospermique.*

L'embryon endospermique varie dans ses rapports avec le périsperme. Il est tantôt *intraire* , caché dans la substance du périsperme , comme la garance en offre un exemple : tantôt *extraire*, situé en dehors , comme dans le froment et autres graminées ; il s'enroule quelquefois autour de l'endosperme et prend alors l'épithète de *périphérique* ; tel est celui de la belle de nuit.

Toujours fort petit , surtout lorsqu'il est endospermique , l'embryon peut être globuleux , ovoïde , allongé , cylindrique , plus ou moins aplati , droit ou courbé , annulaire , contourné en spirale , etc. On le dit *dressé* , s'il a la même direction que la graine , sa base correspondant au hile ; il est *renversé*, quand c'est au micropyle que sa base répond.

Sous ses dimensions si minimes , l'embryon offre déjà les principales parties constituantes du végétal adulte ; on y distingue généralement une *radicule , une *tigelle* , un *corps cotylédonaire* et une *gemmule*.

Appelée à se transformer en racine , la *radicule* est une des extrémités de l'embryon , celle qui en constitue la base : sa tendance caractéristique , pendant la germination , est de s'accroître de haut en bas , quelle que soit la position de la graine.

La radicule est tantôt libre , tantôt emprisonnée sous une membrane particulière que l'on nomme *coléorhize*. Elle est libre dans les plantes dicotylédones , appelées aussi pour cette raison plantes *exorhizes*. Elle se présente alors comme une petite pointe , n'ayant qu'à s'al-

longer pour former une racine dont la base est nécessairement unique.

Dans les plantes monocotylédones ou *endorhizes*, la radicule consiste en un mamelon ou tubercule qui s'allonge
lors de la germination , pousse devant lui la coléorhize ,
la déchire et s'enfonce dans la terre à la manière d'un
pivot très-délié. D'autres mamelons naissent en général
autour du premier , s'allongent , percent comme lui la
coléorhize , et fournissent autant de fibres radicales .
c'est-à-dire une racine à base multiple dont le pivot central ne tarde pas ordinairement à tomber.

Au dessus de la radicule , s'élève la *tigelle* , support
très-mince , plus ou moins court , qui soutient le corps
cotylédonaire et se termine supérieurement par la gemmule. La tigelle est peu distincte dans certaines dicotylédones ; elle est nulle dans la plupart des monocotylédonées.

Le *corps cotylédonaire* , formant en quelque sorte les
mamelles du petit végétal contenu dans la graine .
s'épuise pendant la germination , en le nourrissant de
sa substance , et disparaît peu de temps après.

Lorsque l'embryon est épispermique , le corps cotylédonaire , chargé seul de fournir à son premier développement , présente souvent une épaisseur assez considérable; tandis qu'il est toujours fort mince quand il a
pour auxiliaire un périsperme un peu volumineux.

Très-variable par sa forme, le corps cotylédonaire
est composé d'une seule ou de deux pièces que l'on

nomme *cotylédons*. Dans le premier cas, le cotylédon unique porte sur un de ses côtés une petite fente, entrée d'une cavité fort étroite où la gemmule est enfermée ; dans le second cas, les deux cotylédons, appliqués l'un contre l'autre, cachent la gemmule entre leurs deux bases.

Vous savez que la distinction des plantes en monocotylédones et dicotylédones repose sur cette différence de l'embryon. Il est bon de savoir aussi que certains végétaux conifères, quoique rangés dans la classe des dicotylédones, présentent, non pas deux, mais trois, quatre, cinq, et jusqu'à douze cotylédons.

Quant à la *gemmule*, elle n'est autre chose qu'un tout petit bourgeon terminant l'embryon du côté opposé à la radicule, et formé d'une ou de plusieurs feuilles en miniature, presque imperceptibles. Pendant la germination, elle s'accroît en sens inverse de la radicule. C'est de son sein que s'échappent la tige, les feuilles, tous les organes du système ascendant.

Les feuilles de la gemmule, dans les embryons dicotylédonés, sont en général finement plissées et diversement appliquées entre elles. Dans les monocotylédonés, on ne trouve qu'une seule feuille roulée sur elle-même, ou plusieurs emboîtées les unes dans les autres.

A cela se bornent, Messieurs, les détails assez minutieux que j'avais à vous présenter sur le péricarpe et sur la graine. Ils nous ont montré le fruit comme un organe extrêmement complexe, susceptible des plus nombreuses modifications dans sa structure ainsi que dans ses apparences extérieures. Or, ces modifications, la plupart d'une constance remarquable, constituent des caractères que le botaniste fait puissamment concourir à la détermination et à la coordination des espèces ; il importait de vous les faire connaître.

Les fruits ont été classés de diverses manières ; et les plus communs reçoivent des noms particuliers qu'il n'est pas permis de passer sous silence ; car ils sont très-souvent usités dans le langage de la botanique descriptive. **Nous** devons donc consacrer un moment à ce dernier point d'organographie végétale. Tâchons de le simplifier autant que possible.

On peut distinguer les fruits en *apocarpés*, *syncarpés* et *agrégés*.

Les *fruits apocarpés* sont ceux qui proviennent, soit d'un carpelle simple et isolé, soit de plusieurs rassemblés, mais distincts dans une même fleur. Ils sont *indéhiscens* ou *déhiscens*, *charnus* ou *secs*.

On donne le nom de *drupe* à un fruit apocarpé indéhiscent, pourvu d'un noyau monosperme et d'un sarcocarpe succulent, très-épais ; tels sont la pêche, l'abricot, la prune et la cerise.

Une *noix* ne diffère d'une drupe que par un peu moins d'épaisseur dans son péricarpe ; on en trouve un exemple dans le noyer, dans l'amandier.

Les fruits apocarpés indéhiscens et secs n'ont pas de noyau. Les uns sont des *cariopses*: les autres des *akènes*.

Un *cariopse* est un fruit monosperme dont le péricarpe, très-mince, est uni si intimement avec la graine, qu'il semble ne point exister.

L'*akène* en diffère par son péricarpe libre, non adhérent avec le tégument propre de la graine.

Toutes les graminées, le froment, l'orge, le maïs, etc., ont pour fruit un cariopse. Celui des synanthérées est un akène.

Quant aux fruits apocarpés déhiscens, ils sont toujours secs, et ils comprennent des *follicules*, des *gousses*, des *coques*.

Un *follicule* est un fruit uniloculaire, univalve, s'ouvrant par sa suture ventrale, et renfermant un plus ou moins grand nombre de graines attachées à un seul placenta qui est latéral; exemple : le pied d'alouette, la pervenche, etc.

La *gousse*, ordinairement uniloculaire, bivalve, s'ouvre par ses sutures ventrale et dorsale, et contient plusieurs graines soutenues par un placenta latéral. Ce fruit, qu'on appelle aussi *légume*, a donné son nom à la grande famille des *légumineuses*, dont font partie le haricot, le pois, le baguenaudier, etc.

Il est des gousses qui ont leur cavité divisée en plusieurs compartimens par de fausses cloisons transversales; telle est par exemple la casse. D'autres, notamment celles du sainfoin, sont étranglées de distance en distance, et comme formées de pièces articulées bout à bout, pièces qui se séparent à l'époque de la déhiscence.

On donne en général le nom de *coque* à un fruit dont l'organisation est la même que celle de la gousse, mais qui ne renferme qu'une ou deux semences.

Enfin, lorsque les divers fruits apocarpés dont je viens de vous dire les noms et les caractères se groupent en nombre plus ou moins considérable dans une même fleur, il en résulte ce qu'on appelle un *fruit multiple*. Le fruit des ronces, par exemple, est un fruit multiple, produit par une seule fleur, et composé d'une multitude de très-petites drupes distinctes. Une fraise, une framboise sont aussi des fruits multiples, formés de petits akènes groupés sans se confondre sur un gynophore charnu. Ce sont des follicules qui constituent les fruits multiples des hellébores, des aconits, des pivoines, etc.

Les *fruits syncarpés* ont tous pour origine un ovaire composé; c'est-à-dire la réunion de plusieurs carpelles soudés entre eux. Comme les apocarpés, ils sont *charnus* ou *secs*, *déhiscens* ou *indéhiscens*.

Parmi les fruits syncarpés charnus, lesquels sont tous indéhiscens, je me contenterai de signaler le *nuculaine*, la *mélonide*, la *péponide*, l'*hespéridie* et la *baie*.

Le *nuculaine*, fruit composé de plusieurs drupes réunies et confondues, se caractérise par la présence de plusieurs noyaux ou nucules au milieu de son mésocarpe charnu. Tel est le fruit du néflier, celui du sureau, etc. Quelquefois les nucules se soudent en un seul noyau multiloculaire, ainsi qu'on peut le voir dans le fruit du cornouiller. par exemple.

La *mélonide*, très-répandue dans la famille des rosacées, provient de plusieurs ovaires pariétaux intimement unis avec le calice, qui les enveloppe et qui a pris un développement considérable après la fécondation. Elle porte intérieurement autant de loges que d'ovaires sont entrés dans sa composition ; et chacune de ces loges est tapissée d'un endocarpe cartilagineux. Vous trouverez ces caractères dans la pomme et la poire, les plus communes des mélonides.

La *péponide* est un fruit uniloculaire dont le péricarpe acquiert généralement une épaisseur très-considérable. Ses placentas, portant un grand nombre de graines, sont pariétaux, minces, filamenteux, et simplement appliqués contre les parois de la cavité péricarpienne ; ou bien tellement épais qu'ils remplissent exactement cette cavité. Au nombre des péponides, se trouvent le melon, le concombre, le potiron, etc.

L'*hespéridie*, fruit de l'oranger et du citronnier, présente à l'extérieur une peau épaisse, et en dedans plusieurs quartiers indépendans les uns des autres. Nous avons dit ailleurs que la peau se compose de l'épicarpe et du mésocarpe réunis ; tandis que chaque quartier représente une loge revêtue par l'endocarpe, et remplie d'une substance vésiculeuse, très-succulente, au sein de laquelle sont plongées les graines.

Quant à la *baie*, elle ne se distingue en quelque sorte que par des caractères négatifs ; car on appelle ainsi tout fruit syncarpé charnu qui n'appartient à aucune des espèces précédentes, comme les raisins, les groseilles, les tomates, etc.

Les fruits syncarpés secs et déhiscens sont aussi de diverses sortes; les principaux reçoivent les noms de *silique*, *silicule* et *capsule*.

Une *silique* est un fruit allongé, grêle et bivalve, à deux loges séparées par une fausse cloison médiane. Chacune de ses loges contient plusieurs graines attachées à deux placentas pariétaux qui s'unissent l'un à l'autre pour former la lame médiane.

Ce fruit appartient à un grand nombre de plantes crucifères, notamment à la giroflée commune; il s'ouvre ordinairement en deux valves; quelquefois pourtant, étranglé de distance en distance, il se rompt en plusieurs pièces qui sont comme articulées les unes à la suite des autres.

La *silicule*, diminutif de la silique, offre absolument la même organisation; elle est seulement plus courte, sa longueur ne dépassant pas quatre fois sa largeur. C'est aussi parmi les crucifères que l'on rencontre les silicules, et en particulier dans le pastel, la bourse du pasteur, etc.

La *capsule* varie tellement qu'on ne saurait en donner une définition exacte. Quelquefois allongée, le plus souvent ovoïde, tantôt uniloculaire, tantôt multiloculaire, elle s'ouvre par des trous, par des dents, ou par la séparation complète d'un nombre plus ou moins considérable de valves. Une capsule connue de tout le monde est celle que fournit le pavot.

On appelle *pyxide*, une espèce de capsule s'ouvrant en deux valves superposées, à la manière d'une boîte à savonnette; tel est, par exemple, le fruit de la jusquiame noire.

Arrivons aux fruits syncarpés secs et indéhiscens.

Nous citerons parmi ces fruits le *gland*, la *samare*, la *balauste*, le *polakène*.

Le *gland*, variable sous le rapport de sa forme, se distingue des autres fruits par la cupule qui l'enveloppe, soit en partie, soit en totalité. Cette cupule, vous le savez, est un involucre écailleux dans le chêne, foliacé dans le noisettier, et péricarpoïde dans le châtaignier.

La *samare*, dont on trouve un exemple dans le frêne et les érables, présente à son tour pour caractère distinctif une expansion latérale en forme d'ailes membraneuses, fournie par son péricarpe.

C'est au fruit du grenadier qu'on donne le nom de *balauste;* fruit multiloculaire, à péricarpe coriace, et dont les graines sont revêtues d'une matière pulpeuse, très-succulente.

Le *polakène* est un fruit qui, à l'époque de la maturité, se sépare en plusieurs akènes, c'est-à-dire en plusieurs fruits secondaires monospermes et indéhiscens. Suivant le nombre des akènes qui le composent, ce fruit est nommé *diakène, triakène, tétrakène,* etc. Le fruit des ombellifères est un diakène; celui de la capucine un triakène, et celui des labiées, des borraginées est un tétrakène.

Viennent enfin les *fruits agrégés.*

Les *fruits agrégés* sont bien différens des autres ; car ils proviennent, non pas d'une seule fleur, comme tous ceux qui nous ont occupés jusqu'à présent, mais de plusieurs rapprochées, soit en tête, soit en épi. Chacun d'eux est, à proprement parler, une agrégation de fruits plutôt qu'un fruit.

On pourrait confondre au premier abord un fruit agrégé avec un fruit multiple. Il y a par exemple une grande analogie, du moins en apparence, entre une mure, un ananas et une fraise. Cependant les deux premiers de ces fruits sont le résultat de tout un épi de fleurs dont les calices, devenus charnus, se sont soudés entre eux ; tandis que la fraise, produite par une seule fleur, porte à sa base un calice unique et distinct.

La *figue* est un fruit agrégé tout particulier. Un involucre épais et charnu forme les parois de sa cavité close, et porte à sa face interne, dans cette cavité, une multitude de petits cariopses produits chacun par une petite fleur femelle.

Je dois citer aussi, en terminant, le *cône* ou *strobile*, fruit agrégé qui a fait donner aux plantes qui le portent le nom de *conifères*. C'est une agrégation de samares ou d'akènes cachés à l'aisselle de bractées ligneuses, charnues, libres ou soudées.

Dans les pins et les sapins, le cône présente à peu près la forme indiquée par son nom, et ses bractées protectrices, nombreuses, grandes et ligneuses, sont simplement appliquées les unes sur les autres. Tandis que dans les genevriers, les bractées sont peu nombreuses, charnues et soudées entre elles de manière à donner au fruit la forme d'une petite baie globuleuse.

A notre prochaine réunion, Messieurs, le commencement de la physiologie végétale.

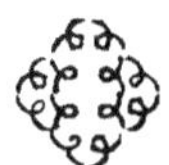

DOUZIÈME LEÇON.

DISSÉMINATION ET GERMINATION.

Parvenus à l'epoque de leur maturité, les fruits ne tardent point à se détacher de la plante sur laquelle ils ont pris naissance. Leur péricarpe s'ouvre ou bientôt il se décompose; et les graines, devenues libres, n'attendent plus pour germer qu'un concours de circonstances favorables.

Mais ces graines, souvent fort nombreuses, ne germent point généralement au pied du végétal qui les a produites. Les individus qui en proviennent seraient trop rapprochés les uns des autres; ils se nuiraient mutuellement; ils ne sauraient venir à l'ombre de la plante-mère. Ce n'est qu'après avoir été dispersées au loin, par des moyens très-divers , que la plupart des graines , subissant les phénomènes de la germination, fournissent de nouveaux individus , séparés ainsi par des distances quelquefois très-considérables.

Or , cette dispersion, cette *dissémination* des graines ou des fruits qui les renferment se présente à nous comme une transition naturelle entre l'organographie et la physiologie végétale ; elle sera , Messieurs , le point de départ des études physiologiques dont nous devons nous occuper dès aujourd'hui.

La dissémination des fruits ou de leurs graines se fait de différentes manières , suivant qu'ils sont charnus ou secs . déhiscens ou indéhiscens.

Il est des fruits charnus dont le péricarpe se détruit avant leur chute , sur le végétal même qui les porte ; telles sont entre autres les cerises. La plupart au contraire, comme les pommes , les poires, les pêches, etc., tombent d'abord à la surface de la terre, où leur péricarpe se désorganise ensuite plus tôt ou plus tard.

Certains fruits charnus , produits par des herbes faibles , rampantes , se développent à la surface du sol , et ne deviennent indépendans que par la destruction de la tige ou du rameau qui les a nourris ; c'est le cas des courges , des melons , des concombres et autres fruits cucurbitacés.

Dans quelques-uns de ces fruits , notamment dans le *momordica elaterium* , la partie centrale du sarcocarpe se fond en eau pendant la maturation. Trop abondante , dès-lors, pour être contenue dans la cavité du péricarpe, elle presse fortement sur ses parois extérieures, résistantes, élastiques, et, s'ouvrant un passage, finit par s'élancer au dehors, à une assez grande distance, entraînant les graines avec elle. Sa sortie s'effectue par le point de jonction du fruit avec le pédoncule, après la destruction de celui-ci.

C'est l'eau de la pluie qui se charge le plus souvent de transporter loin du lieu de leur naissance les fruits charnus ou les graines qui en proviennent.

En général, les semences des fruits charnus sont pourvues d'un épisperme épais, ou même d'un noyau très-solide qui en assure la conservation, en leur permettant de résister long-temps à l'action destructive des agens extérieurs, surtout de l'humidité. Le péricarpe succulent qui les enveloppe peut être considéré, tantôt comme un engrais favorable à leur germination, tantôt comme un appât pour les animaux qui s'en nourrissent et concourent, ainsi que nous le dirons tout-à-l'heure. à la dissémination des espèces dont elles font partie.

Parmi les fruits secs et déhiscens, il en est beaucoup dont le péricarpe, s'ouvrant peu à peu, ne laisse échapper les semences que d'une manière lente et graduelle. C'est pour l'ordinaire de haut en bas qu'a lieu leur déhiscence, comme on peut le voir dans la plupart des gousses de légumineuses et dans plusieurs siliques de crucifères ; les graines supérieures, alors appelées à devenir libres les premières, sont aussi les premières à mûrir. On conçoit combien les secousses imprimées par le vent aux fruits dont nous parlons doivent favoriser la sortie, la dispersion de leurs semences.

Assez souvent, la dissémination des graines reconnaît pour cause principale une élasticité vraiment remarquable des parties qui composent le péricarpe. Dans la balsamine, par exemple, le fruit a pour parois plusieurs valves qui, à l'époque de la maturité, se disjoignent, se courbent, se roulent tout-à-coup sur elles-mêmes et s'élancent au loin, emportant chacune avec elle une partie des nombreuses semences contenues dans la cavité du péricarpe. Il suffit de toucher une capsule de balsamine, même avant sa maturité complète, pour provoquer ce singulier phénomène.

Quant aux fruits secs et indéhiscens, ils ont aussi leurs moyens particuliers de dissémination.

Les uns, ceux de la bardane par exemple, hérissés de petites pointes, s'attachent à la toison de certains animaux, lesquels ne s'en débarrassent ordinairement qu'après avoir franchi des espaces plus ou moins étendus.

D'autres, munis d'expansions membraneuses faisant en quelque sorte office d'ailes, sont emportés par le vent à de grandes distances; telles sont les samares des érables, des ormeaux, etc.

Le vent transporte bien plus facilement encore les akènes qui, dans les synanthérées, sont pourvus d'une aigrette. On peut citer comme un des plus curieux le mécanisme par lequel s'effectue la dissémination de ces fruits.

Réunies en grand nombre dans un réceptacle commun, les aigrettes dont il est question sont formées. nous l'avons dit ailleurs, depoils très-hygroscopiques. D'abord humides, souples, parallèles entre eux, ces poils, à la maturité, deviennent secs, raides, et s'écartent en divergeant de bas en haut. Les aigrettes, prenant dès-lors la forme d'autant de petites ombelles, doivent occuper une plus grande place : elles se pressent les unes contre les autres, s'inclinent vers la circonférence du capitule, et dans ce mouvement, les akènes qu'elles couronnent s'ébranlent, se détachent de leur réceptacle.

Que le vent vienne à souffler... et bientôt ces fruits seront dispersés dans l'atmosphère où leur aigrette étalée les soutiendra comme une espèce de parachute. Ils tomberont cependant tôt ou tard à la surface du sol pour y germer, loin, souvent bien loin du lieu qui les vit naître.

C'est ainsi que la vergerette du Canada par exemple, apportée d'Amérique comme moyen d'emballage, s'est récemment multipliée d'une manière prodigieuse dans la plupart des contrées de l'Europe. Chacun a pu, du reste, suivre ce mode particulier de dissémination sur des synanthérées plus communes. notamment dans le pissenlit.

Ajoutons que, dans beaucoup de synanthérées, le réceptacle, à la maturité, change de forme, devient convexe, de plane ou de concave qu'il était. ce qui facilite la séparation , et par suite la dissémination des fruits dont il est le support commun.

Mais il est bon nombre de végétaux où les graines elles-mêmes , au lieu des fruits , sont douées des moyens nécessaires à leur dissémination.

Dans les géraniums par exemple , cinq graines surmontées chacune d'un long appendice conique , en forme d'aiguille , sont rassemblées autour d'un axe central. A l'époque de la maturité, chaque appendice , en se desséchant , s'isole , se roule en spirale , et , s'éloignant de l'axe , détache de sa loge la graine correspondante. En même temps , de longs poils , d'abord couchés à la surface de l'aiguille , s'étalent pour donner prise aux vents qui doivent transporter à des distances plus ou moins considérables cet appareil préparé de la sorte.

Les semences , dans plusieurs plantes , particulièrement dans les bignones , ont pour moyen de dispersion des espèces d'ailes membraneuses. Celles des saules, des épilobes , de beaucoup d'apocynées , etc., se montrent couronnées d'une houpe de poils qui , divergeant par la sécheresse , les font sortir de leur péricarpe et les soutiennent au sein de l'air , absolument à la manière des aigrettes dont les fruits sont pourvus dans la plupart des synanthérées. Dans le cotonnier , dans les peupliers , les graines sont garnies, sur leur surface entière, de poils abondans qui ont la même destination.

Il est enfin bien des fruits , bien des semences dont la structure n'offre aucune des dispositions que nous venons d'indiquer comme nécessaires à leur dispersion sur la surface du sol. C'est par d'autres moyens non moins remarquables que la nature, si féconde et si variée dans ses ressources, opère la dissémination de leurs espèces.

La plupart des semences, dans nos climats, mûrissent pendant l'automne, saison de vents et de pluies. A chaque instant alors, d'innombrables graines, d'innombrables fruits, pris parmi les plus légers, sont séparés de leur plante-mère par de violens tourbillons qui les transportent loin de leur point de départ, souvent à de grandes hauteurs, quelquefois sur le faîte de nos maisons, de nos édifices. Ainsi s'explique, par exemple, la présence si commune de certains *sedum* sur nos toits, de la giroflée jaune sur nos vieux murs.

D'autres moyens puissans de dispersion pour les fruits, pour les graines sont les courans d'eau. En descendant du haut des montagnes, l'eau de la pluie entraîne bien des semences dans les torrens, qui les versent à leur tour dans les rivières. Ces semences, légères ou lourdes, flottent à la surface du liquide ou roulent au fond avec le sable. Elles peuvent être jetées tôt ou tard par les flots sur le rivage, et produire ainsi dans une vallée, dans une plaine, des végétaux dont la station naturelle est le sommet des montagnes.

Les animaux eux-mêmes, qui dévorent tant de fruits, tant de graines, contribuent néanmoins à la dissémination d'un grand nombre d'espèces végétales.

Certains oiseaux se nourrissent de fruits charnus.

Lorsque, protégées par un noyau, les graines de ces fruits résistent à l'action digestive, l'animal les rend intactes avec ses excrémens, presque toujours après avoir franchi d'un vol plus ou moins soutenu des distances fort considérables. Beaucoup de quadrupèdes, des chevaux par exemple, se nourrissent de plantes herbacées. Or, au lieu de digérer toutes les semences que ces plantes peuvent porter, ils vont à leur insu, dans des localités nouvelles, en déposer plusieurs qui ont conservé leur faculté germinative.

L'homme lui-même concourt puissamment à répandre, à multiplier bien des espèces végétales, celles surtout qu'il cultive, ou comme utiles ou comme agréables. Nous avons transporté dans les pays les plus lointains une foule de plantes européennes; et il n'est pas rare de voir réunis, dans un de nos jardins les plus modestes, des végétaux venus de toutes les parties du monde.

Ce ne sont pas seulement des espèces utiles ou agréables que nous répandons, par la culture, à la surface du globe; mais aussi, sans le vouloir, beaucoup de plantes nuisibles qui suivent partout les bonnes. C'est ainsi, par exemple, que nous avons introduit dans nos champs, au grand détriment de l'agriculture, le bluet et le coquelicot, en même temps que les céréales, compagnes inséparables de l'homme civilisé.

Telle est, Messieurs, dans ses moyens principaux, la dissémination des graines à la surface de la terre.

Vous devinez à combien de chances de destruction

sont exposées ces graines, livrées à elles-mêmes, empor-
tées loin de la plante qui leur donna naissance. Beaucoup,
il est vrai, rencontrent tôt ou tard des conditions favorables à leur germination; mais combien d'autres sont
dévorées par les animaux, pourries par un excès d'humidité, ou desséchées par la chaleur trop intense du soleil!

Aussi, pour assurer la conservation de leurs innombrables espèces, la nature les produit-elle généralement
avec une incroyable profusion. Une capsule de pavot
somnifère peut contenir plus de trois mille graines; et
l'on a compté sur un pied d'ormeau, dans une seule
saison, jusqu'à cinq cent mille fruits.

Parmi les végétaux qui se font remarquer par la facilité, par la promptitude avec laquelle ils se propagent,
on trouve en première ligne un grand nombre d'espèces
qui, n'ayant aucune utilité, nuisent à l'agriculture en
souillant nos récoltes, en prenant la place des bonnes
espèces. Qui ne sait combien de soins assidus sont nécessaires pour débarrasser nos terres arables du chiendent,
des chardons, et de mille autres mauvaises plantes qui
tendent sans cesse à les envahir?

Passons à la germination des graines.

Il existe, Messieurs, dans les contrées équinoxiales,
où règne une température à peu près uniforme, des
espèces dont la puissante végétation n'est jamais suspendue. Leur embryon n'offre aucun arrêt, aucun intervalle de repos dans son développement; il commence à
se transformer en plante adulte aussitôt après, ou même

15

avant la chute de la graine qui le contient. Les générations, dans ces espèces végétales exotiques, se succèdent sans interruption, comme dans les espèces animales qui, mettant bas des petits vivants, reçoivent des zoologistes le nom de *vivipares*.

Mais ce n'est là qu'une exception à la règle générale. Dans la grande majorité des plantes, notamment dans toutes celles qui peuplent nos régions tempérées, l'embryon, au lieu de s'accroître d'une manière continue, devient stationnaire dès que la semence, ayant atteint sa maturité complète, se détache de la tige qui l'a fournie.

Il reste alors à l'état rudimentaire, sans donner signe de vie, pendant un laps de temps plus ou moins considérable. Puis, si les circonstances le permettent, il s'anime d'une activité nouvelle, grandit insensiblement, et, s'ouvrant un passage à travers l'enveloppe de la graine, il s'enracine dans la terre, il s'élève dans l'air; il quitte enfin l'état d'embryon pour se convertir en un végétal véritable.

Or, Messieurs, on est convenu d'appeler *germination* l'ensemble des phénomènes qui se produisent dans la semence pendant que l'embryon, sorti de son engourdissement plus ou moins prolongé, se transforme ainsi en un végétal semblable sous tous les rapports à celui dont il descend. La germination est donc aux plantes ce que l'incubation est aux animaux ovipares en général, aux oiseaux en particulier.

Pour qu'une graine ait la faculté de germer, il faut

qu'elle soit intacte et mûre ou à peu près mûre. Lorsqu'elle est trop jeune ou mutilée, altérée d'une manière quelconque, surtout dans son embryon, elle reste nécessairement stérile; elle se décompose au milieu des circonstances les plus favorables à la germination.

Il est des graines, entre autres celles du caféier, des lauriers, de la fraxinelle, etc., qui perdent en quelques jours leur faculté germinative. Beaucoup d'autres au contraire se montrent susceptibles de germer très-long-temps après leur récolte; certaines même conservent cette faculté en quelque sorte indéfiniment.

On a vu lever des graines de melon qui n'avaient pas moins de quarante ans d'existence. On a fait germer, à Paris, des graines de haricot restées cent ans environ dans l'herbier de Tournefort. On cite aussi des graines de sensitive comme ayant germé plus de cent ans après leur naissance. Et enfin, s'il fallait en croire les Arabes, certaines graines trouvées dans les tombeaux de l'ancienne Thèbes germeraient encore de nos jours tout aussi bien que celles de la dernière récolte. Ce sont en général les semences des cucurbitacées et des légumineuses qui conservent le plus long-temps leur faculté germinative.

La germination exige, pour s'effectuer, le concours de trois agens indispensables : l'air, l'eau, le calorique.

Toujours impossible en l'absence complète de l'air, la germination est à peu près nulle dans le vide imparfait de la machine pneumatique. Elle serait tout-à-fait nulle au sein de l'hydrogène, de l'acide carbonique purs ;

tandis qu'elle a lieu dans ces gaz, quoique avec lenteur, dès qu'ils renferment un huitième d'oxigène. Jamais elle ne s'opère mieux que dans un mélange gazeux où l'oxigène entre pour un tiers, proportion très-voisine de celle qui existe naturellement dans l'atmosphère. L'oxigène pur épuiserait bientôt la graine en la faisant germer trop vite; son mélange dans l'air avec l'azote, qui en mitige les effets, est favorable, nécessaire à la germination.

Une semence enfouie trop profondément dans la terre, à l'abri du contact de l'air, s'y corrompt ou se conserve intacte; elle ne germe point. Lorsqu'on défriche une forêt, lorsqu'on défonce plus ou moins profondément un terrain quelconque resté long-temps sans culture, on le voit fréquemment se couvrir tout-à-coup de végétaux qui n'y avaient point paru depuis vingt, trente, cinquante ans ou même davantage, suivant le temps pendant lequel ce terrain fut inculte.

Comment concevoir la venue de ces plantes nouvelles, sans admettre que leurs semences existaient dans les profondeurs du sol, attendant pour sortir de leur longue inertie, pour subir les phénomènes de la germination, qu'une circonstance les ramenât à la surface, au contact vivifiant de l'atmosphère?

L'oxigène de l'air est indispensable à la germination; cela résulte des observations qui précèdent. Reste à savoir quel est son rôle, sa manière d'agir dans cet acte important.

Au commencement de leur existence, avant leur maturité , les graines sont formées d'un tissu très-délicat , gorgé d'humidité, soluble en grande partie dans l'eau ; elles contiennent une quantité considérable de mucilage et de sucre. Mais en mûrissant , elles absorbent peu à peu l'acide carbonique de l'air , dont elles s'approprient le carbone ; et de notables changemens surviennent dans leur composition , ainsi que dans leurs caractères physiques.

Examinées à l'époque de leur complet développement, la plupart des graines fournissent à l'analyse , en proportions très-diverses , de la fécule, de la gomme , une matière azotée, une matière grasse, et plusieurs principes de nature inorganique. Leur substance est devenue compacte, sèche, à peu près insoluble. Elles sont alors susceptibles d'une conservation plus ou moins prolongée ; tandis que, dans leur jeunesse, elles se corrompent très-promptement.

L'oxigène de l'air, pendant la germination, imprime à ces semences mûres des modifications profondes , en leur enlevant une partie du carbone qu'elles s'étaient incorporé dans la dernière phase de leur développement ; il les ramène en quelque sorte à leur état primitif. Une expérience bien simple suffit pour démontrer cette action chimique de l'oxigène.

On fait germer une ou plusieurs semences à la surface d'un bain de mercure, sous une cloche remplie d'air ; et au bout de quelques jours, le phénomène étant accompli, l'on constate que l'air contenu dans la cloche a perdu une partie notable de son oxigène, sans avoir toutefois changé de volume; car en même temps il s'y est formé de l'acide carbonique en proportion équivalente.

Or, chacun sait que le carbone, en brûlant dans un volume déterminé d'oxigène, donne un volume égal d'acide carbonique. Il est donc hors de doute que les graines éprouvent en germant une véritable décarbonisation, et que l'acide carbonique produit pendant qu'elles germent est le résultat d'une combinaison entre leur excès de carbone et l'oxigène de l'air.

Mais en même temps que cette soustraction de carbone s'opère, il se développe au sein de la graine un principe particulier connu sous le nom de *diastase;* principe qui convertit bientôt la fécule, d'abord en *dextrine*, puis en sucre ou *glucose;* c'es-à-dire en produits solubles dans l'eau, susceptibles par conséquent de nourrir la plante naissante; tandis que la fécule, tout-à-fait insoluble, du moins à la température ordinaire, est impropre à s'assimiler telle quelle. Il se forme aussi, pendant la germination, un peu d'acide acétique, d'après **M. Becquerel**; ou d'acide lactique, suivant **M. Boussingault**.

Voyons maintenant quelle est l'action de l'eau dans les phénomènes de la germination.

Si quelques semences paraissent au premier abord germer sans le secours de l'eau, c'est qu'elles se trouvent dans un air humide, ou bien en contact avec un corps spongieux qui leur communique à notre insu de faibles doses d'humidité.

L'eau s'insinue dans toutes les parties d'une graine germante. Après en avoir imbibé, ramolli l'enveloppe, elle pénètre son amande, la gonfle au point d'en doubler quelquefois le volume, d'où résulte ordinairement la rupture de l'épisperme. En même temps, l'eau dissout les substances contenues dans le corps cotylédonaire et dans l'endosperme, quand il existe; elle les transforme en une sorte d'émulsion qui devient la première nourriture, pour ainsi dire le lait de la jeune plante. Celle-ci, dès-lors, s'accroît insensiblement; et à la fin de la germination, sa radicule et sa gemmule sortent sans peine de la semence, par les fissures préalablement survenues dans l'épisperme.

C'est donc en gonflant la graine et en servant de dissolvant, de véhicule indispensable aux principes nutritifs de la plante naissante, que l'eau concourt à la germination. Il est probable en outre qu'elle subit dans la graine une décomposition partielle, et que ses élémens, une fois séparés, prennent une certaine part aux phénomènes chimiques dont la germination s'accompagne.

Quoi qu'il en soit, dans une eau trop abondante, les graines, au lieu de germer, ne tardent point à se corrompre, à l'exception pourtant de celles qui appartiennent à des espèces aquatiques. Encore, dans ce cas, faut-il que le liquide renferme de l'air; il n'y a pas de germination possible au sein de l'eau distillée.

Mais cette action combinée de l'air et de l'eau que nous venons de reconnaître comme indispensable à la germination, resterait toujours impuissante sans le concours d'une certaine température tout aussi nécessaire. Au-dessous de zéro, l'eau se congèle, et la germination conséquemment ne saurait avoir lieu. Sous l'influence d'une forte chaleur, à 50 degrés par exemple, l'eau s'évapore promptement, le sol devient aride, les graines elles-mêmes se dessèchent au lieu de germer.

La germination se montre languissante ou même nulle, pour le plus grand nombre des graines, à quelques degrés seulement au-dessus de zéro. C'est de 15 à 30 degrés qu'elle offre toute l'activité dont elle est susceptible, surtout lorsque cette température s'accompagne d'une humidité suffisamment abondante. Aussi n'est-ce point en hiver, ni même en été, mais au printemps et en automne, saisons à la fois tempérées et humides, que la plupart des graines entrent en germination dans nos climats.

Il va sans dire au reste que le degré de chaleur le plus favorable à la germination varie suivant les pays, comme aussi suivant les espèces. Dans tous les cas, le calorique est l'excitant spécial qui fait sortir l'embryon de son état de torpeur; et rien sous ce rapport ne pourrait le remplacer.

Ainsi le calorique, dans une certaine mesure, est indispensable à la germination, comme l'eau, comme l'oxigène. Mais quelle est, dans la germination, la part d'influence de la lumière et de l'électricité, deux fluides qui se trouvent aussi répandus naturellement au sein de l'atmosphère ?

On a cru pendant long-temps que les semences ne levaient bien qu'à l'ombre; que la lumière avait la faculté de ralentir sensiblement la germination. C'était une opinion inexacte. De Saussure l'a démontré par la voie de l'expérience. En effet, que l'on mette séparément deux graines de même espèce dans deux cloches dont l'une opaque et l'autre transparente; qu'on les expose à la même clarté, à la même température..... et l'on verra qu'elles germent également bien.

Si la germination languit, s'arrête même sous l'action trop vive du soleil, ce n'est pas la lumière qu'il faut accuser, mais les rayons calorifiques trop abondans qui l'accompagnent, et qui provoquent avec plus ou moins de promptitude la dessiccation de la semence. La lumière n'est point indispensable à la germination. Il serait inexact de dire qu'elle y met obstacle.

Quant au fluide électrique, il exerce à son tour une influence marquée sur la germination. Il résulte des expériences de MM. Davy et Becquerel, qu'une semence électrisée négativement germe bien, avec une rapidité plus qu'ordinaire; tandis que les graines électrisées positivement ne germent qu'avec lenteur; leur embryon ne tarde même point à périr.

Nous devons signaler enfin, comme étant susceptibles de favoriser la germination, la chaux vive et le chlore.

La chaux paraît agir en obsorbant l'acide carbonique produit pendant cet acte, et en accélérant par suite la décarbonisation de la graine. Les agriculteurs l'emploient souvent au *chaulage* des semences qu'ils confient à la terre.

On ignore jusqu'à présent quelle est la nature de l'action exercée par le chlore sur les graines germantes ; mais on sait, d'après les expériences d'Humboldt, qu'il imprime à la germination une activité vraiment remarquable. Sous son influence, les graines du cresson alénois germent en cinq ou six heures ; tandis qu'il leur en faut de trente-six à trente-huit dans les conditions ordinaires. De vieilles semences qui avaient refusé de lever par les moyens habituels ont germé facilement lorsqu'on a pris la précaution de les plonger dans une solution de chlore avant de les mettre en terre. Voilà, de la part du chlore, une propriété précieuse qui recevra sans doute un jour d'importantes applications à l'agriculture.

C'est dans le sol que la plupart des graines sont appelées à subir les phénomènes de la germination.

Le sol n'est point indispensable à cet acte; mais il peut, selon sa nature, le faciliter ou le retarder. Il est pour les semences en quelque sorte un régulateur chargé de leur communiquer peu à peu la chaleur et l'humidité nécessaires; il doit aussi permettre aisément leur contact avec l'air atmosphérique.

S'il est meuble, léger, siliceux, très-perméable à l'air, il convient d'y placer les graines à une certaine profondeur, afin d'éviter la sécheresse qui règne ordinairement à sa surface. Dans un sol argileux, humide et compacte, c'est au contraire tout près de la surface que les semences doivent être déposées; elles y trouveront une humidité suffisante. Plus profondément, elles manqueraient d'air.

Mais en voilà bien assez sur les agens qui déterminent ou modifient la germination. Il est temps de considérer cet acte en lui-même ; de dire un mot sur les phénomènes qui le constituent, sur la marche qu'ils suivent dans leur développement.

Placée dans des conditions favorables à la germination, une semence, nous l'avons dit, s'imprègne peu à peu d'humidité. Par suite, elle augmente de volume au point que bientôt son enveloppe se déchire. En même temps la substance qui en compose le corps cotylédonaire et l'endosperme change de nature, se dissout, devient émulsive ; et l'embryon, dès-lors, absorbant cette substance, commence à s'accroître, à se développer.

L'espèce de polarité qui entraîne en sens contraires la racine et la tige des plantes adultes domine déjà l'embryon aussitôt après son réveil. Dès cette époque, et quelle que soit la position de la semence, la radicule pousse de haut en bas ; tandis que la gemmule s'élève vers le ciel. C'est par les fissures produites dans l'épisperme, que l'une et l'autre font leur sortie de la graine.

Dans les semences des dicotylédones, la radicule, libre, sous forme d'un cône plus ou moins allongé, s'accroît sans obstacle et devient bientôt une racine à base unique. Bien différente dans les monocotylédones, la radicule s'y montre formée de plusieurs petits tubercules immédiatement recouverts par la coléorhize. Pendant la

germination , ces tubercules poussent devant eux et dé-
chirent la coléorhize. Ils constituent plus tard autant de
fibres radicellaires dont l'ensemble n'est autre chose
qu'une racine à base multiple.

Mais en même temps que la radicule pousse, la tigelle
s'allonge , et la gemmule, s'échappant du corps cotylédonaire , ne tarde point à paraître au-dessus du sol , où
elle vient étaler ses petites feuilles au sein de la lumière
et de l'air.

Les cotylédons restent quelquefois sous terre , où ils
diminuent peu à peu de volume, se flétrissent et disparaissent. On les dit alors *hypogés* ; tel est celui des
graminées ; tels sont ceux du chêne , du marronnier
d'Inde , etc. Dans la plupart des plantes , au contraire ,
les cotylédons sont *épigés*. La tigelle , en poussant , les
élève au-dessus du sol , comme on le voit par exemple
dans le haricot, la rave, le tilleul, etc.

Exposés à l'action de l'air et de la lumière , les cotylédons épigés revêtent bientôt en général, l'apparence des
feuilles : ils s'étalent , deviennent verts , s'amincissent
insensiblement ; puis ils s'épuisent et tombent. On les
nomme quelquefois *feuilles séminales*.

L'endosperme , quand il existe , s'épuise et finit par
disparaître à son tour comme les cotylédons , car il sert
comme eux à nourrir la plantule. Aussi les cotylédons
sont-ils alors minces, foliacés ; tandis qu'ils ont plus
d'épaisseur, beaucoup plus de volume dans les embryons
épispermiques, où ils manquent de ce puissant auxiliaire.

Pour empêcher la germination d'une graine , il suffit d'enlever , soit son endosperme , soit son cotylédon ou ses cotylédons. Si l'on prive d'un seul cotylédon une semence qui en possède deux, l'embryon se développera, mais incomplètement et avec lenteur, comme un être maladif, débile.

Ajoutons enfin, en supposant la graine intacte et placée dans des conditions favorables , que la germination est loin de mettre le même temps à s'effectuer chez toutes les espèces; qu'il y a sous ce rapport la plus grande diversité. Le cresson alénois, par exemple, germe en moins de deux jours ; les haricots en trois jours ; les melons en cinq ; les graminées en une semaine.

Beaucoup de graines , entourées d'un épisperme épais et dur ou contenues dans un noyau ligneux , séjournent fort long-temps en terre sans donner aucun signe de germination. Ce n'est qu'au bout d'un an que les semences de l'amandier et du pêcher commencent à germer ; celles du noisettier et du rosier restent inertes pendant deux ans.

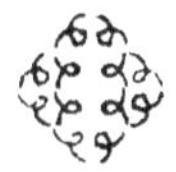

TREIZIÈME LEÇON.

ABSORPTION ET ASCENSION DE LA SÈVE.

Après la germination, le végétal, ayant épuisé le dépôt de nourriture contenu dans la graine, absorbe au sein de la terre et de l'air tous les matériaux désormais nécessaires à son développement. Telle est, Messieurs, la première condition de sa nouvelle existence.

Mais ces matériaux, pris au dehors, comment s'introduisent-ils dans son tissu? Comment le pénètrent-ils en tous ses points? Quelles sont les modifications qu'ils subissent avant de s'assimiler à ses organes? Questions complexes, difficiles; mais questions pleines d'intérêt, et dont la solution doit faire dès à présent l'objet de nos études, le but de nos efforts.

C'est dans le sol, et au moyen de sa racine, que la plante absorbe, sous forme liquide, la plus grande partie de sa nourriture.

La racine, dans cet acte, n'agit point par toute sa surface, comme on pourrait le croire; mais seulement par son extrémité, par l'extrémité de ses divisions, ou plutôt par les nombreuses spongioles qui naissent de ces extrémités. Pour empêcher une racine d'accomplir sa fonction d'absorption, il suffit en effet de la priver entièrement de son chevelu. Aussi les agriculteurs, au lieu de le détruire, en laissent-ils le plus possible aux racines des arbres qu'ils ont à transplanter; ils savent que le succès de la transplantion dépend en grande partie de ce soin.

Voici, du reste, une expérience bien propre à démontrer que l'extrémité des racines est seule pourvue de la faculté d'absorption.

Dans deux verres pleins d'eau, l'on plonge séparément deux végétaux arrachés depuis peu, deux radis, par exemple. On les dispose de telle façon que l'un d'eux s'enfonce au sein de l'eau seulement par l'extrémité de sa racine; tandis que, dans l'autre, le corps de la racine étant immergé, l'extrémité se recourbe et paraît au-dessus du liquide.

Or l'on constate, au bout d'un certain temps, que la première de ces plantes, continuant à végéter presque aussi bien qu'à l'état normal, conserve à peu de chose près toute sa fraîcheur. Donc l'extrémité de sa racine suffit à l'absorption de l'humidité nécessaire à son entretien. Quant à l'autre, placée dans des conditions inverses, elle ne tarde point à se flétrir. D'où il faut bien conclure que toutes les parties de la racine , sauf l'extrémité , n'absorbent que d'une manière insuffisante.

Et ce fait, Messieurs, n'est pas sans importance en agriculture ; il nous apprend que les engrais, de même que l'eau des irrigations , ne doivent point être déposés près du tronc des arbres, comme on le pratique ordinairement , mais loin de là , dans la région circulaire où vont se terminer les divisions de la racine. C'est ce qui arrive pour l'eau de la pluie, qui tombe naturellement à une certaine distance du pied des arbres après avoir glissé sur leur feuillage.

On peut au reste se rendre compte assez facilement du rôle que remplissent dans le sol les extrémités radicellaires. Il suffit, pour cela, de savoir que la racine s'allongeant sans cesse par ses extrémités, celles-ci, véritables spongioles, sont formées d'un tissu toujours nouveau, très-délicat, éminemment hygroscopique, et d'autant plus apte à pomper les sucs en contact avec lui, qu'il est constamment dépouillé d'épiderme. Nous verrons bientôt cependant que l'action des spongioles n'est pas une simple imbibition comparable à celle qui a lieu dans les corps inertes.

Les racines, munies de ces spongioles, se montrent impuissantes à saisir les matières solides contenues dans le sol ; elles n'y puisent que des liquides dont elles s'emparent avec plus ou moins de facilité, suivant qu'ils sont plus ou moins fluides, leur choix n'étant jamais déterminé par les besoins du végétal.

Toute substance insoluble dans l'eau, comme le carbone et la silice, par exemple, résiste à l'action des spongioles, même lorsqu'elle est suspendue dans ce liquide, à l'état pulvérulent, et quelle que soit sa ténuité. L'absorption n'a de prise que sur le liquide; elle devient en quelque sorte une filtration pour la substance insoluble.

Du sulfate de cuivre dissous dans l'eau constitue pour la plante un véritable poison, et pourtant la racine s'en empare avec avidité; tandis qu'elle agit faiblement et avec lenteur dans une solution de gomme arabique, laquelle est alimentaire, bienfaisante, mais très-visqueuse, moins fluide que le solutum de sulfate de cuivre.

Jamais l'eau ne cède plus facilement à l'action absorbante des spongioles que lorsqu'elle est à l'état de pureté. Mais alors, contrairement à l'opinion des anciens, elle est incapable de suffire à la nutrition du végétal. Formée seulement d'oxigène et d'hydrogène, comment pourrait-elle en effet fournir aux plantes la plupart de leurs principes constituans, tels que le carbone, l'azote, différens sels, divers oxides, etc.?

Aussi, loin d'être pure, l'eau qui se trouve naturellement dans le sol, à la portée des racines, renferme-t-elle en solution beaucoup de substances qui lui sont étrangères, et qui, introduites par elle dans le tissu des végétaux, concourent puissamment à leur alimentation et à leur composition chimique. Elle est le véhicule de toutes ces substances, et comme telle, indispensable à la végétation. Elle cède en outre ses propres élémens à la plante... Mais nous aurons plus tard à revenir sur son rôle, qui est complexe, comme on le voit.

Pendant que la racine pompe au sein de la terre cette eau chargée de principes nutritifs, les parties vertes du végétal, notamment les feuilles, puisent dans l'air une humidité plus ou moins abondante, nécessaire aussi à la végétation.

Une branche détachée de son tronc et plongée dans l'eau par sa base ou par son sommet garni de feuilles absorbe le liquide avec assez d'activité pour conserver long-temps sa fraîcheur. Plantée comme *bouture* dans une terre humide, elle peut s'y entretenir jusqu'à ce qu'elle ait développé des racines, qui en feront un végétal à part et complet. C'est encore ainsi que les fleurs et les feuilles d'un bouquet ne se flétrissent point de quelques jours, lorsqu'on a le soin de tenir constamment dans un vase plein d'eau les pédoncules ou les rameaux qui les portent.

Il faut dans tous les cas, pour que l'absorption s'effectue, que la section de la branche ou des rameaux soit récente, fraîche. Les spongioles elles mêmes perdent leur pouvoir d'absorption, en se desséchant au contact de l'atmosphère. Aussi les jardiniers ont-ils soin de placer dans un milieu toujours humide la racine des arbres qu'ils ont arrachés pour les planter tôt ou tard ailleurs. Ils coupent même souvent l'extrémité des divisions radicellaires qui, mutilées ainsi, viennent au secours des spongioles.

Quant à la force de succion dont les feuilles sont douées, elle est aussi mise en évidence par des faits naturels qui se passent chaque jour sous les yeux de tout le monde. Qui ne sait, par exemple, qu'en été, les végétaux de nos parterres, souffrent, se fanent sous l'action desséchante d'un soleil de midi ; tandis qu'ils reprennent leur force, leur fraîcheur pendant la nuit ou le matin, sous l'heureuse influence de la rosée, condensée par l'abaissement de la température, et saisie par les feuilles, qui en sont alors très-avides.

Il est même des plantes, entre autres les *cactus,* chez lesquelles ce sont les feuilles et tous les organes aériens qui prennent la plus grande part à l'absorption des substances alimentaires.

Par leur racine extrêmement petite, les *cactus*, à l'état de nature, se fixent sur les rochers ou s'enfoncent dans le sable brûlant des déserts, où ils acquièrent en général un développement considérable. Leur tige et leurs feuilles s'y maintiennent vertes, épaisses, gorgées de sucs qu'elles puisent directement au sein de l'air atmosphérique. Ceux qu'on élève dans nos serres sont entretenus dans de petits vases contenant un peu de terreau qu'on n'arrose jamais ; et cependant ils y végètent. aux dépens de l'air, avec une activité remarquable.

Ainsi, les végétaux s'approprient leurs alimens par toutes leurs parties vertes, surtout par leurs feuilles, en même temps que par leur racine. Mais dans la grande majorité, c'est la racine qui est l'agent principal de l'absorption.

Les sucs puisés par elle au sein de la terre se réunissent dans son tissu pour y former un liquide aqueux, incolore, plus ou moins riche en principes alibiles et connu sous le nom particulier de *sève*.

Ce liquide nourricier, comparable au chyle, au sang des animaux, s'élève peu à peu de la racine jusqu'au sommet de la plante, en se répandant partout; il reçoit pendant sa longue route le produit de l'absorption exercée par les feuilles, subit d'importantes élaborations, et dépose enfin dans la trame de tous les organes leurs matériaux d'entretien et de développement.

L'ascension de la sève, quoiqu'en aient dit certains physiologistes, n'a lieu ni par la moelle ni par l'écorce; elle s'effectue par les couches ligneuses. En effet, lorsqu'on dissèque la tige d'un végétal tenu quelque temps plongé par son extrémité dans un liquide coloré, l'on ne remarque aucune trace de ce liquide ni dans la moelle ni dans l'écorce; tandis qu'on le retrouve sans peine dans les couches ligneuses qui constituent le bois.

On sait du reste que la végétation se maintient; que la sève par conséquent suit encore son cours ascensionnel dans les arbres dont la moelle est obstruée, détruite, et dont l'écorce a été circulairement enlevée sur une étendue plus ou moins considérable de leur tronc. Au contraire, si l'on détruit les couches ligneuses dans un point quelconque de la tige, on amène aussitôt la mort du végétal, en arrêtant la marche de la sève ascendante.

Il suffit de laisser quelques-unes de ces couches appliquées contre l'écorce, pour voir la sève continuer son cours, et la plante végéter encore avec une certaine activité. C'est ce qui arrive naturellement dans les vieux saules dont le tronc, creusé par l'âge, semble au premier abord réduit à son système cortical : en y regardant de plus près, on s'assure qu'ils portent, à la face interne de ce système, un certain nombre de couches ligneuses ayant échappé à la destruction. On a voulu, mais à tort, s'appuyer de leur exemple pour prouver l'ascension de la sève par l'écorce.

Nous voilà donc conduits à admettre que la sève absorbée par la racine monte vers les parties supérieures du végétal en choisissant pour chemin les couches fibreuses. Elle envahit tout le corps ligneux dans les plantes jeunes encore; tandis que, dans les tiges plus anciennes, elle effectue son ascension principalement par l'aubier.

A l'époque du printemps, alors que la végétation présente son maximum d'activité, la sève ascendante abonde; elle remplit tous les organes élémentaires du corps ligneux, ses vaisseaux comme son tissu cellulaire. Mais plus tard, la végétation se ralentit, et la sève, moins abondante, moins rapide dans ses mouvemens, abandonne les vaisseaux pour faire place à l'air qui vient les occuper à son tour. En effet, si l'on plonge sous l'eau, dans ce moment, une jeune tige coupée depuis peu, l'on ne voit sortir de ses vaisseaux ouverts que des bulles gazeuses; tandis que la sève s'échappe de ses cellules mutilées.

La sève qui circule dans le tissu cellulaire ne peut s'élever qu'avec lenteur, car elle doit passer successivement d'une utricule à l'autre, ou s'insinuer dans les minimes intervalles qui existent entre ces utricules. Son ascension est bien plus prompte lorsqu'elle a lieu dans les voies librement ouvertes que lui présente le tissu vasculaire. Il importe cependant qu'elle cède tôt ou tard cette voie facile à la circulation de l'air, gaz vivifiant chargé de lui imprimer, par son contact, des modifications notables dont nous aurons bientôt à nous entretenir. Au reste, le tissu vasculaire n'est point indispensable à l'ascension de la sève, puisque ce fluide s'élève aussi de la base au sommet dans les plantes cellulaires, dépourvues, comme vous savez, de toute espèce de vaisseaux.

On se tromperait si l'on pensait que la sève suit toujours dans sa marche ascendante un trajet rectiligne. Hales est l'auteur d'une expérience qui prouve le contraire.

Il fit au tronc d'un arbre quatre entailles horizontales, à différentes hauteurs, sur quatre faces opposées deux à deux. Ces entailles, pénétrant chacune jusqu'à la moelle équivalaient à une section complète de la tige ; et pourtant elles n'empêchèrent pas l'arbre de continuer le cours de sa végétation. La sève parvenait donc encore dans les régions supérieures ; elle se déviait donc de la ligne droite pour éviter les entailles placées sur son chemin.

En même temps qu'elle se meut de bas en haut, la sève est entraînée par un mouvement horizontal vers le centre, vers la périphérie de la tige ou de la branche ; et c'est ainsi qu'elle abreuve tous les tissus, tous les organes ; elle suit surtout, dans ce mouvement, la voie des rayons médullaires, qui la conduisent directement aux feuilles, aux rameaux, etc.

Il paraît même qu'elle est animée, dans chaque cellule, d'un mouvement de *rotation* tout particulier. C'est du moins ce qu'on observe nettement sur plusieurs végétaux aquatiques d'une structure très-simple ; tels que la vallisnérie, et surtout les charas.

Les charas sont de petites plantes composées de cellules cylindriques accolées bout à bout. Leur tige offre en quelque sorte des entre-nœuds ayant pour base une grande utricule entourée de plusieurs petites. Dans quelques espèces, chaque entre-nœud est réduit à une seule cellule, grande, allongée.

Si l'on examine cette cellule au microscope, on aperçoit dans sa cavité close une foule de corpuscules opaques et divers qui décrivent ensemble, au sein d'un liquide incolore, un mouvement circulaire plus ou moins rapide. Ils montent le long d'une des parois de la cellule ;

arrivés tout-à-fait en haut, ils prennent une direction horizontale, en suivant la paroi supérieure; puis ils descendent par la paroi opposée à la première; et enfin, un second mouvement horizontal leur faisant franchir la paroi inférieure, ils reviennent à leur point de départ pour recommencer aussitôt le même cours.

Dans cette circulation *intra-cellulaire*, les corpuscules dont il s'agit se meuvent le long d'une série de granulations vertes qui adhèrent aux parois de la cavité. Leur courant suit une direction parallèle ou plus ou moins oblique par rapport à l'axe de la cellule. Une remarque à faire, c'est que le mouvement de *giration* d'une cellule est toujours indépendant de celui qui se passe dans les cellules voisines.

Tels sont les singuliers phénomènes offerts par la sève dans les charas. Et ces phénomènes, Messieurs, ne sont point exclusifs aux charas et aux végétaux aquatiques réduits comme eux à la plus simple structure; on a pu les observer aussi dans plusieurs plantes appartenant à tous les degrés d'organisation, notamment dans les poils du calice et dans les filets staminaux de l'éphémère de Virginie.

Le courant, dans les plantes phanérogames, n'est pas toujours unique; assez souvent il se bifurque ou se divise de diverses manières ; on le voit parfois entraîner avec lui des granules qui restent libres, puis s'agglomèrent et finissent par se fixer en un point des parois de l'utricule où, d'après quelques auteurs, ils forment le *nucleus*.

Ainsi, la circulation intra-cellulaire, d'abord considérée comme particulière aux végétaux aquatiques inférieurs, est un fait beaucoup plus général. Elle n'est appréciable qu'au mouvement des globules opaques charriés par la sève. S'il est impossible d'en constater l'existence dans la plupart des espèces, n'est-ce pas parce que la sève n'y contient que des globules incolores et par conséquent invisibles?

Mais revenons à l'absorption et à l'ascension de la sève dans les plantes en général.

La sève pénètre dans la racine et monte dans les régions les plus élevées de la plante avec une force considérable dont l'intensité peut être déterminée d'une manière approximative par la voie de l'expérience.

Lorsqu'on pratique, au printemps, une entaille sur la tige ou sur les branches d'un végétal quelconque, on en voit sortir aussitôt une quantité notable de sève appelée *sève du printemps*. Celle qui s'écoule en grande abondance après la taille de la vigne est désignée vulgairement sous le nom de *pleurs de la vigne*. Hales en fit l'objet d'une expérience bien connue.

Ayant coupé transversalement, en avril, un cep de vigne, il adapta sur la section un tube de verre à double courbure et contenant une certaine quantité de mercure dans sa courbure inférieure. Or, il constata que la sève, en s'introduisant dans la branche interne du tube, poussait le mercure dans la branche externe au point de le faire monter jusqu'à 1 mètre, ce qui correspond à 13, mètres 1/2 d'eau. Hales conclut de cette expérience que la sève est poussée de bas en haut, dans la vigne, par une force bien supérieure à celle qui meut le sang dans une grosse artère de cheval.

Il est au reste un fait journalier qui suffirait pour montrer combien est grande, non pas la force, mais la promptitude avec laquelle s'exécutent l'absorption et l'ascension de la sève : Une plante commençait à se flétrir sous l'influence de la sécheresse... On vient de l'arroser ; et tout-à-coup elle a repris sa fraîcheur, sa rigidité normales. Il n'a donc fallu qu'un moment pour que l'eau versée dans la terre ait été prise par sa racine et répandue dans tous ses organes.

On a fait long-temps de vains efforts pour expliquer le mécanisme de l'absorption et de l'ascension de la sève. Aujourd'hui, grâce à la découverte précieuse de l'*endosmose*, on s'en rend compte d'une manière assez satisfaisante ; et c'est, Messieurs, ce qu'il me reste à vous démontrer.

Lorsque deux liquides inégalement denses ne se trouvent séparés que par une membrane organique, animale ou végétale, il s'établit bientôt, à travers cette membrane, deux courans inverses qui les font passer l'un dans l'autre. De ces deux courans, découverts par Dutrochet, et dont la véritable cause est encore inconnue, le plus fort, le plus remarquable est celui qui entraîne le liquide moins dense vers le liquide plus dense ; c'est celui que Dutrochet a désigné sous le nom d'*endosmose*.

Que l'on prenne, par exemple, un tube de verre d'un petit calibre. Après l'avoir fermé par une extrémité seulement au moyen d'une membrane végétale, qu'on y introduise un peu d'eau sucrée, et qu'on le plonge ensuite, par cette extrémité, dans un vase contenant de l'eau pure.

On ne tardera pas à voir le niveau de celle-ci s'abaisser insensiblement ; tandis que la colonne d'eau sucrée, s'élevant peu à peu, finira par remplir le tube, dont l'ouverture laissera bientôt échapper le trop plein. Le repos ne se rétablira que lorsque les deux liquides, à la suite de leurs échanges continuels, auront acquis une égale densité.

Ainsi l'eau pure, dans cette expérience, traverse peu à peu la membrane organique pour se rendre en grande quantité dans la solution de sucre, liquide plus dense ; elle subit le phénomène de l'endosmose.

Mais, au lieu d'un tube droit, l'on fait ordinairement usage d'un tube à deux courbures contenant un peu de mercure dans l'inférieure, et dont la branche externe est longue et graduée. Dès lors, le liquide introduit par le courant dans la branche interne soulève le mercure dans l'externe, et le degré de hauteur atteint par la colonne mercurielle devient l'expression de la force avec laquelle s'effectue l'endosmose.

Les expériences faites en grand nombre au moyen d'un semblable endosmomètre ont permis de constater que la force du courant est constamment en rapport avec sa vitesse ; et que l'une et l'autre, toujours considérables, sont proportionnelles en général à l'excès de densité d'un liquide sur l'autre.

Il vous sera maintenant facile de comprendre comment on peut rattacher à l'endosmose l'absorption et l'ascension de la sève.

Chaque spongiole est en quelque sorte un petit endosmomètre fonctionnant au sein de la terre. L'eau que renferme le sol s'introduit d'abord dans les cellules superficielles des spongioles où l'attire la sève, liquide plus ou moins élaboré et partant plus dense. En se mêlant avec cette eau, la sève de ces premières cellules doit diminuer de densité ; elle passe par cela même dans les cellules immédiatement plus profondes, plus élevées ; elle y trouve une sève un peu moins récente qui, perdant aussi par ce mélange une partie de sa densité, pénètre à son tour dans les cellules voisines situées au-dessus. Et l'impulsion, partie des spongioles, se transmet ainsi, de cellule en cellule, dans le corps de la racine, dans la tige, dans les branches, dans les feuilles : en un mot, dans toutes les parties du végétal.

La sève, dans ce mouvement ascensionnel, rencontre à chaque pas des dépôts de substances nutritives qu'elle dissout et qui accélèrent notablement son cours, en lui donnant une densité de plus en plus considérable. Arrivée dans les hauteurs de la plante, à la surface des parties vertes, surtout des feuilles, elle éprouve au contact de l'air une évaporation plus ou moins active qui favorise puissamment le phénomène d'endosmose.

En effet, l'évaporation de ce fluide s'effectuant aux dépens de sa portion aqueuse, le maintient en un certain état de concentration et lui conserve ainsi sa densité ; elle débarrasse en quelque sorte le végétal du trop plein ; elle tend sans cesse à produire dans les parties supérieures un vide que les liquides, en s'élevant, viennent aussitôt remplir. Ce vide exerce constamment sur la sève inférieure une espèce de succion ou d'aspiration qui la soulève de proche en proche, et lui imprime de la sorte un mouvement qui se confond avec celui de l'endosmose.

Et l'évaporation de la sève est secondée, dans cet acte d'aspiration, par le développement de tous les organes aériens. Un bourgeon qui s'ouvre, une feuille qui s'élargit, un rameau qui s'allonge puisent les matériaux de leur accroissement dans les sucs les plus voisins, dans la sève qui les abreuve à leur base. Il n'en résulte pourtant aucun vide, car les liquides situés immédiatement au-dessous y affluent aussitôt pour y réparer les pertes à mesure qu'elles ont lieu. Ces liquides eux-mêmes sont bientôt remplacés à leur tour par ceux qui se trouvaient un peu plus bas ; et ainsi la sève se déplace successivement depuis l'organe qui se développe jusqu'à la racine ; elle monte par aspiration, ou par *affluxion*, comme le dit Dutrochet.

Mais la sève ne circule point exclusivement dans le tissu cellulaire ; nous avons déjà dit qu'elle parcourt en outre, du moins au printemps, les voies capillaires que lui présentent les vaisseaux. Or, vous savez que les li-

quides susceptibles de mouiller les parois d'un tube capillaire quelconque s'y élèvent à une certaine hauteur,
contre leur propre poids. Il est au moins probable que
cette propriété , connue sous le nom de *capillarité* , concourt avec les circonstances dont nous venons de nous
entretenir au mouvement ascensionnel du fluide nourricier dans les plantes.

Cependant l'ascension de la sève, qui devrait continuer
son cours même après la mort du végétal si elle ne
dépendait que de ces causes , la plupart purement physiques, s'arrête aussitôt que la vie s'éteint. On est donc
forcé d'admettre que les mouvemens de la sève , comme
tous les phénomènes produits au sein des êtres vivans ,
reconnaissent pour cause première une force cachée ,
mystérieuse , qui domine toutes les actions physiques ou
chimiques... et cette force , vous le devinez bien , n'est
autre que la vie elle-même. Cela s'applique surtout à la
circulation intra-cellulaire de la sève , un des points les
plus obscurs de la physiologie végétale

Disons maintenant un mot sur les divers changemens
apportés dans le cours de la sève par les variations atmosphériques , par la puissante influence des saisons.

La plupart des végétaux ligneux , dans nos climats ,
restent engourdis et comme frappés de mort pendant tout
l'hiver.

Au retour du printemps, sous l'action de l'électricité ,
de la lumière et surtout de la chaleur renaissante , ils se
réveillent de cette espèce de sommeil hibernal ; leurs

bourgeons, depuis long-temps stationnaires, se gonflent, et leur racine retrouve bientôt son activité suspendue.

L'atmosphère, après l'hiver, s'échauffant plus vite que le sol, les parties aériennes, l'écorce et les bourgeons, doivent ressentir plus tôt que la racine l'action vivifiante du printemps. Et en effet, si l'on introduit dans une serre, en hiver, une branche d'un cep de vigne situé en dehors, on voit cette branche développer ses bourgeons et se couvrir de feuilles; tandis que les autres, exposées au froid, ne donnent aucun signe de vie, ce qui prouve que la racine elle-même n'a point encore subi l'influence de la chaleur.

Néanmoins dans un végétal qui reprend son activité sous l'empire du printemps, l'excitation des organes en contact avec l'atmosphère ne tarde point à se communiquer à la racine. Les bourgeons, en se développant, exercent une espèce de succion qui ébranle, qui met en mouvement la sève jusque-là stagnante. En même temps, la terre s'échauffe, et la racine entre en action. Une sève de plus en plus abondante est dès-lors introduite dans la racine, puis dans la tige, dans les branches, etc. Elle inonde tous les tissus, les vaisseaux comme les cellules; elle dissout et entraîne avec elle toutes les matières solides qu'elle trouve sur son passage, et qui s'étaient amassées en dépôt pendant l'hiver ; c'est la *sève du printemps.*

Ainsi chargée d'une grande quantité de principes alimentaires, la sève, poussée principalement par endosmose, arrive enfin jusqu'aux bourgeons. Ceux-ci, trouvant en elle une nourriture copieuse et sans cesse renouvelée , se développent avec une rapidité remarquable ; la plupart se convertissent promptement en feuilles, dont la surface devient le siège d'une évaporation d'autant plus active que la température de l'atmosphère est elle-même plus élevée. Et sous la double influence de cette évaporation et du rapide accroissement des organes aériens , la sève ascendante précipite son cours ; elle atteint le maximum de sa vitesse.

Mais le printemps touche à sa fin; les feuilles ont acquis toutes leurs dimensions, et les rameaux qui les portent une grande partie de leur consistance. Devenue moins abondante et surtout moins rapide, la sève n'y arrive plus qu'en petite quantité; elle abandonne les vaisseaux pour faire place à l'air; elle se porte sur de nouveaux organes, sur les fleurs, qui viennent de s'épanouir.

Puis au printemps succède l'été dont la chaleur brûlante et la sécheresse ralentissent encore la végétation. La sève alors, de moins en moins abondante, semble arrêter son cours; elle devient presque immobile.

Cependant, de nouveaux bourgeons se sont formés à l'aisselle des feuilles et à l'extrémité des rameaux; et il n'est pas rare de voir, à la fin de l'été, quelques-uns d'entre eux se gonfler et s'épanouir. Ce phénomène, pour ainsi dire anticipé ou printannier, s'observe sur la majorité des arbres, mais principalement sur les plus précoces; il imprime une impulsion nouvelle et manifeste au mouvement ascensionnel de la sève, qui prend dès-lors le nom particulier de *sève d'août.*

Pendant l'automne, la sève modère encore une fois sa marche. Les tissus se durcissent; les organes se dessèchent; les feuilles jaunissent, meurent et tombent. Et le végétal, ainsi dépouillé, ne donne plus aucun signe de vie durant toute la saison de l'hiver.

Dans les régions inter-tropicales, où règne en quelque sorte un printemps perpétuel, la sève se montre plus uniforme dans ses mouvemens; la végétation y est continue.

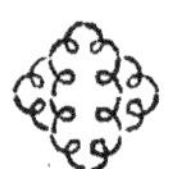

QUATORZIÈME LEÇON.

TRANSPIRATION. — RESPIRATION. — SÉCRÉTIONS , etc.

Arrivée dans les parties aériennes et vertes, surtout dans les feuilles, la sève éprouve au contact de l'air d'importantes modifications qu'il est temps, Messieurs, d'étudier avec quelques détails.

Et d'abord, elle s'y dépouille, vous le savez déjà, d'une portion notable de l'eau dont elle est essentiellement formée, laquelle s'exhale au sein de l'atmosphère sous la forme d'une vapeur plus ou moins abondante. Exhalation que nous avons reconnue comme une des causes les plus puissantes du mouvement ascensionnel de la sève, et que l'on nomme *transpiration*, de sa comparaison avec la transpiration cutanée des animaux.

La transpiration dans les plantes a lieu par tous les points de leur superficie, mais principalement par la voie des stomates. Presque nulle sur les parties dépourvues de ces petites ouvertures, elle est faible dans celles qui en présentent peu, très-abondante au contraire dans celles qui en contiennent beaucoup, plus active, par exemple, à la face inférieure des feuilles qu'à leur face supérieure; elle est, en un mot, constamment en rapport avec le nombre de ces bouches microscopiques.

On propose de distinguer sous le nom de *transpiration insensible* celle qui, toujours lente et peu marquée, s'effectue sans le secours des stomates. Comme l'évaporation qui se passe à la surface des corps inertes, poreux et humides, elle a lieu tout aussi bien dans l'ombre qu'à la lumière, et augmente en intensité à mesure que l'air devient à la fois plus chaud et plus sec. C'est par elle que s'opère peu à peu la dessiccation des organes privés de stomates et détachés du végétal dont ils faisaient partie; par elle que se dessèchent, par exemple, la plupart des fruits et des graines après leur récolte.

La transpiration insensible des végétaux offre donc toutes les conditions d'un phénomène physique; elle n'est autre chose qu'une évaporation aqueuse due simplement à la porisité des tissus qui en sont le siége.

Mais la *transpiration proprement dite*, celle qui, beaucoup plus abondante, s'exerce par la voie des stomates, n'a point le même carectère et ne suit pas les mêmes lois. Elle est une véritable fonction physiologique, comparable à la perspiration pulmonaire des animaux plutôt qu'à la transpiration cutanée; car elle a pour principaux agens les feuilles, qui sont en quelque sorte les poumons des plantes.

Les stomates restant fermés à l'ombre et ne s'ouvrant que sous l'action de la lumière, la fonction dont il s'agit est toujours nulle dans l'obscurité. Son activité s'accroît, du reste, non-seulement avec la clarté du jour, mais encore avec la chaleur et la sécheresse de l'air. Aussi, lorsqu'on veut conserver long-temps les fleurs d'un bouquet, faut-il les placer dans un lieu frais et sombre, ou tout au moins les abriter contre la lumière par un moyen quelconque, en les enveloppant par exemple d'une feuille de papier.

On a constaté que les végétaux augmentent sensiblement de poids durant la nuit, ce qui ne doit point étonner, puisque leurs déperditions sont alors presque entièrement suspendues; tandis qu'ils font sans cesse, par leur racine, de nouvelles acquisitions.

Aux premiers rayons du soleil levant, les feuilles, ouvrant leurs nombreux stomates, laissent échapper avec abondance le liquide qui s'est accumulé dans leur tissu pendant la nuit. Et ce liquide, au lieu de se perdre en vapeur dans l'air, reste à leur surface, condensé par le froid qui règne encore à cette heure du jour. De là ces gouttes d'eau limpides qu'on trouve le matin à la surface des feuilles de la plupart des plantes. Elles sont bien un produit de la transpiration, et non le résultat, comme on l'a quelquefois avancé, d'une condensation de la vapeur aqueuse répandue naturellement dans l'air; car on les voit se former même sur les végétaux qu'on a mis à l'abri du contact de l'atmosphère en les couvrant d'une cloche.

Mais bientôt la fraîcheur du matin se dissipe; la chaleur s'élève graduellement; et la transpiration, de plus en plus abondante, ne fournit plus qu'une vapeur invisible.

A température et clarté égales, cette fonction varie dans son intensité suivant l'âge de la plante, ou plutôt suivant la période à laquelle est arrivée la végétation. Elle est moins active en été qu'au printemps, et moins active encore en automne. Le rapport qui existe entre la quantité de liquide absorbée par une plante et celle qu'elle perd par exhalation, dans le même espace de temps, peut être facilement déterminée d'une manière approximative.

On met dans un vase un peu d'eau que l'on pèse exactement; on la couvre d'une couche d'huile pour l'empêcher d'éprouver la moindre diminution en se vaporisant au contact de l'air. Puis on y plonge, par la racine, un végétal dont le poids est également connu... et au bout d'un certain temps, on pèse de nouveau le liquide et la plante. La perte que l'on constate dans le premier indique la quantité absorbée; l'augmentation de poids de la seconde représente la portion d'eau retenue dans les organes: et la différence entre ces deux quantités exprime enfin celle qui s'est échappée par exhalation.

Si l'on couvre d'une cloche la plante en expérience, le produit de la transpiration ne tarde point à se condenser sur les parois de ce vase, et l'on peut alors s'assurer qu'il consiste en une eau presque pure, chargée seulement d'une très-petite proportion de quelques matières provenant du tissu végétal.

On a fait sur la transpiration des végétaux un grand nombre d'observations dont les résultats ont fourni, en moyenne, la donnée suivante. La quantité d'eau puisée dans la terre par la racine est à celle qui se dissipe par voie d'exhalation comme 3 sont à 2. D'où il suit que les plantes, en général, s'approprient ou décomposent dans leurs tissus un tiers seulement du liquide absorbé.

Mais ce rapport, le plus favorable à la végétation, est susceptible d'être troublé par des circonstances diverses.

En effet, la transpiration, presque nulle pendant la nuit, se ralentit notablement en plein jour dans une atmosphère gorgée d'humidité, ce qui rend bientôt la sève à la fois trop abondante et trop aqueuse. Dans un air chaud et sec, inondé de lumière, la transpiration se montre au contraire extrêmement active. Cependant, si la racine trouve alors dans la terre une grande quantité de liquide, les acquisitions compensent les pertes, l'équilibre subsiste, et la végétation précipite son cours ; elle apparaît dans toute sa puissance, avec tout le luxe dont elle est susceptible.

Les choses ont lieu bien différemment lorsque le sol est

lui-même aride en même temps que l'atmosphère : la transpiration , dans ce cas , l'emporte sur l'absorption ; les feuilles, qui fournissent trop et ne reçoivent pas assez, se flétrissent , tombent.... et la végétation devient languissante. C'est ce qui arrive fréquemment à une foule de végétaux herbacés pendant la saison des fortes chaleurs. Si les arbres résistent beaucoup plus long-temps à la sécheresse , c'est que leurs longues racines vont chercher à une profondeur considérable l'humidité nécessaire à leur entretien.

Qui ne devine , d'après ce qui précède , les bienfaits d'une pluie tombée durant le cours d'un été brûlant? Qui ne conçoit comment une irrigation artificielle, en humectant sans cesse la surface d'une prairie , peut en augmenter les produits à un degré vraiment prodigieux ?

Les plantes grasses , telles que les *cactus* , restent gorgées de sucs , même pendant les sécheresses les plus prolongées , parce que , munies seulement de quelques rares stomates , elles perdent fort peu par exhalation. Il en est tout autrement des feuilles submergées, de celles des potamogetons, par exemple, lorsqu'elles se trouvent hors de l'eau. Comme ces feuilles sont dépourvues d'épiderme , leur parenchyme se dessèche très-promptement au contact de l'atmosphère.

Mais les plantes , en même temps qu'elles se débarrassent du superflu de leur humidité, puisent au sein de l'air des principes indispensables à la végétation ; de même que les animaux elles *respirent* ; la vie , pour elles aussi bien que pour eux, n'est possible qu'à cette condition.

La *respiration*, chez les plantes comme chez les animaux, consiste essentiellement dans le contact de l'air avec le liquide nourricier ; contact pendant lequel les deux fluides en rapport, réagissant l'un sur l'autre, s'impriment des modifications réciproques de la plus haute importance.

C'est à la surface des parties vertes, et surtout dans les feuilles, espèces de poumons, que s'effectue la véritable respiration des végétaux. Introduit dans les feuilles par la voie des stomates, l'air s'y trouve en présence de la sève qui remplit à la fois les cellules et les méats intercellulaires de leur parenchyme ; et aussitôt la réaction commence. Voyons d'abord quels sont les changemens qu'elle produit dans la composition de l'air.

On peut arriver à cette connaissance par deux modes d'expérimentation : ou bien on laisse végéter une plante sous une cloche remplie d'air atmosphérique, et au bout d'un certain temps on procède à l'analyse de cet air ; ou bien on fait germer une graine dans du sable pur que l'on arrose avec de l'eau distillée pendant toute la germination, et aussi pendant la végétation de la plante qui en résulte. On connaissait le poids et la composition de la graine ; on sait en outre quelle est la quantité d'eau pure dont on a fait usage, et par conséquent ce qu'elle a dû fournir au végétal. Il suffit donc d'analyser celui-ci pour déterminer la nature et la proportion des élémens que l'atmosphère seule a pu lui communiquer.

Par des expériences de ce genre faites en grand nombre et variées de mille manières, on s'est assuré que les plantes, sous l'action directe du soleil, enlèvent continuellement à l'air une partie de son acide carbonique , en même temps qu'elles y versent une quantité notable d'oxigène.

Or, Messieurs , l'oxigène exhalé dans ces conditions compense presque entièrement , du moins en volume , l'acide qui disparaît ; en d'autres termes, le premier de ces gaz représente à peu de chose près l'oxigène qui entrait dans la composition du second. D'où l'on conclut que les végétaux , après avoir absorbé, par leurs parties vertes , l'acide carbonique de l'atmosphère, le décomposent, s'approprient tout son carbone ainsi qu'une petite quantité de son oxigène, et rejettent la plus grande partie de ce dernier.

Il suffit en effet d'augmenter la proportion d'acide carbonique renfermée naturellement dans l'air , pour voir aussitôt s'élever dans le même rapport la quantité d'oxigène exhalée par les plantes qui y respirent. Et lorsqu'on place un végétal dans une eau plus ou moins aérée, l'on constate aussi qu'il expire des bulles gazeuses d'oxigène dont la proportion est toujours relative à celle de l'acide carbonique de l'air en solution dans le liquide. Cette production d'oxigène serait nulle dans l'eau distillée , privée d'air et par conséquent d'acide carbonique ; elle est moins abondante dans l'eau de rivière que dans l'eau de source , parce que l'air dissous dans celle-ci contient beaucoup plus d'acide carbonique.

Tels sont , Messieurs , les changemens remarquables
que les plantes font subir à l'air libre ou dissous dans
l'eau , quand leur action est secondée par la puissante
influence du soleil. Dans l'obscurité , la respiration des
végétaux s'accompagne de phénomènes bien différens ;
les modifications qu'elle imprime alors à l'air sont
pour ainsi dire inverses de celles que nous venons de
signaler.

Pendant la nuit , par exemple, ce n'est pas de l'acide
carbonique , mais de l'oxigène que les plantes puisent
au sein de l'air. L'acide carbonique est au contraire le
gaz qu'elles rejettent, en même temps qu'un peu d'azote.
On admet que l'oxigène alors absorbé par les feuilles se
combine avec leur carbone pour former l'acide carbonique expiré. Mais il paraît qu'il s'échappe aussi de ces
organes une partie de l'acide carbonique introduit par la
racine.

Les plantes qui se développent dans un lieu continuellement sombre sont en général *étiolées*, c'est-à-dire
pâles, sans consistance , débiles ; et cela doit être, puisqu'elles y font sans cesse des pertes en carbone , élément
qui donne aux tissus végétaux leur couleur et leur densité naturelles. Sur ce fait connu de tout le monde, est
fondée l'habitude qu'ont les jardiniers de soustraire à
l'influence de la lumière certains végétaux comestibles,
le céleri, les laitues, etc., dans le but de les rendre
plus tendres, plus délicats, plus agréables au goût.

Il est pourtant des plantes qui végètent avec vigueur

sans le secours d'une abondante lumière, et qui semblent même se plaire dans les lieux ombragés. Car tout varie dans les végétaux ; leurs besoins.... j'allais dire leurs habitudes, comme leur aspect et leur structure.

Une chose importante à noter et que nous avons jusqu'à présent passée sous silence, est l'action particulière des organes végétaux doués d'une couleur autre que la verte. Ces organes, en effet, tels que les racines, beaucoup de fruits et surtout les pétales, expirent sans cesse, même en plein jour, de l'acide carbonique ; tandis que sans cesse ils absorbent du gaz oxigène. On sait que des fleurs déposées en grande quantité dans un appartement bien clos sont susceptibles d'y altérer l'air d'une manière très-fâcheuse pour la santé des personnes qui le respirent.

Lorsqu'un végétal est malade, languissant, c'est, dit-on, seulement de l'azote qu'il exhale de toutes ses parties. Et l'on assure que certains, notamment la sensitive, le houx et le laurier-cerise, n'expirent jamais que ce gaz , même en pleine vigueur et sous l'action de la lumière ; anomalies qu'il n'est point donné d'expliquer dans l'état actuel de la science.

Mais, à part ces rares exceptions, les végétaux, nous l'avons reconnu tout-à-l'heure, déposent dans l'atmosphère, pendant le jour et par leurs parties vertes, du gaz oxigène en remplacement de l'acide carbonique dont elles s'emparent.

Or. Messieurs, la respiration des animaux, comme

celle de l'homme lui-même, produit constamment dans l'air des modifications tout-à-fait opposées. L'oxigène est en effet le principe vivifiant que nous inspirons, et l'acide carbonique le gaz que nous rejetons comme irrespirable et délétère.

C'est un fait capital et vraiment digne d'admiration que cette opposition ou plutôt ce rapport physiologique entre les animaux et les plantes. L'atmosphère, indispensable à la vie de tous les êtres organisés, cède aux animaux l'excès d'oxigène qu'elle reçoit des plantes, et aux plantes l'acide carbonique fourni par les animaux.

Ainsi se balancent les mutations chimiques et inverses dont elle est partout et sans cesse le théâtre; ainsi sa composition, toujours sur le point de se modifier, reste éternellement la même. Il faut, pour que l'équilibre subsiste, que l'action exercée par les végétaux pendant le jour neutralise les effets contraires qu'ils produisent la nuit, en même temps que ceux dont la respiration des animaux est la source intarissable.

Partout où des plantes végètent en grand nombre, l'oxigène tend à s'accumuler en quantité considérable; comme l'acide carbonique partout où respirent beaucoup d'animaux réunis. Mais les vents dispersent continuellement au loin ces produits en excès, et conservent de la sorte à l'atmosphère son homogénéité constante.

On conçoit aisément, d'après tout ce qui précède, l'utilité des plantations dans les lieux où des eaux croupissantes souillent l'air de principes irrespirables pour l'homme et les animaux. Une puissante végétation, en versant dans cet air altéré des flots d'oxigène, et en le dépouillant de son acide carbonique, le ramène à une constitution meilleure, et rend ainsi la localité plus salubre.

Nous avons supposé jusqu'ici que les plantes ne puisaient dans l'atmosphère que de l'acide carbonique le jour, et de l'oxigène la nuit. Ajoutons maintenant qu'elles absorbent en proportion plus ou moins considérable l'air atmosphérique lui-même.

L'air se compose essentiellement d'oxigène, d'azote et de quelques millièmes d'acide carbonique. Il contient toujours un peu de vapeur aqueuse formée d'oxigène et d'hydrogène. Il paraît aussi qu'il renferme une très-petite quantité de vapeurs ammoniacales, combinaison d'hydrogène et d'azote. Or, ces principes : oxigène, azote, carbone et hydrogène, diversement associés dans l'atmosphère, s'introduisent ensemble dans le végétal, s'y séparent pour obéir à des affinités nouvelles, et concourent, chacun pour sa part, à l'acte si important de l'assimilation.

C'est d'abord dans le parenchyme des feuilles que l'air pénètre avec tous ses élémens constitutifs. Bornée à ces organes essentiels, la respiration des plantes aériennes répond à celle des animaux pourvus d'un poumon, tels que les mammifères, les oiseaux et les reptiles. Tandis que, dans les végétaux aquatiques, elle est analogue à celle des poissons, les feuilles opérant alors, comme les branchies de ces vertébrés, sur l'air tenu en dissolution par l'eau.

Dans tous les cas, l'air inspiré ne tarde point à s'insinuer dans les vaisseaux spiraux qui aboutissent aux feuilles. Ces vaisseaux, d'abord remplis de liquides, se vident pour le recevoir, et le distribuent insensiblement partout, dans les rameaux, les branches, la tige, jusque dans la racine elle-même. Ainsi l'air abandonne les feuilles pour aller au-devant de la sève qui baigne tous les tissus de la plante; il se comporte alors comme dans les insectes, où l'appareil respiratoire est exclusivement formé de *trachées*, vaisseaux aériens qui se ramifient à l'infini dans la substance de tous les organes.

En pénétrant peu à peu dans le tissu des végétaux, l'air, sans cesse en contact médiat ou immédiat avec la sève, subit des altérations de plus en plus marquées. Il perd surtout une grande quantité de son oxigène, au point de n'en présenter parfois que huit ou dix centièmes après son arrivée dans la racine, au lieu de vingt-un, proportion normale.

La sève à son tour, à mesure qu'elle se concentre en se dépouillant, par la transpiration, de sa partie la plus fluide, éprouve dans son contact avec l'air des modifications plus intimes. Elle acquiert pendant son séjour dans les feuilles des qualités nouvelles qui la rendent plus apte à nourrir les organes, de même que chez nous le sang veineux devient artériel et nutritif en traversant notre poumon.

Ainsi modifiée par la double influence de la transpiration et de la respiration, la sève, que nous avons vue s'élever peu à peu de la racine aux feuilles, revient sur ses pas, descend des feuilles jusqu'à la racine; et c'est alors qu'elle dépose au sein des tissus leurs matériaux d'entretien et d'accroissement.

La sève ascendante et la sève descendante ne se font point obstacle dans leurs cours opposés; car elles suivent deux voies distinctes. En effet, pendant que l'ascension de l'une a lieu par le système ligneux, c'est par l'écorce, du moins dans les végétaux exogènes, que l'autre effectue sa marche rétrograde.

On a mis en doute, il est vrai, ce retour de la sève par le système cortical. Cependant lorsqu'on enlève un lambeau circulaire d'écorce sur la tige d'un arbre exogène en végétation, ou sur une de ses branches, on voit la lèvre superieure de la plaie s'humecter d'un liquide abondant, et s'épaissir en un bourrelet plus ou moins considérable; tandis que la lèvre inférieure se dessèche et reste mince.

En faut-il d'avantage pour démontrer qu'une sève descendante se meut et se meut seule à la périphérie du végétal ? Le bourrelet dont il s'agit est sans doute le résultat de son accumulation au point où son cours se trouve interrompu par la solution de continuité. Nous aurons plus tard l'occasion de revenir sur l'explication de ce fait physiologique.

La sève descendante inonde surtout la face interne

du système cortical et en même temps la face externe du corps ligneux. Elle entretient dans ce point de jonction un liquide particulier que l'on nomme *cambium*, et dont le rôle est des plus importans , ainsi que nous le verrons en étudiant l'accroissement des végétaux dicotylédonés.

De cette limite , la sève descendante pénètre , par les rayons médullaires, dans l'épaisseur du système ligneux, principalement dans les couches d'aubier , qui y puisent les principes nécessaires à leur complet développement. Il est probable qu'une partie de cette sève élaborée se mêle alors à la sève ascendante , et qu'elle remonte avec celle-ci vers les feuilles pour y subir de nouveau l'action vivifiante de l'atmosphère , ce qui constituerait dans les végétaux une véritable circulation, comparable jusqu'à un certain point à celle du sang dans les animaux supérieurs.

En même temps qu'elle se dépouille de ses principes nutritifs au bénéfice de tous les organes, de tous les tissus , la sève descendante est soumise , dans sa longue route , à de profondes élaborations qui la convertissent en des produits très-divers. Telle est , par exemple , l'origine du liquide que renferment les vaisseaux laticifères dont sont pourvus , comme vous savez , un assez grand nombre de plantes.

Ce liquide , modification de la sève descendante , est désigné sous le nom de *suc propre* ou de *latex*. Il abonde surtout dans l'épaisseur de l'écorce , et varie par son aspect suivant les espèces. Rarement incolore , il est

jaune dans la chélidoine , blanc , laiteux dans les euphorbes , les chicoracées, les apocynées, les figuiers, etc.
Presque toujours, il est acre , souvent caustique, véné-
neux ; et sous ce rapport il peut différer du tout au tout
de la sève ascendante, ainsi que l'euphorbe des Canaries
nous en offre un exemple frappant.

Le système cortical , dans cette espèce exotique , est
gorgé d'un suc laiteux , poison très-actif ; tandis que
son corps ligneux contient une grande quantité de sève
limpide, non-élaborée, dont les gens du pays s'abreuvent
en la suçant pour étancher leur soif , après avoir enlevé l'écorce.

Quelles que soient , du reste , ses propriétés et ses apparences , le latex , vu au microscope , se montre formé
de globules très-petits, inégaux, généralement colorés ,
nageant au milieu d'un liquide incolore. La présence
de ces globules colorés et la transparence des parois des
laticifères permettent de constater que le latex n'est point
en repos , mais au contraire agité d'un mouvement très-
remarquable.

Qu'on choisisse , par exemple, sur la chélidoine, une
jeune feuille aussi mince, aussi transparente que possible , et , sans la détacher de la plante vivante , qu'on
l'examine à l'aide d'un bon microscope , après l'avoir
humectée et placée sous une mince lame de verre. On
apercevra des traînées de granules jaunâtres en mouvement dans les laticifères accolés aux trachées qui concourent à la composition des nervures de la feuille ; on

les verra passer d'un laticifère dans un autre, parcourir tout le réseau formé par ces conduits, descendre, monter, revenir souvent à leur point de départ, décrire enfin un trajet circulaire.

Cette circulation du latex paraît locale, particulière à chaque organe. M. Schultz, à qui l'on en doit la découverte, a proposé de la désigner sous le nom de *cyclose*. En général très-rapide au printemps et au commencement de l'été, la cyclose est plus lente en automne, et nulle ou presque nulle en hiver, si ce n'est dans les racines. Au reste, dans chaque saison, elle est d'autant plus active que la chaleur est plus considérable.

La cyclose persiste assez long-temps dans des parties séparées de la plante. On peut s'en assurer, par exemple, en examinant au microscope un fragment de feuille de figuier. Il suffit pour cela d'enlever préalablement l'épiderme sur l'une des faces de ce fragment, afin de mettre à découvert les vaisseaux laticifères. Dans tous les cas, on observe que les granules du latex, en même temps qu'ils suivent le torrent, exécutent des mouvemens fort curieux : ils se rapprochent et se fuient, s'unissent et se séparent alternativement et sans cesse.

Comment concevoir ces oscillations singulières des granules charriés par le latex? et la cyclose elle-même, comment s'en rendre compte ?

Quelques physiologistes l'attribuent à l'influence de la chaleur, qui agirait sur les vaisseaux du latex en quelque sorte comme sur un thermomètre. D'autres cherchent à l'expliquer par l'endosmose, qui, en introduisant une sève plus ou moins fluide dans la partie supérieure des vaisseaux laticifères, pousserait le latex de haut en bas. Quant à M. Schultz, il se plait à admettre une certaine contractilité dans les laticifères ; suivant lui, c'est aux contractions et aux dilatations alternatives de ces vaisseaux que l'on doit rapporter les mouvemens du latex.

Mais aucune de ces hypothèses n'est susceptible de satisfaire complètement l'esprit, et la cyclose, il faut en convenir, est un des nombreux phénomènes dont la nature s'est réservé jusqu'à présent le véritable secret.

Faut-il adopter l'opinion des auteurs pour qui le latex n'est autre chose que la sève descendante, c'est-à-dire un liquide essentiellement nourricier, comparable au sang artériel des animaux ? Cela paraît difficile, car le latex, nous l'avons dit, n'appartient qu'à certaines espèces ; tandis que la sève descendante étant indispensable, doit exister dans toutes. D'un autre côté, le premier circule dans un ordre spécial de vaisseaux, au lieu que la seconde abreuve tous les tissus, même le cellulaire. On sait en outre que le latex, sorti de ses voies naturelles et absorbé par la racine de la plante d'où il provient, agit en général sur celle-ci comme un véritable poison ; ce qui est peu propre à lui faire accorder des propriétés nutritives.

Le latex n'est donc point le fluide nourricier des végétaux, la sève descendante, mais seulement une modification , ou, si l'on veut, un produit de cette sève ; de même que , dans les animaux , la bile et la salive sont des produits du sang.

Comme le sang artériel , la sève descendante est la source commune où les organes puisent tous les matériaux des *sécrétions* et des *excrétions*.

Dans certaines plantes , elle fournit un liquide particulier qui s'extravase entre les fibres et les cellules de l'écorce, s'y accumule en grande quantité, puis s'écoule au dehors par les fissures qui se forment tôt ou tard dans les couches corticales extérieures. Ce liquide surabondant et rejeté comme inutile s'épaissit plus ou moins pour l'ordinaire au contact de l'air ; il varie beaucoup , suivant les espèces , par sa nature et ses propriétés.

Telle est , par exemple , la gomme qui transude et se concrète à la surface du cerisier, du prunier, de l'amandier et autres arbres rosacés ; tel est aussi le suc résineux que l'on retire des pins et des sapins ; telle est la manne, substance sucrée fournie par plusieurs espèces de frênes qui végètent en Calabre. Pour obtenir en grande quantité, soit la manne , soit la résine , on pratique dans l'écorce des entailles profondes qui en facilitent la sortie.

Parmi les autres matières très-diverses que les plantes produisent par voie d'excrétion , il en est qui se répandent à leur surface, où elles forment une espèce de vernis imperméable à l'eau. Ces matières, de nature résineuse ou analogues à la cire , ont pour destination de garantir les organes contre le froid et l'humidité de l'hiver , ou de modérer l'activité de la transpiration pendant les fortes chaleurs de l'été. Vous savez, par exemple, que les bourgeons des peupliers, des marronniers d'inde et d'un grand nombre d'autres arbres ont pour enduit protecteur une exsudation résineuse abondante.

Beaucoup de feuilles épaisses, molles, notamment celles des choux, se couvrent d'une poussière glauque, surtout à leur face inférieure, espèce d'inflorescence de nature cireuse que l'on remarque aussi à la surface de plusieurs fruits, tels qus les prunes, les raisins, etc. L'évaporation est presque nulle dans les organes, feuilles ou fruits, revêtus de cette substance excrémentitielle ; aussi restent-ils gorgés d'une grande quantité de sucs aqueux : ils peuvent en outre subir le contact de l'eau sans se mouiller.

Quant aux plantes aquatiques, elles sont défendues contre l'action destructive du liquide au milieu duquel elles vivent par une matière glaireuse particulière, exsudée de toute leur surface.

La plupart des produits excrémentitiels, dans les végétaux aériens, sont élaborés par de petites glandes ou par des poils glanduleux. Il en est de gluans, comme on le voit dans l'acacia visqueux, le silène penché, etc. D'autres sont irritans, caustiques, ainsi qu'on en trouve un exemple dans les poils de pois-chiche et surtout dans ceux des orties. Le liquide qui se dépose au fond des corolles, sous le nom de *nectar*, est au contraire doux et sucré comme du miel. Beaucoup de plantes laissent échapper de leur surface des principes volatils qui leur donnent une odeur aromatique plus ou moins suave.

Et puisque c'est la sève descendante qui fournit les élémens de tous ces produits excrémentitiels, en même temps qu'elle nourrit tous les organes, tous les tissus, elle doit être profondément modifiée lorsqu'elle arrive au bout de sa route, c'est-à-dire dans la racine. Réduit alors en quelque sorte à l'état de résidu, ce liquide se mêle-t-il à la sève ascendante pour aller concourir derechef aux phénomènes de la végétation ? Ou bien est-il rejeté par la racine comme inutile ou nuisible à la vie ?

On trouve sur beaucoup de racines, à l'extrémité de leurs divisions, de petits grumeaux d'une matière onctueuse qui s'attache facilement à la terre et en retient toujours un peu quand on arrache la plante. On sait en outre que partout où un arbre a végété long-temps, le sol se montre plus gras et plus coloré qu'ailleurs.

Plusieurs physiologistes, parmi lesquels il faut surtout citer Decandolle, attribuent ces faits à une véritable excrétion dont la racine serait le siège. D'après eux, les divisions radicellaires, en même temps qu'elles pompent dans le terreau des principes nutritifs, y déposent une matière excrémentielle désormais impropre à l'entretien du végétal.

S'il en est ainsi, l'on conçoit très-bien que les extrémités de la racine doivent s'étendre sans cesse pour aller chercher leur nourriture dans une région non encore souillée par leurs excrémens. On comprend aussi pourquoi un arbre languit à la place où un autre de même espèce l'a précédé.

Les matières excrétées par les racines d'une espèce peuvent ne pas convenir aux végétaux d'une espèce différente; ce qui expliquerait comment la vergerette acre nuit au froment, le chardon hémorrhoïdal à l'avoine, la scabieuse au lin, etc.; comment la terre, après avoir produit une récolte, a besoin de se reposer pour en fournir une seconde de même espèce; comment, par exemple, le blé vient mal lorsqu'on le sème plusieurs années de suite dans le même lieu.

Par contre, on a avancé que certaines plantes rejettent par leur racine des substances favorables à certaines autres; tel serait le cas, par exemple, des légumineuses par rapport aux céréales.

Il est vrai que les céréales fournissent, en général, d'abondantes récoltes dans les terrains où les légumineuses les ont précédées; et le grand art en agriculture consiste à faire succéder, dans le même sol, des espèces différentes qui disposent ainsi la terre les unes pour les autres. C'est l'art des *assolemens* qui, bien entendu, permet au sol de produire toujours sans jamais s'épuiser.

Mais la plupart des auteurs nient aujourd'hui que les racines soient le siège d'aucune espèce d'excrétion. Nous verrons bientôt comment ils expliquent les faits qui se rattachent aux assolemens.

QUINZIÈME LEÇON.

DE L'ASSIMILATION.

Vous avez vu la sève, introduite par la racine, s'élever jusqu'aux feuilles, y subir le contact de l'atmosphère, puis descendre, abreuver et nourrir tous les organes; vous l'avez reconnue comme véhicule de toutes les substances venues du dehors, soit de la terre, soit de l'air.

Il est temps, Messieurs, de rechercher au sein des tissus les principes qu'elle y dépose, de suivre ces principes dans leurs combinaisons diverses; il est temps d'aborder la question à la fois si importante, si complexe et si obscure de l'*assimilation*.

Soumis à l'analyse chimique, le tissu des plantes se montre essentiellement composé de carbone, d'oxigène, d'hydrogène et d'azote. Examinons tour-à-tour chacun de ces élémens fondamentaux ; voyons surtout quelles sont les sources d'où ils dérivent , et comment les végétaux parviennent à se les approprier.

Le *carbone* constitue la base du tissu végétal. Il existe en grande quantité principalement dans les plantes ligneuses ; le charbon qu'on obtient par la combustion du bois en est presque entièrement formé. Il ne reste guère aussi que du carbone impur dans ces amas si considérables de détritus végétaux enfouis au sein de la terre par les révolutions du globe , et désignés sous les noms de *tourbe*, de *houille*, etc.

Une partie du carbone dont les plantes se nourrissent est puisé dans le sol. Il provient alors d'une substance particulière fortement carbonée qui donne à la terre sa couleur plus ou moins brune, et qu'on est convenu d'appeler *humus* ou *terreau*.

Produit par les débris végétaux en décomposition dans toute terre fertile , cultivée ou non , l'humus ne pénètre point lui-même dans le tissu végétal , car il est à peu près insoluble , ce qui , vous le savez , suffit pour s'opposer à son absorption.

Mais l'humus, en contact avec l'oxigène de l'air, subit une espèce de combustion lente qui donne comme résultat une quantité plus ou moins considérable d'acide carbonique. Or , l'acide carbonique est très-soluble ; à mesure qu'il se forme , il se dissout dans l'eau qui humecte le sol , s'introduit avec elle dans la racine, et va de la sorte offrir à tous les organes le carbone et l'oxigène dont il est composé.

Si l'oxigène vient à manquer dans la terre, la combustion ou la putréfaction de l'humus s'arrête, pour recommencer aussitôt qu'une quantité nouvelle de ce principe y est apportée par l'air. A la longue pourtant, le terreau se convertit en un résidu tout-à-fait incombustible, à moins qu'il ne se trouve en présence d'un alcali, tel que la chaux, l'ammoniaque, etc.

L'eau du sol contient aussi de l'acide carbonique dont elle s'empare dans son contact avec l'air, et qu'elle cède à la racine. Mais la source principale du carbone absorbé par les végétaux est bien évidemment l'atmosphère. Ils y trouvent, nous l'avons dit, ce principe à l'état d'acide carbonique, et c'est pendant leur respiration diurne qu'ils se l'approprient au moyen de leurs feuilles.

Ajoutons que la plupart des plantes enlèvent même à l'air une partie notable de son carbone sans amoindrir la proportion de celui qui est renfermé dans le sol. N'est-ce pas, en effet, ce qui se passe dans nos prairies naturelles ou artificielles ? Elles fournissent tous les ans plusieurs récoltes de fourrage dont chacune emporte avec elle une grande quantité de carbone ; et le sol néanmoins ne s'y appauvrit pas généralement en humus, alors même qu'il reste sans engrais.

On peut citer aussi les pins et les sapins qu'on établit dans des landes, terrains sablonneux, à peu près dépourvus d'humus. Ces arbres y acquièrent une taille re-

marquable : lorsqu'ils tombent sous la cognée du bûche-
ron, leur tige, leurs branches renferment une énorme
quantité de carbone ; et cependant la terre qui les a
portés se montre alors plus productive , plus riche en
humus qu'au moment de la plantation.

Il suffira maintenant d'un peu de réflexion pour voir
que l'atmosphère est en définitive la source première de
tout le carbone qui s'assimile aux plantes. En effet, celui
que le végétal reçoit de l'humus n'a pas lui-même d'autre
origine, puisqu'il est fourni par les débris de plantes qui
le tenaient de l'air. Et l'on peut en dire autant du carbone apporté dans la terre par les engrais que produisent les animaux , car ces engrais sont des matières
excrémentitielles provenant d'une alimentation végétale.

Au premier abord , il est vrai , l'on a de la peine à se
représenter l'atmosphère comme une source capable de
fournir tout le carbone consommé par la végétation qui
couvre la surface de notre globe. L'acide carbonique
n'existe au sein de l'air que dans une proportion d'un à
quelques millièmes , et il ne renferme qu'environ trois
parties de carbone sur huit d'oxigène.

Mais le calcul vient en aide à l'esprit et démontre que
la masse énorme de l'atmosphère ne contient pas moins
de quatorze à quinze cent mille billions de kilogrammes
de carbone , poids de beaucoup supérieur à celui de tous
les végétaux du globe réunis.

Un mot à présent sur l'oxigène.

L'oxigène, vous venez de le voir , accompagne toujours le carbone dans son introduction au sein des tissus. Il pénètre avec lui par les feuilles ou par la racine à l'état d'acide carbonique , soit gazeux , soit dissous dans l'eau.

Cet acide est ensuite répandu par la sève dans tous les organes , où bientôt il se décompose ; et son oxigène , devenu libre, s'échappe en grande partie comme inutile, tandis qu'une faible portion se fixe , en même temps que le carbone , aux tissus de la plante.

Les végétaux prennent aussi dans l'air une certaine quantité d'oxigène libre, dont une portion seulement se combine avec leur carbone pour être rejetée sous la forme d'acide carbonique.

Et enfin, une autre source de l'oxigène qu'ils incorporent à leurs organes est la décomposition de l'eau dont ils s'abreuvent continuellement, et qui échappe à la transpiration opérée par les feuilles. On sait qu'ils trouvent l'eau sous forme liquide au sein de la terre, et à l'état de vapeur dans l'air.

L'*Hydrogène*, à son tour, leur vient en grande partie de la décomposition qu'éprouve l'eau dans leurs organes ; car il est, de même que l'oxigène, un des élémens de ce liquide. Il émane en outre des matières organiques en putréfaction dans le sol ; et sans doute aussi des vapeurs ammoniacales qui existent dans l'atmosphère.

Quant à l'*azote*, il est puisé de même dans le sol et au sein de l'air.

Les fumiers enfouis dans la terre communiquent aux

plantes cultivées une grande partie de leur azote ; ils le tiennent principalement de l'urine qui les imbibe, les excrémens solides fournis par les animaux n'en contenant point ou que fort peu.

Pendant la putréfaction du fumier, l'azote qu'il renferme s'engage dans des combinaisons nouvelles, d'où résulte surtout de l'ammoniaque, substance à la fois très-volatile et très-soluble.

Une portion de ce produit azoté se dissout dans l'eau de la terre, pénètre par la racine dans tous les organes de la plante, et s'y décompose pour céder à la force assimilatrice l'azote et l'hydrogène qui le constituent. Une autre portion de l'ammoniaque fournie par les engrais en fermentation dans le sol se volatilise au sein de l'atmosphère, où elle se combine ordinairement avec l'acide carbonique pour former du carbonate d'ammoniaque, lui-même très-volatil.

L'ammoniaque et le carbonate d'ammoniaque, répandus en proportion extrêmement minime dans l'air, peuvent aussi provenir de certaines réactions entre les élémens constitutifs de l'atmosphère. Sous l'influence des commotions électriques, il s'y produit quelquefois même de l'acide azotique.

Et les feuilles absorbent continuellement une portion de ces substances aériennes, qui vont de la sorte se décomposer à leur tour dans le tissu végétal ; tandis que l'eau des pluies et la neige en précipitent une quantité notable à la surface du sol.

Ainsi l'azote passe alternativement et sans cesse de la terre dans l'air et de l'air dans la terre ; il passe aussi des plantes dans les animaux dont elles constituent la nourriture , et revient aux plantes par la voie des engrais.

Le propriétaire d'une ferme, après avoir nourri son personnel et son bétail, vend chaque année des quantités considérables d'azote sous forme de blé, de bestiaux, etc. ; et ses champs néanmoins conservent toute leur fertilité.

C'est que l'azote produit en excès vient de l'atmosphère ; c'est que l'atmosphère est en définitive la source véritable, la source première de l'azote, comme elle est celle du carbone.

Tels sont, Messieurs, les détails que j'avais à vous présenter sur l'origine du carbone, de l'oxigène, de l'hydrogène et de l'azote absorbés par les plantes. La connaissance de ces détails intéresse à la fois la physiologie végétale et l'agriculture ; elle fournit l'explication de plusieurs faits importans.

Ainsi, l'humus et les engrais fertilisent la terre en cédant aux végétaux, entre autres principes, l'un du carbone et les autres de l'azote. Toutes les opérations agricoles qui ameublissent le sol favorisent le développement des plantes , en facilitant l'accès de l'air dont l'oxigène est nécessaire à la combustion de l'humus et à la putréfaction des fumiers.

L'eau contenue dans la terre est indispensable , non-seulement à l'accomplissement de ces phénomènes, mais aussi comme dissolvant des principes nutritifs absorbés par la racine, et comme source d'hydrogène et d'oxigène. Elle est d'autant plus favorable à la végétation qu'elle est plus aérée, plus riche en oxigène libre et en acide carbonique. La plupart des plantes meurent quand leurs racines sont submergées par une eau stagnante ; elles résistent davantage dans une eau courante, toujours plus aérée.

Nous avons dit que l'ammoniaque et le carbonate d'ammoniaque, lorsqu'ils sont libres, s'échappent insensiblement de la terre, se volatisent et se perdent en grande partie dans l'air. Il est bon d'ajouter que le plâtre ou sulfate de chaux, et l'acide sulfurique lui-même ont la propriété de les convertir en sulfate d'ammoniaque, sel fixe qui reste dans la terre jusqu'à ce que la racine l'ait totalement absorbé. Tel est sans doute le secret de l'heureuse influence exercée par ces amendemens, dont on fait grand usage en agriculture.

Mais poursuivons jusqu'au sein des organes les principes élémentaires que nous venons de voir s'introduire dans la plante, soit par la racine, soit par les feuilles.

Au moment de leur absorption, ces principes se sont montrés à nous diversement associés : le carbone avec l'oxigène, l'oxigène avec l'hydrogène, et l'hydrogène avec l'azote ; c'est-à-dire à l'état d'acide carbonique, d'eau ou d'ammoniaque.

Ils arrivent ainsi combinés dans la profondeur des

tissus où des affinités nouvelles, dominées par la puissance mystérieuse de la vie, les séparent pour les réunir de mille autres façons. Et c'est alors seulement qu'ils s'assimilent aux organes, qu'ils s'*organisent*, qu'ils participent enfin de la vie dont la plante est elle-même animée.

On nomme *principes immédiats* les composés organiques, nombreux et divers, provenant de ces combinaisons à la fois chimiques et vitales. La plupart, formés exclusivement de carbone, d'oxigène et d'hydrogène, reçoivent l'épithète de *ternaires*. Ceux qui renferment en outre de l'azote sont dits *quaternaires*.

Au reste, les uns et les autres varient beaucoup entre eux quant à la proportion de leurs élémens constitutifs. Il en est même qui jouissent de propriétés différentes, bien que leur composition soit identique; on les distingue par la qualification d'*isomères*. Les mêmes élémens se réunissent dans les mêmes proportions pour les constituer, et cependant ils n'ont pas les mêmes caractères. On admet que leurs atomes se groupent d'une façon particulière à chacun d'eux.

Laissons à la chimie organique le soin d'étudier avec détail tous les principes immédiats renfermés dans les plantes. Contentons-nous de passer rapidement en revue les principaux seulement.

Parmi les principes immédiats ternaires des végétaux, il en est dont la composition peut être représentée par du carbone et de l'eau. l'oxigène et l'hydrogène s'y trouvant, en effet, dans les mêmes proportions que dans l'eau. Tels sont la *cellulose*, l'*amidon*, la *dextrine*, le *sucre*, le *mucilage* et les *gommes*.

La *cellulose* forme la base, la charpente des végétaux, la trame de leurs organes, les parois de leurs vaisseaux, de leurs cellules. Elle soutient des matières diverses qui s'attachent à sa surface ou s'infiltrent dans sa substance, et font ainsi varier son aspect.

A l'état de pureté, dépouillée de ces matières, la cellulose se montre partout identique, blanche, insipide, insoluble dans l'eau, l'alcool et les acides affaiblis. Sa composition offre alors 24 atomes de carbone, 20 d'hydrogène et 10 d'oxigène; ce qui peut être exprimé par la formule $C^{24}\ H^{20}\ O^{10}$.

L'*amidon*, ou la *fécule*, dont nous avons dit ailleurs les caractères distinctifs, existe aussi d'une manière très-générale dans les plantes, et possède absolument la même composition que la cellulose.

Formé de granules solides, blancs, solubles dans l'eau bouillante, mais insolubles dans l'eau froide, l'amidon s'accumule de préférence, pendant la végétation, dans certaines parties, notamment dans les graines, la racine, les tubercules, au voisinage des bourgeons. Il y reste en repos durant toute la période où la vie de la plante est comme suspendue. Mais aussitôt que la végétation se ranime, il se modifie pour servir au premier développement des organes.

Un principe particulier se forme aux dépens de la fécule, sans qu'on sache comment, dans les graines, dans les tubercules, à la base des bourgeons, partout où de nouvelles parties doivent s'organiser. Et sous l'influence inexplicable de ce principe, que nous avons déjà nommé *diastase*, la fécule, en conservant sa composition, change de caractères, devient soluble dans l'eau froide ; elle passe à l'état de *dextrine*.

La *dextrine* diffère aussi de l'amidon en ce qu'elle ne se colore point en bleu comme lui, mais en violet, par l'action de l'iode.

A mesure qu'elle est produite, la dextrine se dissout dans la sève, prend la forme d'une espèce d'émulsion, et dès-lors, entraînée par le mouvement circulatoire, elle aborde, elle pénètre les organes, qui bientôt l'assimilent à leur propre substance. La dextrine n'a qu'à se condenser en lames plus ou moins minces pour doubler les parois des vaisseaux, des cellules, pour composer même d'autres cellules, d'autres vaisseaux ; elle n'a qu'à se condenser pour se transformer en cellulose, et devenir ainsi la base de nouveaux tissus, de nouveaux organes.

Telles sont les relations importantes qui existent entre l'amidon, la dextrine et la cellulose, trois principes immédiats isomères, ou plutôt trois formes, trois manières d'être d'un seul et même principe.

Mais la diastase ne se borne pas toujours à métamorphoser la fécule en dextrine : elle peut, en prolongeant son action, convertir la dextrine en une substance particulière désignée sous le nom de *glucose*.

Le *glucose*, matière sucrée très-répandue dans les végétaux, reçoit communément le nom de *sucre de raisin*, parce que c'est dans ce fruit que sa présence a d'abord été constatée.

Soluble et formant dans la sève une espèce de sirop, comme la dextrine d'où il dérive, le glucose se distingue par sa composition, qui est la suivante : $C^{24} H^{28} O^{14}$. Il contient donc, de plus que la dextrine, la fécule et la cellulose, 8 atomes d'hydrogène et 4 d'oxigène ; c'est-à-dire 4 molécules d'eau.

En perdant 3 molécules d'eau, le sucre de raisin passe à l'état de sucre proprement dit, encore appelé *sucre de canne* ou de *betterave*, pour indiquer la source d'où on le retire ordinairement.

Le *sucre de canne*, soluble et cristallisable, est composé de $C^{24} H^{22} O^{11}$. On le trouve dans beaucoup de plantes ; il succède souvent au sucre de raisin dans la même partie.

Examinée sur un même végétal, la sève présente quelquefois du glucose en un point, et du sucre de canne au-dessus. La perte qui se fait en humidité par voie de transpiration paraît suffire pour transformer l'un en l'autre.

Quant au *mucilage*, il existe en abondance dans un grand nombre de végétaux, dissous dans leur sève, sous la forme d'une émulsion épaisse, visqueuse, douce et fade. Sa composition est à peu près celle du glucose.

Enfin, les *gommes*, aussi très-répandues, ont beaucoup de rapport avec le mucilage. Elles sont, non pas un simple principe immédiat , mais une réunion de plusieurs , tels que l'*arabine* , la *bassorine* , etc.

Les autres principes immédiats ternaires des végétaux diffèrent des précédens par un excès d'hydrogène ou d'oxigène , ces deux élémens ne s'y trouvant pas dans les mêmes rapports que dans l'eau. Ceux où l'hydrogène prédomine sur l'oxigène sont en général fortement carbonés et très-combustibles ; tel est par exemple le *ligneux*.

Le *ligneux* est une matière très-dure , insoluble , incrustant , dans le bois , les parois des cellules dont il est très-difficile de le séparer, ce qui l'a fait long-temps confondre avec la cellulose. Il contient, pour la même quantité d'oxigène , plus d'hydrogène , surtout plus de carbone que la cellulose , et par cela même , il est plus combustible.

Sa proportion relative est très-variable suivant les végétaux. C'est ainsi , par exemple , que le bois de hêtre renferme à peu près parties égales de cellulose et de matière incrustante ; tandis que cette dernière entre pour les $\frac{2}{3}$ dans le chêne, pour les $\frac{9}{10}$ dans le bois d'ébène. Il va sans dire que les bois les plus riches en ligneux, et par conséquent en carbone , sont aussi les plus consistans , les plus durables et les plus avantageux pour le chauffage.

La plupart des autres principes immédiats très-riches en hydrogène et surtout en carbone existent dans l'écorce, près de la surface, où se fait sentir la puissante influence de la lumière ; telles sont la *chlorophylle*, les *résines*, les *huiles volatiles*, etc.

C'est sous l'action de la lumière que se forment ces substances, en s'appropriant sans cesse du carbone, et en abandonnant leur oxigène, soit en partie, soit en totalité. A l'abri de la lumière, la chlorophylle disparaît ; les résines, les huiles volatiles diminuent considérablement ; et le végétal perd en grande partie son odeur, sa saveur naturelles, en même temps qu'il devient pâle, qu'il *s'étiole*.

Les *résines* et les *huiles volatiles* comprennent de nombreuses espèces ; elles n'ont pas toutes la même composition. Il est des huiles volatiles formées seulement de carbone et d'hydrogène ; presque toutes sont une réunion de plusieurs principes immédiats. Les *baumes* sont des espèces de résines. Le *camphre* peut être considéré comme une huile volatile concrète. Toutes ces substances sont insolubles dans l'eau, solubles dans l'alcool et très-inflammables.

D'autres produits végétaux où le carbone et l'hydrogène dominent sont les *huiles grasses ou fixes*. On les trouve en quantité notable dans les graines de beaucoup de plantes. Comme les huiles volatiles, elles sont très-combustibles, et résultent d'une réunion de plusieurs principes immédiats.

Passons maintenant aux principes organiques où, au lieu de l'hydrogène, c'est l'oxigène qui prédomine.

Très-nombreux et fort répandus, ces produits sont

désignés sous le nom commun *d'acides*. Ils existent généralement à l'état de sels, combinés avec des bases végétales ou minérales.

C'est surtout dans les organes soustraits à l'action de la lumière, comme les racines, ou non colorés en vert, comme la plupart des fruits, que les acides se développent. Et cela ne doit étonner personne, puisque ces organes absorbent continuellement de l'oxigène, au lieu de le rejeter à la manière des feuilles pendant le jour.

Les acides *oxalique, acétique, malique, citrique, tartrique, gallique, tannique et pectique* sont de tous les acides végétaux les plus répandus. Un des plus remarquables est l'acide oxalique; il se distingue par sa composition binaire, qui présente 2 parties de carbone, 3 d'oxigène, et le rapproche ainsi de l'acide carbonique.

Certains acides végétaux sont formés, non-seulement de carbone, d'oxigène et d'hydrogène, mais encore d'azote; tel est, par exemple, l'acide *spartique*. En général néanmoins, les principes immédiats azotés quaternaires jouent, dans l'organisation des végétaux, le rôle de bases, d'alcalis. Ils sont combinés avec des acides pour former des sels, et reçoivent le nom d'*alcaloïdes*.

Le nombre des principes alcaloïdes découverts par les chimistes dans les plantes est très-considérable et s'accroît tous les jours. C'est ordinairement à la présence d'un ou de plusieurs de ces principes que les médicamens les plus actifs doivent leurs propriétés : la belladone à l'*atropine*, la noix vomique à la *strychnine*, l'opium à la *morphine*, etc.

Il existe souvent un rapport de composition fort remarquable entre les principes alcaloïdes contenus dans le même végétal, ainsi que le quinquina peut en offrir un exemple.

L'écorce de quinquina renferme de la *cinchonine*, de la *quinine* et de la *cusconine*. Chacune de ces substances alcaloïdes fournit à l'analyse chimique 20 atomes de carbone, 24 d'hydrogène, 2 d'azote, et l'on trouve, en outre, 1 d'oxigène dans la cinchonine, 2 dans la quinine, 3 dans la cusconine. De telle sorte que les trois premiers de ces élémens semblent réunis pour jouer le rôle d'un corps simple, qui formerait les trois substances en question en s'oxidant à trois degrés.

Mais il est des principes immédiats végétaux bien plus riches en azote que ceux dont nous venons de parler; ils se rapprochent tellement, par leur composition, des produits tirés des animaux, qu'on a l'habitude de les décrire sous le nom générique de substances *végéto-animales*. Telles sont la *fibrine*, l'*albumine*, la *caséine*, la *glutine* et la *légumine*.

On rencontre ces substances dans beaucoup de végétaux, surtout dans leurs graines, particulièrement dans les graines des céréales et des légumineuses. Elles s'y trouvent diversement associées entre elles et avec des principes féculens, gommeux, sucrés.

Identiques ou à peu près sous le rapport de leur composition, elles sont pourtant distinctes par leurs propriétés. Ainsi, pour ne parler que des principales, la caséine est soluble même dans l'eau froide, l'albumine coagulable par la chaleur, et la fibrine toujours insoluble.

Leur grande analogie leur permet de se transformer les unes en les autres. — Elles concourent puissamment à nourrir la jeune plante qui sort de la graine et s'accroît pendant la germination.

Voilà, Messieurs, tout ce que j'avais l'intention de vous dire sur l'assimilation du carbone, de l'oxigène, de l'hydrogène et de l'azote; sur les principes immédiats si variés qui naissent de leurs mille combinaisons au sein de l'organisation végétale.

Mais le carbone, l'oxigène, l'hydrogène et l'azote ne sont pas, comme on pourrait le penser, les seuls élémens constitutifs des plantes; elles s'approprient aussi des substances minérales indispensables à leur développement, et qu'il n'est pas permis de passer sous silence.

Les substances minérales qu'on trouve le plus communément dans les végétaux sont la potasse, la soude, la chaux, la magnésie et la silice : on y rencontre rarement de l'alumine, quelquefois du fer et du manganèse.

C'est toujours dans le sol que les végétaux absorbent ces substances alimentaires. Au moment où la racine s'en empare, elles se trouvent en solution dans l'eau , tantôt libres et tantôt à l'état de sels. Dans ce dernier cas, elles sont combinées avec divers acides minéraux, notamment avec les acides sulfurique et phosphorique , ce qui explique la présence du soufre et du phosphore dans beaucoup d'espèces.

Une fois arrivées dans la sève, ces substances ne tardent point à se répandre avec elle dans tous les organes. Les unes restent liquides et mobiles; tandis que les autres, prenant la forme solide , se déposent et se fixent dans la trame des tissus dont elles doivent désormais faire partie.

C'est principalement dans le système cortical et dans son voisinage qu'abondent les matières nutritives dont nous parlons. Elles s'y condensent par l'effet de l'évaporation de l'eau qui les tenait en dissolution; ou bien lorsque , se combinant avec certains acides végétaux , elles passent à l'état de sels insolubles.

On peut donner le nom de *substances végéto-minérales* aux sels ainsi composés d'un acide végétal et d'une base inorganique. Les plus communs sont formés par la chaux et la potasse unies aux acides oxalique, malique, citrique , etc.

La combustion fournit un moyen fort simple de trouver le rapport quantitatif entre les principes organiques d'un végétal et ses matières inorganiques. Elle détruit en effet tous les premiers , en réduisant les secondes à l'état de *cendres* ; de sorte qu'il suffit de comparer le poids de ces cendres au poids total de la plante avant l'incinération, pour avoir le rapport cherché.

La proportion des substances minérales renfermeés dans les végétaux est extrêmement variable suivant les espèces. Leur nature est, bien entendu, subordonnée à la composition du sol qui les a fournies; elle est aussi généralement en relation avec la structure de la plante.

Ainsi, la plupart des végétaux qui habitent les bords de la mer contiennent une quantité notable de soude provenant du sel marin ou chlorure de sodium, et ne croissent point ailleurs, si ce n'est dans le voisinage des salines, où se trouve de même du chlorure de sodium, substance absolument indispensable à leur développement.

Les plantes réunies dans une famille naturelle ne se ressemblent pas, en général, seulement par leurs caractères extérieurs, et par la structure de leurs organes, mais aussi par les substances minérales qui concourent à les former; ce qui indique évidemment un rapport intime entre leur organisation et leur composition chimique. Dans les graminées céréales, par exemple, les grains parvenus à la maturité renferment toujours une certaine portion de phosphate de magnésie et d'ammoniaque, tandis que de la silice encroûte constamment les nœuds et l'épiderme de leur tige.

Il est cependant beaucoup de végétaux chez lesquels la composition paraît indépendante de la structure : car ils offrent à l'analyse des sels différens selon qu'il se sont développés sur tel ou tel terrain. Ce sont alors diverses bases qui, susceptibles d'entrer en combinaison avec les mêmes acides végétaux, se suppléent l'une l'autre. Liebig pense même que, la proportion des acides organiques dans les végétaux étant soumise à une certaine fixité, les bases chargées de les saturer sont à peu près équivalentes, bien que variables suivant la nature du sol d'où elles proviennent.

Quoi qu'il en soit, pour qu'une plante prospère dans un terrain quelconque, il faut nécessairement qu'elle y trouve tous les principes en rapport avec ses besoins particuliers. Or, parmi ces principes, il en est qui ne tardent point à manquer si la même plante est cultivée plusieurs fois de suite dans le même sol ; je veux parler de ceux que la terre peut seule fournir et que nous appelons minéraux.

Aussi, beaucoup d'agriculteurs croient-ils devoir laisser de temps en temps en repos leurs champs épuisés par les récoltes plus ou moins abondantes qu'ils en ont obtenues. Ces champs, dits en *jachère*, recevant alors plusieurs labours qui les exposent plus directement aux influences atmosphériques, éprouvent d'importantes modifications. Leurs principes constitutifs se désagrègent pour se transformer en matières solubles capables de fournir au développement de nouvelles récoltes ; et c'est ainsi que le repos rend sans cesse à la terre sa fécondité primitive.

Mais la jachère a le grave inconvénient d'entraîner une

perte considérable de temps, par conséquent de produits.
et le secret qui domine aujourd'hui l'agriculture consiste
précisément à l'éviter. Or, l'on peut arriver à ce but,
c'est-à-dire entretenir constamment le sol en état de
rapport, soit par l'emploi des fumiers, soit au moyen
des *assolemens*.

Ce sont des substances végétales, ou du moins d'origine végétale, qui nourrissent les animaux et l'homme ;
elles ne font partie que peu de temps des êtres dont elles
concourent à soutenir l'existence. Leurs principes inorganiques et combustibles sont tôt ou tard versés à l'état
gazeux dans l'atmosphère par les organes respiratoires,
siège d'une véritable combustion Quant à leurs élémens
inorganiques et incombustibles, ils sont rejetés sous
forme d'excrémens solides ou liquides.

On retrouve dans les urines les élémens inorganiques
solubles, tandis que les excrémens proprement dits contiennent tous les principes minéraux insolubles. D'où il
suit que l'on peut considérer ces matières excrémentitielles solides et liquides comme le résultat de la combustion, comme les *cendres* des alimens d'où elles proviennent.

Les appliquer sur le terrain qui a fourni ces alimens,
c'est donc lui restituer les substances minérales qu'il
avait perdues; c'est lui rendre immédiatement sa fertilité première.

Il est des terres que leur mauvaise nature rend im-
propres à certaines cultures ou même tout-à-fait stériles;

et auxquelles il est possible de communiquer une grande fertilité par l'emploi de divers amendemens. On y introduit , par exemple , des marnes argileuses ou calcaires, suivant qu'elles contiennent trop de silice ou trop d'argile ; on modifie leur composition d'après les produits que l'on désire en retirer.

Enfin, puisque des plantes différant entre elles par leur structure ne puisent pas généralement les mêmes principes nutritifs dans le même terrain , vous concevez que l'une peut venir dans ce terrain sans l'épuiser pour une seconde , comme celle-ci pour une troisième , et ainsi de suite.

Il importe au plus haut degré de choisir convenablement, et de confier tour-à-tour au sol ces espèces susceptibles de se succéder sans se nuire. La terre alors reprend sa fécondité pour une récolte pendant qu'une autre s'échappe de son sein ; elle produit sans interruption , sans repos ; elle devient un trésor à jamais inépuisable.

Tel est, Messieurs, en principe, l'art des *assolemens* ; telle est, par exemple, la raison qui permet au même sol de nous donner successivement, sans s'affaiblir , une récolte de trèfle , de froment et de betteraves.

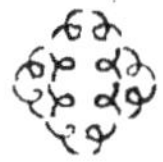

SEIZIÉME LEÇON.

THÉORIES SUR LE DÉVELOPPEMENT DES PLANTES. — GREFFE. — MARCOTTES. — BOUTURES. — ARBRES CÉLÉBRES. — PROCÉDÉ DU DOCTEUR BOUCHERIE.

Rien ne demeure stationnaire dans un végétal où s'accomplit l'acte important de l'assimilation : les cellules et les vaisseaux s'y multipliant sans cesse, tous les tissus y augmentent peu à peu de volume; de nouveaux organes s'y forment successivement qui s'accroissent à leur tour; la plante elle-même, en un mot, grandit, se développe, en même temps qu'elle s'approprie sa nourriture.

Nous avons dit, au commencement de ce cours, ce que l'on croit savoir sur la multiplication des utricules et sur la formation des vaisseaux. Occupons-nous aujourd'hui. Messieurs, du développement des plantes, en le considérant, non dans leurs organes élémentaires, mais dans leurs parties composées, telles que tige, branches, etc.

L'accroissement des végétaux étant le résultat nécessaire, immédiat de l'assimilation, il convient en effet d'en placer l'étude ici plutôt que partout ailleurs. Nous examinerons d'abord le développement de la tige dans les plantes dicotylédones ou exogènes, et ce que nous dirons s'appliquera de même aux branches, aux rameaux, répétitions de la tige.

Une tige de plante exogène, ligneuse et adulte, se compose toujours, vous le savez depuis long-temps, de plusieurs cornets emboîtés les uns dans les autres, lesquels, sur une section horizontale, se traduisent en autant de couches concentriques peu distinctes dans l'écorce, mais bien marquées dans le système central.

Les couches comprises dans ce système sont d'autant plus jeunes qu'elles se trouvent plus éloignées du centre, et chacune d'elles étant le produit de la végétation d'un an, il suffit de les compter à la base de la tige pour déterminer exactement l'âge de la plante.

Mais pendant qu'une couche nouvelle s'organise et se place à l'extérieur du système central, une autre se forme qui s'applique à la face interne du système cortical pour en faire désormais partie. De sorte que, tous les ans, deux couches différentes, l'une d'aubier et l'autre de liber, naissent entre l'écorce et le bois.

Or, ces couches, d'abord très-minces, prennent peu

à peu plus d'épaisseur, d'où résulte nécessairement pour la tige un accroissement successif en diamètre. Elles constituent chacune un cornet, un cône creux dont le sommet, couronné par un bourgeon, s'allonge d'une quantité plus ou moins considérable, ce qui explique l'accroissement en longueur de la tige.

Un an suffit à ces couches pour accomplir leur développement, soit en épaisseur, soit en longueur. Quant à leur structure, elle éprouve après et chaque année des modifications qui finissent par convertir celle d'aubier en bois parfait, et celle de liber en couche corticale proprement dite.

Cela posé, l'on comprend qu'une tige exogène doit s'accroître par tous ses points, en longueur comme en épaisseur, pendant la première année de son existence ; mais que plus tard, et tout en grossissant dans toute son étendue, elle ne peut s'allonger que par son extrémité supérieure ; car au dessous, les cornets qui la composent ont eux-mêmes cessé de s'allonger. Voilà donc pourquoi le tronc de nos arbres, une fois couronné de branches, ne gagne plus rien en hauteur ; tandis que son diamètre augmente chaque année d'une quantité notable.

Mais comment se forment ces cornets emboîtés, ces couches superposées dans la tige des plantes exogènes ? D'où proviennent ces couches ? Quel en est l'organe ou le liquide générateur ? On a émis sur ces questions difficiles des opinions bien diverses. Contentons-nous, Messieurs, d'examiner les principales.

20

Tout le monde a pu remarquer combien il est facile d'enlever l'écorce d'une jeune tige au commencement du printemps, au moment où la végétation reprend son activité suspendue. On trouve alors entre le bois et le système cortical un liquide abondant qui facilite la séparation.

Ce liquide, fourni par la sève descendante, est désigné sous le nom de *cambium*. D'abord de consistance mucilagineuse, il s'épaissit graduellement en gelée; puis, donnant naissance à une infinité de petites cellules, il s'organise, il se transforme en un tissu cellulaire très-mou, très-délicat.

Et ce tissu cellulaire, toujours abreuvé de nouveaux sucs, fait des progrès continuels, s'accroît, devient de plus en plus dense... bientôt il se partage en deux couches dont une, en rapport avec le bois, s'enrichit de fibres, de vaisseaux, et acquiert insensiblement l'organisation de l'aubier; tandis que l'autre, en contact avec l'écorce, passe à l'état fibreux pour se convertir en un feuillet de liber.

Chaque année ces phénomènes reparaissent avec le printemps, et ne cessent en général qu'au retour de l'hiver. Le plus souvent, ils se ralentissent d'une manière notable en été, pour prendre une activité nouvelle en automne, à l'époque de la *sève d'août*.

Telle est à peu près et en peu de mots la manière dont M. Mirbel, et avec lui beaucoup d'autres physiologistes, expliquent l'accroissement de la tige dans les plantes exogènes ; c'est-à-dire l'origine, la formation des couches qui, tous les ans, viennent la compliquer. Le cambium, d'après cette explication très-simple, serait donc l'agent essentiel de la végétation.

Mais pour certains auteurs ce sont au contraire les bourgeons qui jouent le rôle principal dans le développement des végétaux.

Cette opinion, émise vaguement par Lahire, il y a plus d'un siècle, était complètement tombée dans l'oubli, lorsque, dans ces dernières années, Dupetit-Thouars, l'ayant sans doute à son tour conçue d'après ses propres observations, la reproduisit comme nouvelle en l'appuyant d'un grand nombre de faits. La théorie dont elle constitue la base est connue de nos jours sous le nom de *Théorie de Dupetit-Thouars*. Je dois, Messieurs, vous la faire connaître avec quelques détails.

Il est des bourgeons particuliers, mobiles qui, parvenus à leur maturité, se détachent de la plante-mère et fournissent alors à la fois une tige et des racines, c'est-à-dire un végétal à part, absolument comme l'embryon que renferment les graines. Tels sont, vous le savez, les *cayeux*, les *bulbilles*, etc.

Or, Dupetit-Thouars admet que les bourgeons fixes ou ordinaires donnent aussi naissance, non-seulement à un rameau, répétition de la tige, mais à des racines qui se glissent entre le bois et l'écorce. Il les considère comme des embryons, et les nomme *embryons fixes* pour les distinguer des véritables embryons.

Un bourgeon, de même qu'un embryon-graine, serait composé d'un système ascendant qui se développe dans l'air, à la lumière; et d'une partie descendante, espèce de racine qui recherche l'ombre et l'humidité.

Les bourgeons, placés à l'aisselle des feuilles, sont disposés comme elles, quelquefois en verticilles, et le plus souvent en spirale. Dans les jeunes scions, ils communiquent avec la moelle, qu'ils dessèchent en se développant; dans les branches plus anciennes et dans les troncs, le cambium est le fluide qui les abreuve et les nourrit.

Nés en automne, les bourgeons restent stationnaires pendant tout l'hiver. Mais au printemps, ils s'animent d'une vie nouvelle; et à mesure que leur partie ascendante s'accroît, leur *racine*, ou plutôt leurs *fibres radicales* s'allongent, descendent insensiblement entre l'écorce et le bois; elles arrivent bientôt jusqu'aux extrémités de la véritable racine.

Dans ce long trajet, les fibres radicales des bourgeons se trouvent constamment à l'ombre, inondées par le cambium, source des matériaux de leur rapide accroissement. Descendant de tous les points de la tige, elles se rencontrent en chemin, s'unissent parallèlement, s'anastomosent de diverses manières, et forment en définitive, par leur ensemble, une enveloppe d'aubier, en même temps qu'un feuillet de liber.

Emanés des bourgeons, les faisceaux fibreux de l'écorce et les faisceaux fibro-vasculaires de l'aubier, d'abord accolés les uns aux autres, ne tardent point à se séparer en deux couches distinctes. Et ces phénomènes ayant lieu tous les ans, tous les ans les bourgeons fournissent à la tige une couche de liber et une couche d'aubier.

La théorie de Dupetit-Thouars vient de trouver un zélé partisan dans M. Gaudichaud, qui lui donne une extension nouvelle en l'appliquant même aux parties constituantes des bourgeons, en admettant que les feuilles d'un bourgeon remplissent par rapport à son axe le même rôle que le bourgeon tout entier par rapport à la tige.

Pour M. Gaudichaud, un embryon monocotylédoné constitue le *phyton* ou type de l'individu végétal. Sa tigelle et son cotylédon en forment le système ascendant; sa racine ou système descendant n'apparaît que pendant la' germination, en même temps que la gemmule se développe.

Alors, au-dessus du cotylédon, s'allonge un premier entre-nœud ou *mérithalle* qui porte une feuille et qui est pour elle ce que la tigelle était pour le cotylédon. Or, cet entre-nœud et cette feuille constituent un second phyton dont le système descendant, pour arriver jusqu'au sol, parcourt toute l'étendue de la tigelle sous forme de faisceaux fibro-vasculaires, au-dessous de l'enveloppe corticale.

Puis d'autres entre-nœuds s'élèvent successivement et se terminent chacun par une feuille, dont les fibres radiculaires parcourent tous les mérithalles inférieurs pour arriver à la tigelle. et de celle-ci dans le sol.

La tige résultant de l'évolution de la gemmule se compose donc d'une suite de tigelles soudées bout à bout , et enveloppées chacune par les faisceaux radiculaires de toutes celles qui se trouvent au-dessus.

Un embryon dicotylédoné serait, d'après M. Gaudichaud, un assemblage de deux phytons, de même qu'un entre-nœud quelconque pourvu de deux feuilles opposées.

Ainsi complétée, la théorie de Dupetit-Thouars s'applique très bien au développement de toutes les plantes vasculaires, même des arbres endogènes.

A la fin de sa première année, la tige d'un palmier , très-courte et comme charnue, porte extérieurement plusieurs feuilles, et à son sommet un seul bourgeon. Pendant la seconde année, ce bourgeon s'allonge et s'ouvre; il fournit un axe aussi très-court, entouré de nouvelles feuilles, et terminé par un bourgeon qui se comportera de même l'année d'après , et ainsi de suite.

De sorte qu'un stipe s'accroît en hauteur par son sommet seulement, et chaque année d'un axe de bourgeon. Si l'on enlève son bourgeon terminal, il cesse de s'allonger; il meurt, à moins qu'un bourgeon adventif, né par suite à l'aisselle d'une feuille, ne se développe en un rameau chargé de remplacer, de continuer la tige. Il est même des stipes laissés intacts sur lesquels se forment naturellement un ou plusieurs rameaux. Mais ce n'est là qu'une exception: en général, ils restent simples.

Les feuilles sorties du bourgeon qui termine le stipe donnent naissance, par leur base, à des faisceaux fibro-vasculaires qui s'allongent insensiblement et se dirigent de haut en bas. D'abord convergens, ces faisceaux deviennent bientôt presque parallèles, puis divergent entre eux et finissent par arriver à la périphérie de la tige, où ils s'arrêtent après avoir parcouru un espace plus ou moins considérable. Dans ce trajet en ligne courbe, ils rencontrent et ils croisent les faisceaux produits par les feuilles placées plus bas, et par conséquent plus anciennes que celles d'où ils proviennent eux-mêmes.

On conçoit que les faisceaux nouvellement formés doivent, en descendant, presser du centre à la circonférence les faisceaux qui existaient déjà, et qu'ainsi le stipe doit s'accroître successivement en diamètre. Mais tous ces faisceaux augmentent peu à peu de consistance, en même temps que la substance médullaire au sein de laquelle ils sont plongés ; et partout où l'endurcissement est devenu complet, la tige cesse de faire des progrès en diamètre, son extension étant dès-lors impossible. Aussi le stipe reste-t-il toujours mince, même dans les palmiers, dont la hauteur égale quelquefois soixante et quelques mètres. Quant aux feuilles des palmiers, elles deviennent aussi peu à peu ligneuses et finissent par se détacher tour-à-tour.

La théorie de Dupetit-Thouars, au moins très-ingénieuse, se prête fort bien à l'explication de la plupart des faits qui se rattachent au développement des plantes vasculaires: et c'est, Messieurs, ce qu'il me reste à vous démontrer.

Quand on applique une forte ligature circulaire sur la tige d'un arbre dicotylédon, l'on observe que cette tige continue de s'accroître au-dessus: tandis qu'elle reste stationnaire au-dessous, à moins qu'elle n'y soit pourvue de rameaux, de feuilles ou de bourgeons. On voit aussi bientôt se former, immédiatement au-dessus de la ligature, un gonflement, une espèce de bourrelet plus ou moins considérable. Les fibres radicales fournies par les bourgeons qui se développent sur les parties supérieures de l'arbre, ne descendent plus jusqu'à la ligature, et, dans leur effort pour surmonter eet obstacle invincible, elles deviennent flexueuses, elles s'accumulent au-dessus, d'où résulte, en ce point, plus d'épaisseur dans leurs couches successives.

Des phénomènes analogues se manifestent lorsqu'on enlève circulairement sur la tige un large lambeau d'écorce: car la plaie produite alors, pas plus que la ligature dont nous parlions tout-à-l'heure, ne peut être franchie par les fibres radiculaires des bourgeons supérieurs. Dans le cas où la solution de continuité faite sur la tige ne comprend qu'une partie de sa circonférence, les fibres venues d'en haut se dévient de leur marche verticale, et parviennent dans les régions inférieures en passant du côté par où l'écorce est restée intacte.

Si l'on couvre exactement cette plaie au moyen d'une lame de plomb, et qu'on l'examine au bout de dix à quinze jours , elle se montrera en partie comblée par des fibres verticales, parallèles et appliquées les unes contre les autres. Ce sont les fibres des bourgeons supérieurs qui, trouvant sous la lame de plomb, de l'ombre et de l'humidité, s'y développent, n'étant plus obligées de se dévier, comme tout-à-l'heure, de leur route habituelle.

Et si, au lieu d'une lame de plomb, on adapte à la plaie un fragment d'écorce pourvu d'un bourgeon, et pris sur une autre arbre de même espèce, on verra ce bourgeon se comporter absolument comme s'il fût resté sur le végétal qui lui donna naissance; pendant que sa partie ascendante se déroule dans l'air, sa racine , des cendant entre l'écorce et le bois de la tige qui le supporte , s'abreuve d'un cambium que la nature ne lui avait pas destiné.

C'est ainsi qu'on ente un végétal sur un autre , ainsi que l'on pratique l'opération connue sous le nom de *greffe*. Mais ordinairement, au lieu d'un simple bour- geon, c'est un jeune rameau que l'on prend sur une plante pour le fixer sur une autre, et la greffe est alors appelée *greffe par scion;* tandis que, dans le premier cas, elle est dite *par gemme, par bourgeon,* ou *en écusson.*

La greffe n'est possible qu'entre des végétaux de même espèce, de même genre, ou au moins de même famille. On greffe, par exemple, le pêcher sur l'amandier , les *pavia* sur le marronnier d'Inde ; mais c'est en vain qu'on tenterait de greffer ce dernier, soit sur l'amandier , soit sur le pêcher. Pour que l'opération réussisse , il faut qu'il y ait analogie de structure entre les deux individus qu'elle doit confondre en un seul.

On a souvent recours à la greffe pour multiplier des espèces qui, étant exotiques, ne peuvent se reproduire dans nos climats par la voie des semis; ou pour maintenir, surtout parmi les arbres à fruits, des variétés qui, créées par la culture, se trouvent dans le même cas.

D'autres moyens, fondés sur le même principe, sont aussi fréquemment usités pour arriver à ce double but ; telles sont les *marcottes* et les *boutures*.

Après avoir enlevé, sur la base d'une branche, un lambeau circulaire d'écorce, on la fait passer, sans la séparer de sa tige, à travers un vase rempli de terre humide, et disposé de manière à contenir la plaie. Dès-lors, arrivées dans cette plaie, les racines des bourgeons supérieurs, au lieu de s'y arrêter ou de suivre leur marche habituelle, s'en échappent de toutes parts, se plongent dans la terre, y forment de véritables racines. Et au bout de quelques jours, la branche étant coupée au-dessous du vase, constitue un végétal particulier , vivant d'une vie indépendante.

On donne le nom de *marcotte* à toute plante ainsi détachée d'une autre, et l'on appelle *marcottage* l'opération pratiquée pour l'obtenir.

Cette opération se fait en général plus simplement sur les branches très-rapprochées du sol. On se contente alors d'incliner et de courber ces branches de manière à ne les enterrer qu'à leur base, où, pour fa-

voriser l'évolution des racines adventives, on pratique,
soit une incision, soit une ligature.

Quant aux *boutures*, elles diffèrent des marcottes en ce
qu'on les coupe avant de les mettre en terre. Ce sont de
jeunes branches qui, séparées de leur tige et plantées,
par leur extrémité mutilée, dans un sol humide, s'y
enracinent et deviennent de la sorte autant de végétaux à
part. Les arbres à bois blanc et léger, comme les saules,
les peupliers, le tilleul, etc., se multiplient facilement
par boutures.

Voilà, Messieurs, bien des faits importans que la
théorie de Dupetit-Thouars explique d'une manère satisfaisante. Il en est de même de beaucoup d'autres plus
ou moins curieux.

Si, par exemple, après avoir mis le bois à nu sur un
point de la tige d'un arbre jeune encore, on y grave une
inscription quelconque, les couches formées chaque année par les bourgeons ne tarderont pas à la recouvrir.
Voulez-vous, long-temps après, savoir la date de cette
inscription ? Vous n'avez pour cela qu'à compter les
couches qui la séparent de l'écorce. Il va sans dire que
des lettres gravées seulement sur le système cortical se
déformeraient peu à peu, et finiraient par disparaître.

Mais à côté de ces faits tous en faveur de la théorie de
Dupetit-Thouars, il en est qu'on lui oppose comme autant
d'objections sérieuses.

D'après cette théorie, en examinant avec soin sous
l'écorce, au moment où se développe une couche nou-

velle . on devrait y apercevoir des extrémités de fibres descendant des bourgeons. Or, l'on ne voit rien de semblable , et le travail d'organisation paraît se faire simultanément dans toute l'étendue de la tige.

Les faisceaux fibro-vasculaires qu'on y observe ont à peu près partout la même consistance , tandis qu'ils seraient plus denses , moins fraîchement formés dans leur partie supérieure , s'ils émanaient véritablement des bourgeons.

Une tige exogène grossit en même temps par tous ses points , ce qui s'explique difficilement dans la théorie de Dupetit-Thouars , à moins d'admettre que les racines des bourgeons , au lieu de descendre peu à peu , s'étendent tout-à-coup du sommet à la base , et cela répugne à l'esprit.

Lorsqu'on greffe , sur un arbre à bois blanc , un bourgeon pris sur un arbre à bois coloré , la couche qui se forme au-dessous n'est point colorée, mais blanche comme les autres. On peut dire , il est vrai , que les racines fournies par ce bourgeon reçoivent alors leur teinte blanche du cambium étranger dont elles s'abreuvent.

On voit quelquefois un tronc de sapin coupé près de terre , privé par conséquent de bourgeons , végéter encore , grossir chaque année de couches nouvelles trèsminces. En cherchant alors avec soin dans le sol , on s'assure que certaines racines de ce tronc se sont greffées avec celles d'un sapin resté intact dans le voisinage , et l'on conclut que le premier tirait sa nourriture du second.

Mais qui oserait avancer que les fibres produites par les bourgeons du sapin en pleine végétation parviennent, en faveur des racines réunies, jusque dans le tronc mutilé pour s'y disposer en couches ? Il est bien plus naturel d'admettre que l'un reçoit tout bonnement les sucs nutritifs élaborés par l'autre.

Et le bourrelet qui se forme sur la tige au-dessus d'une ligature ou d'une plaie circulaire se conçoit tout aussi bien par l'accumulation des sucs descendans, que par la théorie de Dupetit-Thouars.

Partout où des fluides élaborés, arrêtés dans leur cours, stagnent en grande quantité , il y a tendance à la formation de nouveaux organes ; et ces organes seront des racines adventives si la partie se trouve plongée dans une terre humide. D'où l'explication des marcottes et des boutures, sans le secours de la théorie de Dupetit-Thouars.

On comprend facilement aussi la greffe elle-même en admettant que l'organe greffé se nourrit de cambium sur la plante qui le porte, absolument comme il l'eût fait sur celle dont il provient.

Vous voyez que les principaux faits relatifs au développement des plantes s'expliquent à la fois par la théorie de Dupetit-Thouars et par celle de Mirbel. Aussi chacune de ces théories a-t-elle ses partisans, ses défenseurs. La première est peut-être plus séduisante ; mais la seconde s'applique plus exactement à tous les cas ; elle est , je crois , plus naturelle , plus conforme à la vérité.

Ajoutons que le développement en diamètre se fait dans la racine comme dans la tige , la structure de ces deux parties étant à peu près la même , les tissus de l'une se continuant sans interruption dans l'autre. Rappelons en outre que c'est toujours , non par tous leurs points , mais seulement par leur extrémité , par l'extrémité de leurs divisions, que les racines s'accroissent en longueur. Leurs faisceaux fibro-vasculaires s'allongent continuellement sans jamais atteindre tout-à-fait les extrémités ou spongioles, exclusivement formées, comme nous l'avons dit ailleurs , d'un tissu cellulaire très-délicat et toujours nouveau.

Le volume de la racine est généralement en rapport avec celui du système aérien. Dans un arbre où la racine s'est développée davantage d'un côté que de l'autre , il est rare que la cime n'offre pas la même particularité. Une grosse branche correspond ordinairement à une grosse division radicale.

Variables à l'infini par la durée de leur existence, les végétaux varient tout autant par le degré de développement dont ils sont susceptibles. Pendant qu'une foule d'espèces restent microscopiques , beaucoup d'arbres arrivent à des dimensions vraiment colossales , et ces extrêmes renferment toutes les nuances imaginables.

Il est, en divers pays , des arbres qui, par leur grand âge et leur taille gigantesque , se sont acquis une sorte de réputation historique. Je me contenterai de vous en citer quelques-uns des plus célèbres.

Les *baobabs* sont surtout remarquables par leur grosseur. Il en est dont le tronc présente jusqu'à quatre-vingts ou quatre-vingt-dix pieds de circonférence. Un de ces arbres, observé par Adanson aux Iles du Cap-Vert, portait dans son énorme tige une inscription recouverte de trois cents couches de bois; incription que deux voyageurs anglais avaient gravée trois siècles auparavant.

Il existe, au Mexique, un *cyprès chauve* à l'ombre duquel, suivant une tradition, Fernand Cortez se serait abrité avec toute sa petite armée. Cet arbre a trente-deux mètres de hauteur ; son tronc en a douze de circonférence.

Le *draconnier* des Canaries est aussi l'un des plus anciens monumens du monde. Sa taille est aujourd'hui de vingt mètres ; sa tige en a cinq de tour. Et ces dimensions étaient les mêmes en 1402, lors de la découverte de l'Ile de Ténériffe.

On n'a que des données incertaines sur l'âge que peuvent atteindre les palmiers, dont le stipe, avons-nous dit, est susceptible d'acquérir jusqu'à soixante ou soixante-dix mètres de hauteur.

Parmi les arbres qui arrivent à un grand âge, il faut surtout citer les cèdres du Liban, en quelque sorte indestructibles.

En Europe, il est beaucoup d'arbres remarquables à la fois par leur longévité et par leurs dimensions. On connaît des chênes, des ifs, des platanes, des oliviers, des orangers qui ont de 800 à 1,000 ans.

On voit à Neustadt, dans le Wurtemberg, un tilleul qui passe pour avoir cet âge. Son tronc a près de douze mètres de circonférence, et sa cime, soutenue par cent six colonnes, couvre un espace d'environ 400 pieds.

Un autre arbre européen célèbre par sa taille, est le châtaignier du mont Etna. D'après les voyageurs qui l'ont visité, il n'aurait pas moins de cinquante-huit mètres de circonférence dans le bas de sa tige, et serait ainsi le plus gros des arbres décrits jusqu'à ce jour. Mais il paraît que son tronc est formé de plusieurs tiges partant d'une même souche et réunies en une seule.

On assure que la reine Jeanne d'Aragon, surprise par un orage, trouva sous cet arbre fameux un abri pour elle et pour cent cavaliers qui composaient sa suite ; d'où vient qu'on le nomme vulgairement, dans le pays, *châtaignier des cent chevaux.*

Les arbres qui se distinguent par leur longévité ne s'accroissent qu'avec beaucoup de lenteur, et leur bois, généralement lourd, compacte, dur, est susceptible d'une conservation très-prolongée. Aussi le recherche-t-on à la fois comme bois de construction et comme bois de chauffage : tel est, par exemple, parmi les plus communs, celui de chêne.

Au contraire, les arbres dont la végétation est très-rapide, comme les saules, les peupliers, les acacias, etc.. n'ont jamais qu'une existence plus limitée, et leur bois est toujours plus tendre. plus léger, moins durable.

Il est cependant des exceptions à cette règle. C'est

ainsi que le bois des pins et des sapins, quoique peu compacte et léger, se conserve assez long-temps, grâce aux principes résineux qu'il renferme; c'est ainsi, d'autre part, que le tilleul et les baobabs, dont la venue est toujours fort lente, ne fournissent qu'un bois peu consistant.

Au reste, un arbre quelconque végète plus promptement et donne un bois moins dur dans un lieu bas et humide que sur un terrain plus élevé, plus sec. Toutes choses égales d'ailleurs, le bois qui provient des montagnes vaut mieux, sous tous les rapports, que celui des vallées et des plaines.

L'aubier, dans tous les bois, est la partie la moins dense, la plus riche en liquides, celle qui éprouve le plus de changemens par la dessiccation, celle surtout qui attire les insectes destructeurs. Il compose à lui seul les jeunes tiges, les jeunes branches. Plus tard, sa proportion, relativement à celle du bois parfait, diminue avec l'âge; elle est minime dans les vieux troncs.

Si l'on enlève aux arbres leur écorce deux ou trois ans avant de les abattre, les sucs, ne pouvant descendre par le système cortical, se jettent sur l'aubier qui par suite acquiert à peu près les qualités du bois de cœur. Néanmoins, l'excortication, conseillée par Buffon et Duhamel, et pratiquée dans certains pays, ne l'est point encore dans le nôtre.

M. Boucherie a proposé, dans ces dernières années, un moyen très-ingénieux de communiquer aux bois de construction diverses qualités fort importantes, entre autres, la faculté de se conserver presque indéfiniment. Ce moyen consiste à faire pénétrer et à fixer dans tout le tissu des arbres, au moment de l'abattage, certaines substances chimiques dont le choix varie suivant le but qu'on se propose.

L'arbre étant arraché, mais encore couvert de ses feuilles vertes, est tenu debout ou couché sur le sol. On le coupe, soit en partie, soit entièrement dans la région du collet; après quoi l'on entoure cette région d'un sac en toile imperméable, espèce de réservoir dans lequel est introduite la solution dont on veut imprégner la plante. Les vaisseaux divisés par la section s'emparent dès-lors du liquide, qui les parcourt ensuite peu à peu jusqu'au sommet de la tige, sous l'influence de la capillarité, de l'endosmose et de l'aspiration exercée par les feuilles.

Si l'arbre, privé de ses feuilles, de ses branches, est réduit à son tronc, on peut le placer verticalement, après avoir adapté à son extrémité supérieure le sac devant faire office de réservoir. Et le liquide introduit dans ce sac descend insensiblement dans les vaisseaux de l'arbre, en chassant devant lui les fluides séveux, qui s'échappent alors par l'extrémité inférieure.

Le pyrolignite de fer est le sel que le docteur Boucherie conseille d'employer pour imprégner les bois dans le but d'en assurer la conservation. Cette substance, dont le prix est fort minime, a de plus l'avantage d'augmenter notablement la densité du bois.

Mais si l'on veut conserver au bois sa souplesse et son élasticité, qualités indispensables à divers usages , c'est un sel déliquescent, du chlorure de calcium par exemple, qu'il faut y introduire. On devine que ce sel doit agir en empêchant le bois de subir une dessiccation trop forte, en y maintenant sans cesse un certain degré d'humidité.

Agissant de la sorte, les sels déliquescens préviennent en outre les déviations, les retraits, le *jeu* que les bois éprouvent sous l'influence de la sècheresse, lorsqu'on en fait usage dans les travaux de construction , avant leur dessiccation complète et à l'état naturel.

D'autre part, tous les bois saturés d'une matière saline quelconque s'enflamment avec difficulté et ne brûlent que lentement, conditions précieuses en cas d'incendie.

Il est probable, enfin, que le procédé de M. Boucherie recevra tôt ou tard de nombreuses et utiles applications à la confection des meubles, car il permet de communiquer aux bois les couleurs les plus variées , de donner, même aux plus communs, un aspect très-agréable.

Le pyrolignite de fer colore en brun toutes les parties qu'il imprègne; tandis que la solution d'un sel de fer quelconque, employée en même temps que du prussiate de potasse, fournit une nuance d'un beau bleu.

Il suffira d'employer ainsi des substances capables de fournir un précipité coloré en réagissant l'une sur l'autre, et de varier le choix de ces substances pour obtenir toutes sortes de teintes.

Ajoutons cependant que les essais tentés jusqu'à ce jour ne sont point assez nombreux pour permettre d'apprécier dans sa véritable importance la découverte du docteur Boucherie. Le temps se chargera de nous former à cet égard une opinion définitive.

DIX-SEPTIÈME LEÇON.

GÉOGRAPHIE BOTANIQUE. — SOMMEIL DES PLANTES. — FÉCONDATION.

Pendant le cours de nos études physiologiques, nous avons souvent eu l'occasion de reconnaître comme favorable, ou plutôt comme indispensable à la vie, au développement des végétaux l'influence complexe de la chaleur, de la lumière et de l'humidité. Or, Messieurs, cette influence, en variant par son intensité, suivant les climats, et, dans chaque climat, suivant la topographie des lieux, produit une extrême diversité dans la végétation des différens pays; d'où résulte pour la science une espèce de *géographie botanique.*

Dans les régions équatoriales, où le soleil verse à grands flots et perpendiculairement son calorique et sa lumière: où l'humidité abonde sous forme de rosées ou de pluies, la végétation est au plus haut point riche, puissante et variée.

Mais à mesure qu'on s'éloigne de l'équateur, les rayons du soleil devenant plus obliques, la température s'abaisse, la lumière s'affaiblit, l'humidité diminue, et la végétation conséquemment se montre peu à peu moins riche et plus simple: elle disparaît tout-à-fait vers les pôles, où la rigueur du froid s'oppose au développement de tous les êtres organisés.

C'est à la fois par le nombre et par les dimensions que les espèces végétales répandues à la surface de la terre décroissent graduellement de l'équateur aux pôles. Très-multipliés et la plupart d'une taille gigantesque dans les climats inter-tropicaux, les arbres sont beaucoup moins nombreux et moins grands dans les régions tempérées; ils manquent dans les contrées voisines du pôle, où l'on ne trouve que des plantes herbacées plus ou moins rabougries.

Chaque latitude a ses espèces dominantes, ou même des espèces qui lui appartiennent exclusivement, ce qui imprime à sa végétation, à ses paysages un cachet particulier. Les plantes communes au midi ne viennent pas en général dans le nord, et *vice versâ*. Il en est pourtant qu'on pourrait appeler *cosmopolites*, car elles végètent partout, sous les climats les plus divers.

Mais la végétation, dans une même latitude, varie considérablement suivant la hauteur des lieux. Quelle différence en effet entre la végétation d'une montagne et celle de la plaine qui s'étend à sa base !

Si l'on fait l'ascension d'une haute montagne, soit dans nos régions tempérées, soit en des climats plus chauds, l'on observe que sa végétation, d'abord puissante et variée, s'appauvrit à mesure qu'on s'élève, absolument comme nous avons vu la végétation d'un hémisphère tout entier s'appauvrir de l'équateur au pôle. De grands arbres nombreux et divers en recouvrent la base; à une certaine hauteur, on ne trouve plus que des pins et des sapins ; au-dessus, des arbustes seulement; puis de simples herbes; et tout-à-fait au sommet, plus rien, que des glaces éternelles.

Ainsi, de même que certaines espèces ne viennent qu'à telle ou telle distance de l'équateur, de même il en est qui ne végètent sur les montagnes qu'à telle ou telle hauteur, variable suivant la latitude. C'est que la température décroît insensiblement du pied à la cime des montagnes, comme de la ligne aux régions polaires. On pourrait, à l'exemple de M. Mirbel, comparer le globe terrestre à deux immenses montagnes réunies base à base vers l'équateur, et dont les pôles seraient les sommets opposés.

Notons aussi que la végétation d'une contrée quelconque ne varie pas seulement en raison de sa latitude et de son degré de hauteur, mais encore suivant la nature du terrain, suivant son exposition vers tel ou tel point de l'horizon, suivant qu'elle est plus ou moins rapprochée des grandes masses d'eau.

La température des mers restant à peu près constante en toutes saisons, le froid, à latitude égale, n'est jamais aussi rigoureux dans leur voisinage qu'ailleurs. D'où il suit qu'une même plante peut végéter beaucoup plus au nord sur les plages maritimes qu'au centre des continens.

On nomme *habitation* ou *patrie* d'un végétal le pays où il vient d'une manière spontanée. Ce peut être la France, l'Europe, l'Asie, l'Afrique, etc. Et l'on appelle *stations* d'une plante les localités plus ou moins restreintes où elle croît habituellement. Les mers, les eaux douces, les marais, les plaines, les montagnes, les champs cultivés, les sables, les rochers sont, par exemple, autant de stations distinctes, ayant chacune des espèces végétales particulières.

Ainsi la végétation se modifie, prend les caractères les plus divers suivant les climats, et dans les climats, suivant les localités. Nous avons reconnu que la lumière avait sa part d'influence dans ces modifications sans nombre. Ajoutons maintenant qu'elle exerce en outre une action spéciale sur certaines espèces, et disons quelques mots sur les phénomènes singuliers qui dérivent de cette action.

Si l'on place un végétal dans un lieu faiblement éclairé par une seule ouverture, on voit ses rameaux s'incliner, se diriger peu à peu de ce côté pour aller au-devant de la lumière.

Lorsque, sans la détacher de sa tige, on fixe une branche de telle manière que les feuilles dont elle est pourvue aient leur face inférieure tournée vers le ciel, ces feuilles, par un mouvement insensible, reprennent bientôt leur position normale. On a fréquemment l'occasion d'observer ce fait sur les arbres ou arbrisseaux tenus en espalier, comme le pêcher, la vigne, etc.

Les feuilles d'un grand nombre de légumineuses et d'*oxalis* nous offrent des mouvemens plus remarquables encore.

Dans les acacias, par exemple, les folioles de chaque feuille, étendues horizontalement le matin, au lever du soleil, se redressent de plus en plus à mesure que cet astre s'avance vers le zénith ; puis s'abaissent insensiblement pour reprendre, le soir, leur position horizontale, pour devenir et rester pendantes durant toute la nuit.

Linné, considérant le végétal comme étant alors en repos, donnait au phénomène le nom poétique de *sommeil des plantes*.

Et Decandolle est parvenu à changer pour ainsi dire les heures de sommeil et de veille de certaines plantes légumineuses, en les plongeant dans une obscurité complète, pendant le jour ; en les éclairant, pendant la nuit, au moyen d'une lumière artificielle.

Les organes, dans beaucoup de végétaux, sont donc susceptibles de se mouvoir sous l'action de la lumière, ce qui suppose en eux une espèce d'*excitabilité*. Mais il est des plantes chez lesquelles on remarque des mouvemens, des phénomènes indépendans de la lumière et bien plus curieux encore que ceux dont je viens de vous entretenir.

Si l'on touche, par exemple, une des nombreuses folioles réunies dans une feuille de *sensitive*, on voit tout-à-coup ces folioles, en quelque sorte émues, se rapprocher, se coucher les unes sur les autres; puis, leur pétiole commun se courbant à sa base, la feuille entière, devenue pendante, paraît comme fanée. Mais bientôt l'impression se dissipe et tout rentre peu à peu dans l'état naturel.

Nous devons citer aussi le *Dionœa muscipula*, plante originaire de l'Amérique septentrionale, offrant à l'extrémité de ses feuilles deux lobes réunis par une espèce de charnière médiane. Le contact d'une mouche ou de tout autre insecte qui vient se reposer à la surface de ces lobes suffit pour les irriter. Ils se redressent alors subitement, saisissent l'insecte, le compriment d'autant plus qu'il se débat davantage pour échapper... ils ne reprennent qu'après sa mort leur position habituelle. On donne à cette plante le nom vulgaire d'*attrape-mouche*.

Une autre plante vraiment digne d'admiration par les mouvemens qu'elle exécute à l'époque de sa fécondadation est la *vallisnerie spirale*. Elle est dioïque et fort commune dans le canal du Languedoc.

Les pieds femelles portent leurs fleurs sur des pédoncules très-minces, extrêmement longs et d'abord roulés en spirale au fond de l'eau. Mais au moment où la fécondation doit avoir lieu, ces pédoncules se déroulent, et la petite fleur qui termine chacun d'eux vient alors s'épanouir à la surface du liquide.

Quant aux pieds mâles, entre-mêlés avec les pieds femelles, ils ont leurs fleurs réunies en certain nombre sous une spathe commune, au sommet d'un pédoncule très-court et toujours droit. Ces fleurs mâles, à l'époque de la fécondation, se gonflent, brisent l'enveloppe qui les emprisonnait, se détachent de leur pédoncule pour s'élever à la surface de l'eau, pour s'y ouvrir et verser leur pollen sur les fleurs femelles qui les ont devancées·

Celles-ci, dès-lors, sont ramenées au fond du liquide par leur pédoncule, qui se roule de nouveau en spirale. C'est là que leur fruit se développe, atteint sa maturité, puis germe et fournit une plante nouvelle.

Nous aurons tout-à-l'heure l'occasion de signaler d'autres espèces où les étamines, au moment de la fécondation, exécutent des mouvemens trés-marqués pour se rapprocher des organes femelles.

On a vainement cherché l'explication de tous ces phénomènes. La physique et la physiologie sont également impuissantes à nous en rendre compte.

Certains auteurs, il est vrai, ont cru devoir admettre, dans les végétaux, l'existence d'un système nerveux comparable à celui des animaux les plus simples. Mais l'observation consciencieuse ne montre rien d'analogue, et l'on s'accorde aujourd'hui pour refuser aux plantes sans exception toute espèce de système nerveux et de système musculaire.

Il est bon néanmoins de noter que les poisons stupéfians anéantissent, dans les plantes comme dans les animaux, tout phénomène d'*excitabilité* et de *motilité*. Qu'on arrose, par exemple, une sensitive avec une solution d'opium ou d'acide cyanhydrique, et bientôt l'on pourra la toucher sans provoquer en elle le moindre mouvement spontané; elle aura cessé d'être impressionnable.

Tels sont, Messieurs, les derniers détails que j'avais à vous présenter sur la vie des plantes, avant d'aborder leur fonction de génération. Etudions maintenant cette grande fonction des espèces, et nous aurons achevé notre cours de physiologie végétale.

On peut définir la fécondation dans les plantes : l'action que l'androcée exerce sur le gynécée pour produire des graines capables de perpétuer l'espèce.

Les anciens n'eurent sur l'existence des sexes, chez les végétaux, que des idées confuses nées de quelques observations vagues et populaires. Ce fut seulement vers la fin du 17ᵉ siècle, et grâce à l'usage des verres grossissans, que d'habiles observateurs assignèrent aux étamines et aux pistils leur rôle véritable.

Cependant, plusieurs botanistes, à la tête desquels se trouve Tournefort, persistaient à ne voir dans les étamines que de simples organes excréteurs, lorsque Linné, en 1735, vint lever à peu près tous les doutes.

Non-seulement Linné, par ses propres observations réunies à celles de ses devanciers, démontra mieux qu'on n'avait fait avant lui l'existence des sexes dans les plantes, mais il popularisa cette vérité en fondant sur les organes sexuels un système de classification qui fut admis partout avec enthousiasme.

Certains auteurs ont pourtant fait, depuis les travaux de ce grand botaniste, des objections contre la doctrine des sexes dans les plantes. Tel est, par exemple, Spallanzani.

Spallanzani, ayant isolé des individus femelles de chanvre, en obtint des graines qui germèrent. D'où il conclut que ces graines avaient pu se développer et devenir parfaites sans le secours des étamines. Et comme on lui fit observer que leur fécondation avait pu s'effectuer par le pollen des pieds mâles de chanvre cultivés, à son insu, dans le voisinage, il eut recours à une seconde expérience.

Dans une serre-chaude, il éleva, en hiver, plusieurs pieds de melon d'eau, plante monoïque ; et malgré la précaution qu'il eut, dit-il, de supprimer sur chaque pied les fleurs mâles, il recueillit, cette fois encore, des semences fertiles.

Mais cette expérience, répétée fort souvent depuis lors, a conduit à un résultat opposé toutes les fois qu'on a eu le soin de ne laisser aucune des fleurs mâles mêlées avec les femelles. Quelques-unes de ces fleurs mâles avaient sans doute échappé à Spallanzani.

Au reste, voici des faits qui prouvent d'une manière incontestable la réalité de la fécondation dans les végétaux. Je les prends parmi beaucoup d'autres.

Si l'on supprime, dans une fleur hermaphrodite, avant

l'époque ou les anthères s'ouvrent, toutes les étamines qui s'y trouvaient réunies, cette fleur ne donne aucune semence capable de germer.

Dans la culture du maïs, on a l'habitude d'enlever, après la fécondation, les panicules, c'est-à-dire les fleurs mâles qui surmontent la tige ; et l'expérience apprend qu'il suffit de pratiquer trop tôt cette mutilation pour faire avorter les fleurs femelles.

Depuis la plus haute antiquité, les habitans du Levant fécondent leurs dattiers femelles en secouant au-dessus de leurs fleurs épanouies des fleurs de dattier mâle. Or, la guerre que les Musulmans eurent à soutenir, en 1800, contre les Français, ayant empêché les cultivateurs de la Basse-Egypte d'aller dans le désert chercher des fleurs de dattier mâle, leurs dattiers femelles, cette année, restèrent stériles.

Tous les auteurs citent l'histoire d'un palmier femelle qui se trouvait à Berlin, et que Gleditsch féconda en répandant sur ses fleurs du pollen venu, par la poste, du jardin de Carlseruhe.

A Pise, on féconda artificiellement une des branches d'un saule femelle parfaitement isolé ; et cette branche donna seule des graines susceptibles de lever.

Mais ce n'est pas tout. Lorsqu'on dépose le pollen d'un végétal sur les organes femelles d'un autre appartenant à une espèce différente, il arrive qu'on obtient des graines capables de produire des individus participant à la fois du père et de la mère.

On accorde le nom d'*hybrides* aux plantes provenant ainsi d'une fécondation croisée ; elles sont , parmi les végétaux , ce que sont les mulets dans le règne animal. Les plantes hybrides, comme les mulets, sont généralement stériles ; si elles produisent parfois quelques semences fécondes , ce n'est que par exception.

Il est facile d'obtenir des hybrides en croisant des variétés d'une même espèce. On a moins de chance de réussir quand on opère sur deux espèces et, à plus forte raison , sur deux genres différens. Pour que deux plantes en produisent , il faut au moins qu'elles appartiennent à la même famille. De tous les faits invoqués en faveur de la fécondation dans les végétaux , l'existence des hybrides est sans contredit le plus concluant ; seul , il suffirait pour faire tomber toute objection.

Un mot à présent sur les phénomènes qui accompagnent la fécondation dans les plantes , et sur les moyens que la nature emploie pour en assurer le succès.

La fécondation s'opère en général aussitôt après l'épanouissement de la fleur. Elle n'a lieu plus tôt , c'est-à-dire dans la fleur encore à l'état de bouton , que chez quelques espèces.

Il est des fleurs dont la température s'élève d'une manière bien sensible au moment de la fécondation. On a constaté ce phénomène de caloricité principalement sur les plantes de la famille des aroïdes ; la chaleur qui se dégage alors d'un spadice d'*arum* . par exemple . est appréciable à la main.

Dans beaucoup de végétaux, les organes sexuels exécutent des mouvemens spontanés dont le but est de faciliter la fécondation.

On voit les huit ou dix étamines que renferment les fleurs de la rue se dresser alternativement pour verser tour-à-tour leur pollen sur le stigmate, et reprendre ensuite leur position presque horizontale. Les étamines de l'épine-vinette offrent aussi l'exemple de mouvemens très-remarquables. Il suffit même de les irriter avec une épingle pour les voir se dresser et s'appliquer aussitôt contre l'organe femelle.

Chez les passiflores, les onagres, les nigelles et plusieurs *cactus*, ce sont les styles qui, d'abord rapprochés les uns des autres, s'écartent, s'infléchissent vers les étamines, et reviennent à leur première position dès que le pollen est sorti des anthères.

Mais la nature, pour assurer l'accomplissement de la fécondation dans les plantes, a recours à bien d'autres moyens.

Certaines fleurs sont pourvues d'un pistil beaucoup plus long que les étamines. Au lieu de se maintenir dressées comme la plupart, elles s'inclinent au moment de la fécondation, et le pollen, en tombant, rencontre le stigmate placé dès-lors au-dessous des anthères.

L'inclinaison des fleurs vers le sol a souvent aussi pour but de garantir la matière fécondante contre l'action destructive des pluies et de la rosée. On voit en effet beaucoup de fleurs prendre cette position ou même fermer leur corolle à l'approche de la nuit ou d'un temps orageux.

Dans les végétaux aquatiques, la tige ou les pédoncules s'allongent en général jusqu'à ce que leurs fleurs soient arrivées à la surface de l'eau ; de sorte que leur fécondation s'effectue en plein air , au lieu de se faire au sein du liquide, dont le contact gâterait le pollen. Vous avez vu dans la vallisnérie spirale un des cas les plus curieux de ce genre.

La fécondation est généralement facile dans les plantes hermaphrodites, où chaque fleur réunit les deux sexes. Il lui fallait , pour se réaliser , des précautions , des moyens particuliers chez les espèces dont les fleurs , au contraire , sont unisexuées.

Dans les végétaux monoïques , les fleurs mâles occupent les parties supérieures de la tige , des rameaux , et le pollen , en tombant , rencontre les fleurs femelles situées plus bas.

Mais les difficultés à surmonter étaient bien plus grandes chez les espèces dioïques , où les sexes, comme vous savez , se trouvent séparés sur des pieds distincts et souvent très-éloignés l'un de l'autre.

Les individus mâles , dans toutes ces espèces , sont beaucoup plus nombreux que les femelles, et leur pollen est extrêmement abondant. On voit fréquemment la terre se couvrir de celui que fournissent les pins, les sapins , même les peupliers et les saules.

C'est à la fin de l'hiver que fleurissent la plupart de

nos arbres dioïques. Or, à cette époque le vent souffle avec violence, il s'empare de leur poussière pollinique, la transporte au loin et la répand en partie sur les individus femelles.

Cependant, beaucoup de plantes dioïques fleurissent dans les temps les plus calmes de l'année. Mais la chaleur est alors considérable, et, sous son influence, naissent des myriades d'insectes qui passent leur vie à butiner de fleur en fleur, portant de l'une à l'autre la matière fécondante.

Attirés par la présence du nectar, ils pénètrent jusqu'au fond de la corolle, s'y agitent au milieu des étamines, déterminent l'ouverture des anthères, se couvrent de pollen ; puis ils quittent la fleur pour s'introduire aussitôt dans une autre, et ainsi de suite.

Il n'est pas douteux que les insectes, en faisant tomber la matière fécondante des anthères sur les stigmates, en la transportant d'une fleur dans une autre, d'une fleur mâle dans une fleur femelle, par exemple, ne concourent puissamment à la fécondation de tous les végétaux, soit hermaphrodites, soit dioïques ou monoïques.

Examinons enfin le phénomène de la fécondation en lui-même, c'est-à-dire l'action du pollen sur l'organe femelle.

On a d'abord avancé que le pollen agissait du stigmate sur l'ovaire par une espèce d'*aura seminalis*. Certains ont dit par sympathie. D'autres ont supposé que les granules du pollen arrivaient entiers jusqu'aux ovules en parcourant de prétendus *conduits pistillaires*. Aujourd'hui , l'on sait un peu mieux comment se passent les choses.

Humide et visqueux, le stigmate retient quelques-uns des granules polliniques tombés à sa surface. Sous l'influence de son humidité , ces granules se gonflent peu à peu , finissent par éclater , au bout de quelques heures ou de quelques jours , suivant les espèces ; ils laissent alors échapper de leur sein un ou plusieurs tubes qui s'enfoncent dans la substance du stigmate en quelque sorte comme autant d'épingles dans une pelote.

Chaque tube , s'allongeant de plus en plus , traverse d'abord le stigmate , puis il se glisse entre les cellules du tissu conducteur placé au centre du style , descend ainsi dans la cavité de l'ovaire , où son sommet ne tarde pas à se mettre en rapport avec le micropyle d'un ovule , et c'est en ce moment que s'accomplit le mystère de la fécondation.

Quelle peut donc être la nature de l'influence que le pollen exerce alors sur l'ovule ? Les corpuscules de la fovilla que renferment les tubes polliniques servent-ils simplement à la nutrition du germe, de l'embryon qui se développe dans l'intérieur du nucelle ? ou bien communiquent-ils à ce germe une impulsion vivifiante, spéciale? On sait qu'ils se dissolvent et disparaissent , pendant la fécondation , dans le liquide qui en est le véhicule... on ne sait rien de plus.

Il est cependant , en Allemagne , des botanistes qui prétendent avoir poussé leurs observations plus loin.

Voici, d'après Schleiden, par exemple, ce qui arriverait.

Le sommet du tube pollinique , s'introduisant dans le micropyle , pousse devant lui , dit-il , la membrane du nucelle. Cette membrane , ainsi refoulée , devient le sac embryonaire ou amnios , et l'extrémité du tube qu'elle enveloppe , la vésicule embryonaire ; tandis que la portion du tube située au-dehors de l'ovule ne tarde pas à disparaître par résorption.

Enfin , la vésicule embryonaire , née du tube pollinique et faisant désormais partie de l'ovule , serait restée pleine d'une petite quantité de fovilla , dans laquelle apparaissent bientôt plusieurs cellules qui se multiplient et se réunissent pour former un embryon naissant.

Il résulterait de ces faits , s'ils étaient exacts , que l'étamine , au lieu d'être un organe mâle , comme on l'avait cru jusqu'ici, remplirait au contraire les fonctions d'organe femelle ; son anthère serait une espèce d'ovaire contenant, sous le nom de pollen , de petits germes qui, introduits dans les ovules, se convertiraient d'abord en embryons pour devenir plus tard autant de plantes adultes.

Quant aux ovules, ils seraient chargés de recevoir , de loger et de nourrir chacun un de ces germes ; peut-être aussi d'exercer sur eux une impression excitante , indispensable à leur développement. En ce cas, leur rôle les rapprocherait des organes mâles.

D'après cette théorie fort ingénieuse, la fécondation dans les végétaux phanérogames aurait de grands rapports avec celle des cryptogames.

Chez ces derniers, les granules polliniques sont représentés par les *spores*, petits corps reproducteurs particuliers qui naissent et se développent dans des loges comparables aux anthères, et nommées *anthéridies* ou *sporanges*.

Les spores diffèrent pourtant des granules polliniques en un point essentiel : au moment où elles s'échappent de leur sporange, elles sont déjà parfaites, capables de germer et de fournir une plante nouvelle; tandis que les granules du pollen, ou mieux la fovilla n'acquiert toutes ses qualités, avons-nous dit, qu'au sein des ovules.

Il est des végétaux cryptogames dont les spores nous offrent des phénomènes vraiment prodigieux. Lorsqu'on examine au microscope un filament de conferve, par exemple, il se montre sous l'apparence d'un tube cloisonné, formé de cellules réunies bout-à-bout et remplies d'une matière verte. Or, si le moment est favorable, on voit tout-à-coup ces utricules se disjoindre, la matière verte sortir de leur cavité, prendre la forme d'une spore, ou plutôt le caractère d'un animalcule qui se meut dans tous les sens avec une merveilleuse rapidité.

Cependant, ces êtres singuliers, qu'on a comparés aux animaux dits *infusoires*, ne tardent point à perdre leur faculté de locomotion; ils passent bientôt de la vie animale à la vie végétale, et c'est alors qu'ils commencent à germer.

Mais revenons à la doctrine de Schleïden sur la fécondation des plantes phanérogames.

Accueillie très-favorablement en Allemagne, cette doctrine, quelque séduisante qu'elle soit, n'a jamais eu cours en France. MM. Mirbel et Brongniart assurent même avoir plusieurs fois constaté l'existence de la vésicule embryonaire et de l'embryon au sein de l'ovule avant l'imprégnation, c'est-à-dire avant l'arrivée du pollen dans l'ovaire.

Or, il n'en faut pas davantage pour renverser la théorie allemande; et sans doute il n'en faudra pas davantage pour ramener tout le monde aux anciennes idées sur les fonctions des étamines et des pistils.

Quoiqu'il en soit, tout change dans la fleur après la fécondation : bientôt la corolle, si fraîche et souvent si brillante, se fane et tombe; les étamines, devenues inutiles, se flétrissent et disparaissent à leur tour; le stigmate et le style éprouvent le même sort, ainsi que le calice dans la plupart des espèces.

Quant à l'ovaire, il vient de se transformer en un fruit naissant qui se développe, atteint sa maturité, se détache de la plante, et s'ouvre enfin pour permettre à ses graines de subir tôt ou tard les phénomènes de la germination.

Ainsi s'accomplit la vie végétale, ayant la germination pour point de départ et la fécondation pour terme. Nous l'avons suivie dans ses nombreuses périodes; nous avons parcouru tout le domaine de la physiologie; dans notre prochaine réunion, nous aborderons celui de la taxonomie par l'histoire abrégée de la botanique.

DIX-HUITIÈME LEÇON.

HISTOIRE DE LA BOTANIQUE. — SYSTÈME DE TOURNEFORT· — ESPÈCES. — VARIÉTÉS. — GENRES. — SYSTÈME DE LINNÉ.

Assiégé de tout temps par de nombreuses maladies, l'homme chercha de bonne heure un remède à ses douleurs dans les végétaux qui viennent partout comme à dessein autour de lui ; et la botanique, Messieurs, prit ainsi naissance avec la médecine, dont l'origine, vous le savez, se perd dans la nuit des siècles.

La botanique fit l'objet des études, non-seulement des médecins, mais aussi des agriculteurs, des naturalistes, même des poètes de l'antiquité. Elle eut pourtant une bien longue enfance.

D'après Sprengel, les livres des Hébreux ne mentionnent que soixante-dix plantes dont les noms peuvent

être rapportés à des espèces connues de nos jours. On
en compte moins encore dans les poèmes d'Homère. Les
ouvrages de médecine attribués à Hippocrate en signa-
lent à peu près cent cinquante espèces. Aristote, dont le
vaste génie embrassa toutes les parties des connaissances
humaines, écrivit sur les végétaux deux livres qui mal-
heureusement se sont perdus. C'est à Théophraste, un
de ses élèves, qu'on doit les premiers ouvrages de botanique parvenus jusqu'à nous. Théophraste décrivit
environ trois cents espèces de plantes venant en Grèce.

Les Romains, doués d'un esprit essentiellement positif
qui les portait à chercher dans les sciences d'utiles applications plutôt que de nouveaux élémens, s'occupèrent
beaucoup plus d'agriculture que de botanique proprement
dite. Virgile lui-même ne fit point exception ; c'est au
point de vue de l'art agricole qu'il a chanté, en vers
pleins d'harmonie, les arbres et la vigne. Cependant
Pline écrivit longuement sur toutes les parties de l'histoire naturelle ; mais son livre, immense compilation
dont il puisa les matériaux dans plus de deux mille
volumes grecs ou latins, renferme des erreurs nombreuses, et ne contribua que fort peu aux progrès de
la botanique.

Dioscoride, né en Cilicie et médecin des armées ro-
maines sous Néron, reprit avec ardeur l'étude de la
botanique proprement dite, négligée depuis Aristote et
Théophraste. Dans les voyages qu'il fit, sans doute
comme militaire, en Asie, en Grèce, en Italie, il décou-

vrit beaucoup d'espèces nouvelles dont il donna la description dans un ouvrage qui a joui d'une grande célébrité, malgré les nombreuses inexactitudes qu'il contient.

La botanique, encore bien imparfaite, resta stationnaire, ou plutôt elle tomba presque partout dans un profond oubli pendant le moyen-âge, époque de barbarie et de ténèbres où les arabes furent long-temps les seuls dépositaires de la science.

A la renaissance des lettres, l'histoire naturelle suivit l'impulsion générale qui devait bientôt changer la face du monde; la botanique devint, en Europe, l'occupation favorite de plusieurs savans. Mais on se borna, pendant plus d'un siècle, à commenter les anciens auteurs, surtout Dioscoride et Pline; à chercher les plantes qu'ils avaient signalées; et comme les noms employés par ces auteurs furent souvent appliqués à des espèces différentes de celles qu'ils avaient eues en vue, l'on tomba dans une grande confusion.

Cependant l'observation montrait partout des espèces non décrites encore; bientôt on publia des ouvrages particuliers sur les plantes de France, de Suisse, d'Allemagne. Les croisades avaient inspiré le goût des voyages; plusieurs botanistes quittaient l'Europe pour aller explorer la Grèce, l'Asie, l'Egypte, berceau de l'ancienne civilisation. D'un autre côté, les Portugais avaient doublé le cap; et Christophe-Colomb, en découvrant l'Amérique, venait d'offrir aux observateurs étonnés une végétation toute nouvelle.

Que de plantes jusqu'alors inconnues furent successi-
ment apportées de ces contrées lointaines! Et parmi ces
plantes, que d'espèces utiles! L'importation du tabac,
celle de la pomme de terre elle-même datent, Messieurs,
de cette époque mémorable.

Jusque-là les auteurs qui avaient écrit sur les végétaux
ne les avaient groupés que d'une manière plus ou moins
empirique, en se basant, par exemple, soit sur leur
taille, soit sur les usages qu'on en faisait en médecine, en économie domestique ou dans les arts. Certains s'étaient contentés de suivre l'ordre alphabétique.
Plusieurs même n'avaient admis aucune espèce de
méthode.

Mais l'extension rapide que la botanique venait de
prendre; le nombre toujours croissant des espèces à
nommer et à distinguer de celles déjà connues fit bientôt
sentir la nécessité d'une classification capable de servir
de guide au milieu de tant d'objets divers; et l'on comprit
qu'une telle classification devait reposer sur la nature
même des plantes: c'est-à-dire sur les caractères tirés à
la fois de la structure et de la forme de leurs organes.

Le XVe siècle vit paraître le résultat des premiers
essais tentés dans ce but. Mais c'est surtout vers la fin
du XVIe et au commencement du XVIIe que la botanique fit d'importans progrès sous tous les rapports.
Réduite à peu près aux conditions d'une simple nomen-
clature, elle prit alors un caractère plus philosophique :
elle devint une véritable science.... une ère nouvelle
s'ouvrait aux botanistes.

Grew et Malpighi, armés du microscope récemment inventé, arrachaient à l'organisation des végétaux ses secrets les plus intimes, et jetaient ainsi les bases de la phytotomie. D'un autre côté, d'habiles expérimentateurs, physiciens ou chimistes, cherchant l'explication des divers phénomènes de la vie des plantes, fondaient la physiologie végétale; tandis que Tournefort et Linné publiaient leurs systèmes de classification, incomparablement supérieurs à ceux de tous leurs devanciers.

Tournefort, un des botanistes français les plus célèbres, fut professeur au Jardin des Plantes de Paris sous Louis XIV. Il parcourut, non-seulement la France, mais l'Espagne et plusieurs contrées du Levant, d'où il apporta un herbier considérable.

Sa classification, appelée généralement *méthode de Tournefort*, parut en 1694. Elle comprenait plus de dix mille espèces rangées en vingt-deux classes, qu'il avait établies principalement sur plusieurs considérations tirées de la corolle : sur sa présence ou son absence ; sur son état monopétale ou polypétale; sur ses formes particulières, etc. On lui reproche d'avoir séparé les arbres des herbes; et ce reproche est fondé, car vous savez qu'une même plante peut être l'un ou l'autre, suivant qu'elle végète sous telle ou telle latitude.

La principale gloire de Tournefort a été de décrire, de distinguer avec plus de précision que tous ses prédécesseurs les espèces connues de son temps; et surtout de grouper ces espèces, d'après leurs affinités naturelles, en genres dont beaucoup ont été conservés.

Mais qu'est-ce qu'une *espèce*? Et qu'est-ce qu'un *genre* ? Il importe, Messieurs, de fixer une fois pour toutes vos idées à cet égard.

En botanique, on nomme *espèce* la réunion, l'ensemble des végétaux qui, offrant absolument les mêmes caractères, sont susceptibles de produire d'autres individus identiques avec eux. Tels sont par exemple tous les pieds de maïs, tous les tilleuls d'Europe, tous les marronniers d'Inde, etc.

Dans un champ de maïs, vous observez une foule d'individus ayant entre eux tant de rapports, qu'il serait difficile de les distinguer. Leurs graines pourront donner naissance à d'autres individus semblables; ils appartiennent à la même espèce.... tous les pieds de maïs en végétation, soit ici, soit ailleurs, ne forment qu'une seule et même espèce.

Il arrive néanmoins qu'une plante, venant dans des conditions particulières de climat ou seulement de localité, s'éloigne plus ou moins du type ordinaire. Elle forme alors dans l'espèce une *variété*. Les modifications qui distinguent les variétés ne portent que sur des caractères peu importans : sur la taille, sur la consistance des tissus, la figure des feuilles, la nuance des fleurs, etc. Quant aux caractères essentiels des espèces, ils sont immuables.

Beaucoup de variétés produites par la culture, parmi les arbres à fruits et les plantes d'ornement, sont maintenues et propagées au moyen de la greffe ou des marcottes. Aussitôt qu'on veut les multiplier par graines, elles reprennent leurs caractères originaires, elles reviennent au type de l'espèce.

Mais on cultive un grand nombre de variétés dont les caractères distinctifs, plus constans, sont devenus héréditaires; c'est par la voie des semis qu'elles se perpétuent. On les désigne généralement sous le nom de *races*. L'espèce du froment cultivé comprend à elle seule plusieurs centaines de races ou variétés. Il suffit d'abandonner ces races à elles-mêmes pour les voir perdre peu à peu leurs caractères particuliers, et revenir à ceux de l'espèce dont elles s'étaient momentanément éloignées.

On prend souvent pour des variétés les plantes *hybrides*, ou *mulets* produits par le concours de deux espèces voisines. Ces plantes, vous le savez, participent aux caractères des deux espèces dont elles proviennent, et sont presque toujours stériles. Elles peuvent cependant fournir quelques semences fécondes; mais cette fécondité ne s'étend jamais au-delà de la quatrième génération. La nature, comme le dit Auguste de Saint-Hilaire, n'a point permis que ses œuvres devinssent le jouet des caprices de l'homme, et qu'il introduisît au milieu d'elles la confusion et le désordre.

C'est surtout au moyen des croisemens que l'horticulture, secondée par le hasard, a produit la plupart des fruits si divers qui figurent sur nos tables; comme aussi une foule de ces fleurs si élégantes et si variées qui font l'ornement de nos jardins et de nos parterres. Beaucoup d'arbres à fruits ; une infinité de rosiers , de dahlias , de géraniums , etc., sont en effet des végétaux hybrides. Créés par l'art , ils ne peuvent se multiplier avec leurs caractères distinctifs que par des procédés plus ou moins artificiels.

Les botanistes s'occupent fort peu de ces plantes en quelque sorte domestiques dans lesquelles chaque jour apporte de nouvelles modifications. Leur but principal est la connaissance des espèces qui , venues spontanément , n'offrent à l'étude que des caractères naturels , presque toujours invariables.

Vous savez combien est grande la diversité qui règne parmi ces espèces , dont le nombre si considérable est encore inconnu. On a pu néanmoins, en rapprochant celles qui ont entre elles le plus de ressemblance, en former une foule de petits groupes qui se présentent comme autant d'unités d'un ordre supérieur. Or , Messieurs, c'est précisément à ces groupes qu'on est convenu d'accorder le nom de *genres*. Un genre est donc une réunion d'espèces , comme l'espèce une collection d'individus.

Les espèces réunies dans un même genre ont des caractères communs tirés principalement des organes de la fructification , et désignés sous le nom de *caractères génériques*. Quant à ceux par lesquels elles se distinguent les unes des autres , ils sont dits *spécifiques*.

Passons maintenant au système de classification proposé par Linné.

Linné , l'un des plus puissans génies qui se soient voués au culte des sciences , naquit en Suède , l'an 1707. Il fut la gloire de son pays, de son époque; nul autre n'a concouru pour une plus grande part au perfectionnement de l'histoire naturelle , et particulièrement aux progrès de la botanique.

C'est en 1735 que Linné publia son système . appelé *système sexuel* parce qu'il repose , en effet , sur diverses considérations tirées des organes sexuels , étamines et pistils, dont l'existence était alors admise depuis peu, non par tout le monde , mais par la plupart des bons esprits.

Linné sépare d'abord en deux grandes sections tous les végétaux connus : les uns sont *phanérogames* , c'est-à-dire pourvus de fleurs , d'organes sexuels visibles; les autres sont des *cryptogames* ; il les considère comme ayant des organes sexuels cachés.

Les végétaux phanérogames se distinguent en ceux qui portent des fleurs hermaphrodites ou monoclines; et ceux dont les fleurs sont au contraire unisexuées ou diclines.

Parmi les végétaux à fleurs hermaphrodites , il en est dans lesquels les étamines sont unies avec le pistil ; chez la plupart les étamines n'ont aucune adhérence avec cet organe.

Dans ce dernier cas , les étamines peuvent être soudées ou libres entre elles.

Quand elles restent libres , elles se montrent , dans la même fleur , également longues , ou bien les unes plus longues . les autres plus courtes.

Et lorsqu'elles sont égales en longueur, leur nombre est déterminé ou indéterminé.

Les plantes chez lesquelles les étamines sont également longues et en nombre déterminé composent les dix premières classes du système de Linné ; c'est-à-dire la *monandrie*, la *diandrie*, la *triandrie*, la *tétrandie*, la *pentandrie*, l'*hexandrie*, l'*heptandrie*, l'*octandrie*, l'*ennéandrie* et la *décandrie*.

Viennent ensuite la *dodécandric*, l'*icosandrie* et la *polyandrie*, où sont comprises les espèces dont les étamines se trouvent en nombre indéterminé ; il y en a d'onze à dix-neuf, le plus souvent douze, dans la dodécandrie ; vingt ou davantage, toujours adhérentes au calice, dans l'icosandrie ; et de vingt à cent, insérées sous l'ovaire, non adhérentes au calice, dans la polyandrie.

Les végétaux à étamines inégales sont renfermés dans la quatorzième et dans la quinzième classes, appelées *didynamie* et *tétradynamie*. Quatre étamines dont deux grandes et deux petites caractérisent la didynamie. On en compte six dont quatre grandes et deux petites dans la tétradynamie.

Mais sur beaucoup de plantes, les étamines sont soudées entre elles, soit par leurs anthères, soit par leurs filets. Dans ce dernier cas, elles peuvent être rassemblées en une, en deux ou en un plus grand nombre d'adelphies ; d'où résultent la *monadelphie*, la *diadelphie* et la *polyadelphie*, qui constituent la seizième, la dix-septième et la dix-huitième classes de Linné. La dix-neuvième ou *syngénésie*, comprend les espèces dont les étamines sont unies par les anthères.

Dans la vingtième, nommée *gynandrie*, se placent tous les végétaux chez lesquels les étamines sont soudées avec le pistil.

Telles sont les vingt classes qui, dans le système de Linné, renferment toutes les plantes à fleurs hermaphrodites ou monoclines.

Les végétaux à fleurs unisexuées ou diclines forment la vingt-unième, ou *monœcie*; la vingt-deuxième, ou *diœcie*; et la vingt-troisième, ou *polygamie*.

Dans la monœcie, le même individu porte des fleurs mâles et des fleurs femelles; dans la diœcie, les sexes sont séparés sur des pieds différens; et dans la polygamie, on trouve à la fois des fleurs mâles, des fleurs femelles et des fleurs hermaphrodites, réunies sur un même individu ou séparées sur des pieds distincts et appartenant à la même espèce.

Quant aux plantes cryptogames, Linné les a groupées en une seule classe, la *cryptogamie*, qui est la vingt-quatrième et dernière de son système.

Le tableau suivant vous donnera de ce système une idée plus complète en vous le montrant dans son ensemble.

Système sexuel de Linné.   CLASSES.   EXEMPLES.

	CLASSES.	EXEMPLES.
En nombre déterminé.	1 Monandrie.	Valériane rouge.
	2 Diandrie.	Véroniques.
	3 Triandrie.	Iris.
	4 Tétrandrie.	Garance.
	5 Pentandrie.	Bourrache.
	6 Hexandrie.	Tulipe.
	7 Heptandrie.	Marronnier d'Inde.
	8 Octandrie.	Patience.
	9 Ennéandrie.	Lauriers.
	10 Décandrie.	OEillets.
En nombre indéterminé.	11 Dodécandrie.	Reseda.
	12 Icosandrie.	Rosiers.
	13 Polyandrie.	Pavots.
Inégales.	14 Didynamie.	Lavande.
	15 Tétradynamie.	Choux.
par les filets.	16 Monadelphie.	Mauves.
	17 Diadelphie.	Fumeterre.
	18 Polyadelphie.	Oranger.
— anthères.	19 Syngénésie.	Chardons.
Etamines soudées avec le pistil.	20 Gynandrie.	Orchis.
Fleurs unisexuées.	21 Monoecie.	Maïs.
	22 Dioecie.	Chanvre.
	23 Polygamie.	Frêne.
Organes sexuels cachés (ou plutôt nuls).	24 Cryptogamie.	Champignons.

Plantes à :

- Organes sexuels apparens.
  - Fleurs hermaphrodites.
    - Etamines distinctes du pistil.
      - Libres.
        - Egales entre elles. (En nombre déterminé : classes 1–10 ; En nombre indéterminé : 11–13)
        - Inégales. (14–15)
      - Réunies entre elles. (par les filets : 16–18 ; anthères : 19)
    - Etamines soudées avec le pistil. (20)
  - Fleurs unisexuées. (21–23)
- Organes sexuels cachés (ou plutôt nuls). (24)

Après avoir établi ces vingt-quatre classes renfermant tout le règne végétal, Linné admit dans chacune plusieurs *ordres* ou divisions secondaires, en se basant sur diverses considérations relatives au pistil, au fruit, aux étamines, etc.

Les ordres compris dans les treize premières classes ont été fondés sur le nombre des styles ou des stigmates distincts dans chaque fleur. Ils reçoivent les noms de *monogynie, digynie, trigynie, tétragynie, pentagynie, hexagynie... polygynie*, suivant qu'ils sont caractérisés par un, deux, trois, quatre, cinq, six... ou par un plus grand nombre de stigmates. La bourrache appartient à la *pentandrie monogynie*; le panais à la pentandrie digynie, etc.

Linné a divisé la didynamie en deux ordres qu'il appelle *gymnospermie* et *angiospermie*. Les plantes réunies dans la *didynamie gymnospermie* sont les labiées ; leur fruit se compose de quatre akènes libres au fond du calice, et regardés à tort, par Linné, comme autant de graines nues. Dans les espèces didynames qui font partie de l'angiospermie, le fruit, bien différent, consiste en une capsule qui renferme un grand nombre de semences. Telles sont les personées, et notamment les linaires.

La tétradynamie se divise à son tour en *siliqueuse* et *siliculeuse*, suivant que les plantes dont elle est formée ont pour fruit une silique, comme la giroflée et le radis ; ou bien une silicule, comme le pastel et la bourse du pasteur.

C'est par le nombre des étamines que se caractérisent les ordres établis dans les seizième, dix-septième et dix-huitième classes. Une plante monadelphe peut être *triandre*, *tétrandre*, *pentandre*... *polyandre*. Il en est de même des plantes diadelphes et polyadelphes : elles varient beaucoup par le nombre de leurs étamines.

La même considération a aussi permis de diviser en quatre ordres la *gynandrie* ou vingtième classe.

Quant à la dix-neuvième, ou *syngénésie*, elle se compose d'un très-grand nombre d'espèces dans lesquelles on trouve souvent, en même temps que des fleurs hermaphrodites, des fleurs mâles et des fleurs femelles. Or, dans ce mélange qu'il désigne sous le nom de *polygamie*, Linné a distingué six cas dont il a fait les six ordres suivans.

1. La *polygamie égale*, où les fleurs, réunies en capitules, sont toutes hermaphrodites et fécondes, comme dans les chardons.

2. La *polygamie superflue*, dans laquelle un même capitule porte, au centre, des fleurs hermaphrodites, et à la circonférence, des fleurs femelles, ces dernières étant fécondes comme les premières, ainsi que l'absinthe en offre un exemple.

3. La *polygamie frustranée*, où les fleurs, disposées comme dans l'ordre précédent, offrent cette différence que les femelles sont stériles et par conséquent superflues. Tel est le cas des centaurées.

4. La *polygamie nécessaire*, caractérisée par des ca-

pitules dont les fleurs hermaphrodites, placées au centre, sont stériles et ne servent qu'à féconder les fleurs femelles, nécessaires, indispensables à la reproduction de l'espèce. C'est ce qu'on observe dans le souci.

5. La *polygamie séparée*, où les fleurs, toutes hermaphrodites, sont rassemblées en tête, mais contenues chacune dans un petit involucre, et séparées ainsi les unes des autres ; disposition dont on trouve un exemple dans l'*echinops*.

6. Enfin la *polygamie monogamie*, renfermant toutes les plantes synanthères pourvues, comme la violette , de fleurs simples et tout-à-fait isolées.

La *monœcie* et la *diœcie*, vingt-unième et vingt-deuxième classes, présentent réunies la plupart des modifications que nous avons reconnues dans les classes précédentes. Les espèces monoïques ou dioïques ont , en effet, des fleurs qui peuvent être monandres, triandres, polyandres; monogynes, digynes, trigynes... polygynes ; monadelphes, etc. Et c'est d'après ces diverses considérations qu'elles ont été groupées en ordres.

Trois ordres composent la vingt-troisième classe ou *polygamie*. Ce sont la *polygamie monœcie*, dans laquelle le même individu offre des fleurs hermaphrodites et des fleurs unisexuées ; la *polygamie diœcie*, réunion d'. pèces dont les individus portent, les uns des fleurs hermaphrodites, les autres des fleurs unisexuées: et la *polygamie triœcie*, où l'on trouve, dans la même espèce, trois sortes d'individus munis, ceux-ci de fleurs hermaphrodites, ceux-là de fleurs mâles. et les derniers de fleurs femelles.

Reste la *cryptogamie* comprenant quatre ordres bien distincts : les *fougères*, les *mousses*, les *algues* et les *champignons*.

Tels sont, en quelques mots, les ordres nombreux établis par Linné dans les vingt-quatre classes de son ingénieux système.

Mais la botanique doit à Linné d'autres innovations non moins importantes.

Avant lui, chaque espèce ne portait qu'un nom, celui du genre dont elle faisait partie. Pour distinguer entre elles celles d'un même genre, on avait recours à autant de phrases contenant l'énumération de leurs caractères particuliers. Ces phrases se multipliaient, se compliquaient à mesure que le nombre des plantes connues devenait plus considérable. Toutes les fois qu'on citait une espèce il fallait prononcer sa phrase caractéristique. Vous devinez quel embarras cela devait jeter dans le discours, et quelle fatigue devait en résulter pour la mémoire.

A la place des phrases en question, Linné mit un simple adjectif caractérisant nettement l'espèce dans son genre. Dès-lors, l'appellation de toute plante fut réduite à deux noms : l'un *générique*, comparable à notre nom de famille; l'autre *spécifique*, représentant notre nom de baptême. Et l'on ne saurait dire toute l'heureuse influence que cette réforme de langage eut sur l'avenir de la botanique.

Linné diminua de beaucoup le nombre des variétés, des espèces douteuses, et même des genres admis par ses prédécesseurs; il réduisit à sept mille le total des espèces connues de son temps. Il s'attacha à déterminer d'une manière rigoureuse la signification des termes employés pour exprimer les diverses modifications des organes , il fit entrer dans ses descriptions des caractères nouveaux tirés des étamines et des pistils... partout son style fut admirable de pureté et de précision.

De toutes parts, on s'empressa d'accueillir les réformes proposées par Linné. Son système lui-même fut adopté avec un enthousiasme difficile à décrire; il détrôna tous les autres, et régna presque sans contestation jusqu'à la fin du XVIIIᵉ siècle. Toutefois, on ne tarda pas à reconnaître qu'il présentait de notables imperfections.

En effet, le nombre des étamines, sur lequel reposent les treize premières classes, est susceptible de varier dans une même espèce, qui appartient, dès-lors, tantôt à une classe, et tantôt à une autre. Il est souvent bien difficile, du moins dans la pratique , de distinguer entre eux la plupart des ordres qui composent la syngénésie.

D'un autre côté, les plantes sont distribuées d'une manière fort inégale dans le système de Linné. La monandrie ne renferme que très-peu d'espèces; on en compte moins encore dans l'heptandrie; tandis que la pentandrie en contient un trop grand nombre.

Enfin les affinités naturelles des plantes sont souvent méconnues dans le système de Linné; et c'est là son plus grave inconvénient , beaucoup d'espèces ayant entre elles la plus grande analogie s'y trouvent séparées. Beaucoup d'autres y sont réunies, quoique fort disparates. C'est ainsi que les graminées elles-mêmes s'y montrent dispersées dans la monandrie, la diandrie , la triandrie, l'hexandrie, la monœcie; tandis que les violettes figurent, dans la syngénésie, à côté des chardons.

Il faut néanmoins convenir que le système de Linné est souvent très-utile et fort commode pour arriver au nom des plantes. Plusieurs botanistes le suivent encore, et c'est pourquoi j'ai cru devoir, Messieurs, vous le faire connaitre au moins dans ses principaux détails.

DIX-NEUVIÈME LEÇON.

MÉTHODES NATURELLES. — MÉTHODE ANALYTIQUE.

Dans toute classification fondée sur un seul ou sur un très-petit nombre d'organes, comme celles de Tournefort et de Linné, la plupart des affinités naturelles des plantes se trouvent nécessairement méconnues : une foule d'espèces ayant entre elles la plus grande analogie s'y montrent séparées ; tandis que beaucoup d'autres y sont réunies quoique fort disparates.

Or, Messieurs, l'on est convenu de donner à ces arrangemens tout-à-fait artificiels le nom de *systèmes*, pour les distinguer des *méthodes naturelles*, classifications plus récentes et plus philosophiques où les végétaux, comparés entre eux sous toutes les faces, sont groupés, non pas d'après un seul, mais d'après l'ensemble de leurs caractères ; les divisions qui, dans ces méthodes, composent les classes et correspondent aux ordres des systèmes sont appelées *familles naturelles*.

C'est Magnol, savant professeur de botanique à Montpellier, qui a le premier tenté de réunir les végétaux en familles naturelles. « J'ai cru, dit-il dans la préface d'un livre publié en 1589, j'ai cru qu'on pouvait établir, parmi les plantes, des *familles* comme il en existe parmi les animaux ; les caractères de ces familles ne doivent pas être tirés uniquement des organes de la fructification, mais aussi de toutes les autres parties des végétaux. » Et conformément à ces idées fort justes, Magnol établit soixante-seize familles qu'il présenta sous forme de tableau, sans en donner les caractères distinctifs.

Linné lui-même reconnaissait qu'une bonne méthode aurait de grands avantages sur les systèmes. « Il est constant, écrivait-il peu de temps après la publication de son système, que la méthode artificielle n'est que secondaire de la méthode naturelle, et lui cèdera le pas si celle-ci vient à se découvrir. J'ai pendant long-temps, comme plusieurs autres, travaillé à l'établir ; j'ai obtenu quelques découvertes; je n'ai pu la terminer, et j'y travaillerai tant que je vivrai. » Linné créa soixante-sept familles dans lesquelles il groupa tous les genres connus à son époque. De même que Magnol, il n'en fit point connaître les caractères particuliers.

En 1759. Bernard de Jussieu, chargé d'établir le

jardin de Trianon, y distribua les genres d'après les principes de la méthode naturelle. Il avait long-temps étudié les végétaux dans leurs rapports, dans leurs affinités réciproques. Les familles qu'il institua étaient bien plus naturelles que celles de Magnol et de Linné ; mais il n'en donna pas même la liste ; pour en prendre connaissance, il fallait se rendre à Trianon.

Peu de temps après, en 1763, Adanson fit paraître un livre très-remarquable dans lequel tous les végétaux connus se trouvaient réunis en cinquante-huit familles. Doué d'une activité prodigieuse, Adanson eut recours à un procédé qui dut lui coûter beaucoup de travail. Il créa d'abord soixante-cinq systèmes artificiels, en se basant tour-à-tour sur les divers organes des plantes , et en envisageant chacun d'eux sous tous les points de vue possibles. Ensuite, prenant deux espèces, il ne les admit dans une même famille, qu'autant qu'elles se trouvaient rapprochées dans un grand nombre de ses systèmes, ce qui indiquait nécessairement entre elles de nombreux rapports.

Mais c'était compter les caractères sans les peser ; c'était accorder une égale importance à tous les organes, la même valeur aux diverses considérations tirées d'un même organe.... Aussi, Messieurs, la plupart des groupes établis par Adanson sont-ils peu naturels ; ils ne furent point adoptés.

Cependant, vers la même époque, Antoine-Laurent de Jussieu débutait dans la carrière de la botanique. Il puisait dans le commerce intime et aux savantes leçons de son oncle Bernard des principes que son puissant esprit d'observation et ses méditations profondes allaient bientôt féconder au-delà de toute espérance. Le livre qu'il publia en 1789, sous le nom de *genera plantarum*, est regardé à juste titre comme le plus beau monument qu'on ait élevé à la science des végétaux. Suivant la remarque de Cuvier, et comme le dit M. Richard, « il a fait la même révolution dans les sciences d'observation que la chimie de Lavoisier dans les sciences d'expérience ; il a non-seulement changé la face de la botanique, mais son influence s'est également exercée sur les autres branches de l'histoire naturelle, en y introduisant cet 'esprit de recherches, de comparaison, cette méthode philosophique et naturelle vers le perfectionnement de laquelle tendent désormais les efforts de tous les naturalistes. »

Antoine-Laurent de Jussieu fonda cent familles dans lesquelles il fit entrer tous les genres connus de son temps ; il donna la description détaillée de ces genres, de ces familles ; il groupa celles-ci en classes ; il discuta les principes ; il posa les bases de la véritable méthode naturelle. Nous devons, Messieurs, employer un moment à le suivre dans cet immense travail.

Parmi les plantes les plus répandues autour de nous, il en est qui ont entre elles la plus grande ressemblance ; elles offrent pour ainsi dire un cachet de famille tellement prononcé, qu'il a de tout temps frappé tout le monde, même les personnes étrangères à la botanique. La nature

semble avoir voulu réunir elle-même ces plantes en familles pour servir de modèle aux botanistes classifica-
teurs. Telles sont les familles universellement admises
sous les noms de graminées, liliacées, labiées, composées,
ombellifères , crucifères et légumineuses.

Acceptant comme types ces groupes essentiellement
naturels , Jussieu en fit l'objet d'une étude approfondie.
Il s'assura que la graine avait la même structure dans
toutes les plantes d'une de ces familles ; que l'embryon,
monocotylédoné chez les liliacées et les graminées, était
dicotylédoné dans les cinq autres ; il le vit placé au centre
d'un périsperme charnu chez les liliacées , sur le côté
d'un périsperme féculent dans les graminées, au sommet
d'un périsperme corné chez les ombellifères ; il constata
l'absence du périsperme dans les autres. Il reconnut en
outre que les étamines offraient constamment le même
mode d'insertion dans chaque famille. En effet, libres et
hypogynes chez les graminées et les crucifères , elles se
montrent soudées au tube de la corolle dans les labiées
et les composées , tandis que , dans les ombellifères ,
elles s'élèvent d'un disque épigyne.

Mais au-dessous de ces traits communs à tous les
genres , à toutes les espèces comprises dans une ou
même dans plusieurs familles , il en est qui sont moins
généraux , et par suite moins importans. Jussieu les recueillit en leur accordant une valeur proportionnée à leur
degré de généralité. Au lieu de compter les caractères ,
comme l'avait fait Adanson . il les pesa : il en admit de

plusieurs ordres ; en un mot, il introduisit dans la science le principe éminemment fécond de la *subordination des caractères* ; et ce fut en appliquant ce principe à toutes les plantes, qu'il parvint à les grouper en familles vraiment naturelles, puisqu'elles ont été formées d'après un procédé pris dans la nature même.

Et pour vous faire mieux comprendre toute l'importance du principe dont nous parlons, qu'il me soit permis de citer textuellement ce qu'en dit un descendant de Jussieu, dans un livre digne de son nom sous tous les rapports, dans un livre qui nous a bien souvent servi de guide.

« Un caractère d'un ordre supérieur en entraîne à sa suite un certain nombre d'un ordre différent, et en exclut, au contraire, un certain nombre d'autres ; de sorte que l'énonciation pure et simple du premier suffit pour faire préjuger la coexistence ou l'absence de ces autres, et qu'une partie de l'organisation d'une plante est annoncée d'avance par un seul point qu'on a su constater, ce qui abrège et simplifie merveilleusement les recherches et le langage. Ainsi, par exemple, lorsque nous disons qu'une plante est monocotylédonée ou dicotylédonée, ce n'est pas ce simple fait que nous énonçons, mais un ensemble de faits ; nous avons une idée de l'agencement général des organes élémentaires dans ses tissus, de la manière dont elle germe et se ramifie, de la structure et la nervation de ses feuilles, de la symétrie de ses fleurs, etc., etc. De tel caractère secondaire, nous pouvons de même en déduire plusieurs autres d'un ordre su-

périeur , égal ou inférieur : dire que la corolle est monopétale , c'est dire que la plante qui en est pourvue est
dicotylédonée ; que les étamines sont insérées sur la corolle en nombre défini égal ou inférieur à celui de ses divisions. La connaisance de tous ces rapports constans
entre les différentes parties , qui permet de conclure de
la partie au tout comme du tout à la partie , est la base
de la méthode naturelle; et, si cette connaissance était
parfaite , on pourrait dire que la méthode est la science
elle-même , puisque la place qu'elle assignerait à chaque
plante résumerait son organisation , et que de son organisation dépend toute sa manière de vivre. Aussi, voyons-
nous qu'en général dans une famille vraiment naturelle
règne un grand accord de ses propriétés écouomiques ou
médicales entre les plantes qui la composent ; ce qui doit
peu étonner, puisque la similitude des organes doit y entraîner celle des produits. Cette vérité donne à la méthode naturelle un grand avantage sous le point de vue
d'utilité pratique. » (Adrien de Jussieu , *Cours élémentaire d'histoire naturelle*, p. 524.)

Après avoir réuni les espèces en genres et les genres en
familles, **A. L. de Jussieu** groupa celles-ci en quinze classes, en se basant toujours sur la valeur relative des caractères. Il rapprocha dans la même classe les familles qui
se ressemblent par un certain nombre de caractères de
premier ordre ; il sépara celles qui n'offrent entre elles
que des contrastes , ou qui n'ont guère de commun que
des traits plus ou moins secondaires. Quant aux classes,

elles furent, d'après le même principe, rassemblées en plusieurs embranchemens.

Voici du reste, dans son ensemble, la méthode de Jussieu considérée d'un autre point de vue.

Et d'abord, les plantes s'y trouvent séparées en trois embranchemens principaux, suivant qu'elles sont acotylédones, monocotylédones ou dicotylédones.

Les plantes acotylédones composent une seule classe, qui est la première, ou l'*acotylédonie.*

Plus importantes et mieux connues, les monocotylédones sont rangées, d'après le mode d'insertion des étamines, en trois classes qu'on est convenu d'appeler *monohypogynie, monopérigynie* et *monoépigynie.*

Les dicotylédones étant beaucoup plus nombreuses, il importait de les diviser davantage. Elles ont été d'abord distinguées, d'après l'absence ou l'état de la corolle, en apétales, monopétales et polypétales. Et c'est ensuite en se basant sur l'insertion des étamines, qu'on les a séparées en classes.

Ainsi, les plantes dicotylédones apétales forment l'*hypostaminie,* la *péristaminie* et l'*epistaminie.*

Dans les monopétales, la corolle porte à sa base les étamines; c'est elle qui est hypogyne, périgyne ou épigyne. De là l'*hypocorollie,* la *péricorollie* et l'*épico. rollie.* Mais dans l'épicorollie, les étamines sont tantôt soudées par leurs anthères, ce qui constitue la *synanthéric;* et tantôt libres entre elles, caractère distinctif de la *corysanthérie.*

Quant aux plantes dicotylédones polypétales, elles sont comprises dans trois classes nommées *épipétalie*, *hypopétalie* et *péripétalie*.

Enfin, dans une dernière classe qui porte le nom de *diclinie*, se trouvent rassemblées toutes les espèces à fleurs unisexuées, monoïques ou dioïques.

Tels sont, Messieurs, les embranchemens et les classes fondés par Antoine-Laurent de Jussieu. Le tableau qui suit vous en donnera une idée plus complète.

CLEF DE LA MÉTHODE D'A.-L. DE JUSSIEU.

			CLASSES.	EXEMPLES.
Acotylédonées			1 Acotylédonie.	Mousses.
Monocotylédonées.	Etamines hypogynes.		2 Monohypogynie.	Graminées.
	—— périgynes.		3 Monopérigynie.	Liliacées.
	—— épigynes.		4 Monoépigynie.	Orchidées.
Apétales.	Etamines épigynes.		5 Epistaminie.	Aristoloches.
	—— périgynes.		6 Péristaminie.	Polygonées.
	—— hypogynes.		7 Hypostaminie.	Plantaginées.
monopétales.	Corolle hypogyne.		8 Hypocorollie.	Labiées.
	— périgyne.		9 Péricorollie.	Campanulacées.
	— épigyne-*Epicorollie*	anthères réunies.	10 Synanthérie.	Synanthérées.
		— distinctes.	11 Corysanthérie.	Rubiacées.
polypétales.	Etamines épigynes.		12 Epipétalie.	Ombellifères.
	—— hypogynes.		13 Hypopétalie.	Papavéracées.
	—— périgynes.		14 Péripétalie.	Rosacées.
Diclines irrégulières.			15 Diclinie.	Cucurbitacées.

Plantes — Dicotylédonées.

Le domaine de la botanique a pris une bien grande extension depuis l'époque où Jussieu fonda sa méthode. On ne connaissait alors, en effet, qu'environ vingt mille espèces végétales ; tandis qu'on en compte aujour-d'hui près de cent mille.

Ces progrès, à la fois si rapides et si considérables , ont amené, je pourrais me dispenser de le dire, la né_cessité de créer sans cesse de nouvelles familles , de modifier celles qui existaient déjà , de les scinder à mesure qu'elles sont devenues trop vastes ; on a même apporté diverses modifications dans les classes..... Plusieurs auteurs ont aussi proposé des méthodes nouvelles.

Mais la plupart de ces méthodes, calquées sur celle de Jussieu, ou plus compliquées et d'une application moins facile, ne sont guère suivies que par ceux mêmes qui les ont conçues. Il en est une pourtant qui se dis-tingue par sa grande simplicité, et par la faveur avec laquelle elle a été accueillie ; je veux parler de la mé-thode de Decandolle, la seule dont la connaissance vous soit indispensable.

Decandolle, dont la science déplore vivement la perte récente, fut le plus grand botaniste de notre époque. Sa vaste intelligence embrassa toutes les parties de la botanique : principes généraux, organographie, physio-logie, histoire des familles, description des espèces.... il écrivit sur tous ces points, et dans un style toujours plein d'attraits, les ouvrages les plus complets que nous possédions en ce genre.

Dans la Flore française qu'il a publiée de concert avec de Lamarck, et dans le *Prodromus* dont la publication se continue sous la savante direction de son fils, Alph. Decandolle, il disposa les familles d'après une méthode particulière que la plupart des auteurs se sont empressés de suivre, et qu'on a de même adoptée dans beaucoup de jardins botaniques.

En se fondant sur leur organisation générale, Decandolle distingue d'abord les plantes en *vasculaires* et *cellulaires*; il divise ensuite les premières en *exogènes* et *endogènes*. D'où trois grandes classes. La classe des exogènes correspond aux dicotylédones de Jussieu; la classe des endogènes répond aux monocotylédones; et celle des cellulaires aux acotylédonées.

Decandolle subdivise en outre la classe des exogènes en *thalamiflores*, *caliciflores*, *corolliflores* et *monochlamydées*, dont il fait quatre sous-classes. Les thalamiflores ont plusieurs pétales libres et insérées sur le torus; ce sont les hypopétalées de Jussieu. Les caliciflores présentent plusieurs pétales libres ou soudés entre eux, et attachés au calice; elles répondent aux péripétalées. Les corolliflores sont pourvues d'une corolle gamopétale portant les étamines, et représentent les monopétales. Quant aux monochlamydées, elles ont pour caractère distinctif un périanthe simple, et correspondent aux apétales.

On voit combien cette méthode se rapproche de celle de Jussieu. Elle est encore plus simple et plus facile dans la pratique.

Dans l'étude particulière des familles, Jussieu commence par les plantes les plus simples, par les acotylédones, et s'élève insensiblement à celles dont la structure offre le plus de complication ; il passe du simple au composé, il suit une marche ascendante.

Decandolle, au contraire, à l'exemple des zoologistes, suit une marche descendante. Il commence, en effet, par les espèces les plus compliquées, par les thalamiflores, où toutes les parties sont libres et bien évidentes. Descendant ensuite peu à peu jusqu'aux végétaux cellulaires, il voit la plupart de ces parties se souder, se confondre et disparaître tour à tour. Il passe ainsi du facile au difficile ; car les plantes les plus simples sont précisément celles que l'on connaît le moins bien.

La manière dont Jussieu procède est plus naturelle , plus philosophique ; celle de Decandolle est plus commode et plus avantageuse, du moins pour les commençans.

Mais quelle que soit la marche qu'on adopte ; que l'on commence par les algues ou par les renonculacées , on est obligé, dans l'étude des familles, de les passer en revue l'une après l'autre : de les disposer en série linéaire, ce qui brise nécessairement une grande partie de leurs affinités. Une famille, dans cette série, peut avoir de nombreux rapports, non-seulement avec celle qu'elle précède ou qu'elle suit immédiatement, mais encore avec beaucoup d'autres dont elle se trouve néanmoins très-éloignée. Comme le dit R. Brown, le lien naturel qui réunit les êtres organisés n'est point une chaîne, mais un réseau.

Et Linné a rendu la même idée en comparant fort ingénieusement le tableau du règne végétal à une carte géographique, où chaque pays touche à tous ceux qui l'environnent. Dans une carte où les végétaux seraient ainsi représentés avec leurs affinités croisées, leurs embranchemens répondraient aux parties du monde, leurs classes aux royaumes, leurs familles aux départemens, leurs genres aux cantons, et leurs espèces aux villes ou villages. Mais ce n'est là qu'une métaphore dont la réalisation, peut-être à jamais impossible, supposerait une parfaite connaissance des affinités innombrables qui existent, qui se croisent de mille et mille manières entre toutes les espèces composant le règne végétal.

On donne, depuis Linné, le nom poétique de *flore* à des ouvrages particuliers contenant l'histoire de toutes les plantes qui viennent dans un grand pays, comme la France, par exemple, ou dans une localité plus ou moins restreinte, comme les environs de Paris, de Toulouse, etc. Les espèces, dans une flore, sont groupées en genres, quelquefois en ordres, plus souvent en familles. et toujours en classes, d'après tel ou tel système, telle ou telle méthode. A côté de leur nom, se trouvent l'énumération de leurs caractères distinctifs, quelques renseignemens sur la durée de leur vie, de leurs stations, etc.

Rencontrons-nous une plante qui nous soit inconnue,

et voulons-nous arriver au nom qu'elle porte dans la flore dont elle fait partie? Nous pouvons déterminer d'abord et successivement, d'après ses caractères, la classe, l'ordre ou la famille et le genre auxquels elle appartient. Reste ensuite à chercher, parmi les descriptions d'espèces comprises dans son genre, celle qui lui correspond.

Mais cette marche, la plus savante et la plus naturelle, exige des connaissances botaniques très-étendues; elle n'est point à la portée des commençans qui veulent s'instruire sans maître, sans guide. Et pourtant c'est surtout pour eux que les flores sont faites.

Dans la plupart des flores qui se publient aujourd'hui, l'on a recours à un procédé tout-à-fait artificiel, mais d'un usage fort commode. Appliqué pour la première fois, à la Flore française, par le savant de Lamarck , ce procédé reçoit les noms de *méthode de Lamarck , méthode analytique, méthode dichotomique.* Il n'a d'autre but que celui de conduire aux noms des plantes; un exemple suffira pour vous le faire concevoir.

Je suppose que, dans une herborisation, nous trouvions pour la première fois un coquelicot. Nous désirons en savoir le nom. Ouvrons le cinquième volume de la Flore française publiée par Decandolle... Nous y remarquons une longue série d'accolades ayant chacune un numéro d'ordre et plusieurs numéros de renvoi.

La première est celle-ci :

1 { Fleurs distinctes 2
  { Fleurs nulles ou non distinctes 899

La plante que nous avons sous les yeux a des fleurs distinctes. Passons donc au n° 2.

2 { Fleurs disjointes, ayant les anthères libres 3
  { Fleurs conjointes , c'est-à-dire réunies ensemble dans une enveloppe générale, et ayant les anthères soudées 796

Notre plante n'offre que des fleurs disjointes, ce qui nous renvoie au n° 3.

3 { Fleurs hermaphrodites 4
  { Fleurs unisexuées 695

Ses fleurs sont hermaphrodites.

4 { Fleurs complètes, c'est-à-dire munies à la fois d'un calice et d'une corolle distincts 5
  { Fleurs incomplètes, c'est-à-dire munies d'un calice ou d'une corolle seulement, ou dépourvues de l'un et de l'autre 509

Les fleurs sont complètes.

La corolle est polypétale.

L'ovaire est libre.

L'ovaire est unique.

La corolle est régulière.

J'aperçois dans chaque fleur beaucoup plus d'onze étamines.

$$219 \begin{cases} \text{Calice à deux folioles ou à deux lobes} \\ \text{profonds} \dots\dots\dots\dots\dots\dots\ 320 \\ \text{Calice à plus de deux folioles ou de deux} \\ \text{lobes} \dots\dots\dots\dots\dots\dots\ 322 \end{cases}$$

Le calice est à deux folioles.

$$320 \begin{cases} \text{Cinq pétales; calice persistant} \dots \textit{Pourpier} \\ \text{(DCXXIV).} \\ \text{Quatre pétales; calice caduc} \dots\dots\dots\ 321 \end{cases}$$

La corolle se compose de quatre pétales, et le calice est caduc.

$$321 \begin{cases} \text{Cinq à dix stigmates; ovaire globuleux ou} \\ \text{ovoïde} \dots\dots\dots \textit{Pavot} \text{ (DCCXXI).} \\ \text{Un à trois stigmates; ovaire grêle, cylin-} \\ \text{drique} \dots\dots \textit{Chélidoine} \text{ (DCCXXII).} \end{cases}$$

La plante que nous étudions est un pavot, car elle porte dix stigmates sur une ovaire ovoïde. Nous sommes conduits à l'analyse des espèces, où nous trouvons, à l'article DCCXXI :

Pavot. ———— *Papaver.*

$$1 \begin{cases} \text{Capsules ou ovaires hérissés} \dots\dots\dots\ 2 \\ \text{Capsules ou ovaires glabres} \dots\dots\dots\ 4 \end{cases}$$

Notre pavot est pourvu d'un ovaire glabre.

2 { Fleurs rouges ou blanches 5
   Fleurs jaunes. . . . . *Pavot du pays*
   de Galles . . . . (4092).

Ses fleurs sont rouges.

5 { Feuilles velues au moins en dessous et
   pinnatifides 6
   Feuilles glabres incisées ou dentées . . .
   . . . . . *Pavot somnifère* . . . . . (4091).

Ses feuilles sont velues et pinnatifides.

6 { Dix stigmates ou, si l'on veut, un stig-
   mate à dix rayons. . . . . *Pavot*
   coquelicot . . . . (4089).
   Stigmates à six ou sept rayons . . . . .
   . . . . *Pavot douteux* . . . . (4090).

La plante qui nous occupe est bien un *pavot coque-licot*, car son stigmate est à dix rayons. Voulez-vous en être plus sûrs? Cherchez, toujours dans la Flore française, le numéro de renvoi 4089. Il est compris dans le quatrième volume; voici les renseignemens que vous y trouverez :

Pavot coquelicot. — *Papaver rhœas. Linné.*

« Sa tige est droite, rameuse, chargée de poils un peu distans et ouverts, et s'élève jusqu'à 5 décimètres ; ses feuilles sont presque ailées et découpées profondément en lanières assez longues, velues, pointues, et dentées ou pinnatifides ; ses fleurs sont grandes, terminales, et d'un rouge éclatant ; leurs pétales ont une tache noirâtre à leur base ; les étamines sont au nombre de 150 au moins, etc. , etc. »

Or, cette description convient parfaitement au végétal dont il s'agit.....

Ainsi, dans la recherche du nom d'une plante par la méthode analytique, on sépare d'abord le règne végétal en deux groupes, ce qui réduit la difficulté du choix à moitié ; on divise ensuite de même chacun de ces groupes en deux parties, puis chacune de ces parties en deux autres, et ainsi de suite, jusqu'à ce qu'on n'ait plus à comparer que deux plantes qu'on sépare par un caractère distinctif. Et dans cette suite de bifurcations, on tâche de ne mettre en présence que des caractères saillans et contradictoires, afin que l'élève le moins exercé éprouve le moins d'embarras possible.

FIN.

TABLE DES MATIÈRES.

TABLE.

Imprimerie de J.-M. Pinel, rue St-Pantaléon, hôtel Porteris.